U0281719

电沉积铜和铜合金过程中的电化学行为

丁莉峰　牛宇岚　著

重庆大学出版社

内容提要

本书以“电沉积铜和铜合金过程中的电化学行为”科技重大专项课题为背景，针对企业在实际生产过程中的高物耗、高能耗、高污染和产品质量低等问题，通过电化学方法深入探究了电沉积体系的变化规律及作用机理，最终实现调控电化学行为的目的，为我国电沉积体系的工业化生产提供理论指导。本书共 13 章，主要包括第 1 章绪论、第 2—6 章重点研究电解精炼铜体系，第 7—12 章重点研究电镀铜合金体系，第 13 章结论与展望。

本书可供冶金电化学工程专业研究人员及表面电化学处理人员参考使用。

图书在版编目（CIP）数据

电沉积铜和铜合金过程中的电化学行为 / 丁莉峰，牛宇岚著. --重庆 ：重庆大学出版社，2023.4

ISBN 978-7-5689-3393-3

Ⅰ.①电… Ⅱ.①丁…②牛… Ⅲ.①铜合金—电沉积—电化学—研究 Ⅳ. ①TG146.1

中国版本图书馆 CIP 数据核字（2022）第 116099 号

电沉积铜和铜合金过程中的电化学行为

DIAN CHENJI TONG HE TONG HEJIN GUOCHENG ZHONG DE DIAN HUAXUE XINGWEI

丁莉峰　牛宇岚　著

特约编辑：涂　昀

责任编辑：范　琪　　版式设计：范　琪

责任校对：谢　芳　　责任印制：张　策

*

重庆大学出版社出版发行

出版人：饶帮华

社址：重庆市沙坪坝区大学城西路 21 号

邮编：401331

电话：（023）88617190　88617185（中小学）

传真：（023）88617186　88617166

网址：http://www.cqup.com.cn

邮箱：fxk@ cqup.com.cn（营销中心）

全国新华书店经销

重庆升光电力印务有限公司印刷

*

开本：720mm×1020mm　1/16　印张：14.25　字数：262千

2023 年 4 月第 1 版　　2023 年 4 月第 1 次印刷

ISBN 978-7-5689-3393-3　定价：88.00 元

前　言

铜及铜合金因其在导电、导热、耐蚀等方面的优异特性，被广泛应用于电力、电子、建筑装饰等领域。随着科技发展，铜电沉积薄膜也逐渐遍及电子、精密仪器等行业。电沉积铜和铜合金过程主要涉及金属电解冶炼、电解精炼、电镀、电铸的基础过程。电沉积铜和铜合金过程属资源消耗大、能耗高、污染重的产业，所以低碳及循环经济、节能减排的任务依然十分艰巨。

目前，国内外开展了大量关于降低电沉积铜和铜合金的能耗电耗的研究，传统的研究都是仅从电流密度、电源形式、电解槽结构、电解液、添加剂、超声波、氢气和氧气等气泡运动、温度分布调控、磁场等单一因素对电沉积的宏观影响效果考虑的，这就制约了电耗降低和产品改善。

实际工业电沉积铜和铜合金过程普遍具有高浓度、大电流、敞开式、流动性等特征，远远偏离反应平衡。传统电沉积铜和铜合金体系中铜离子随时间会出现浓度降低的问题，所以体系不可避免地由平衡态过渡到非平衡态。电化学体系中往往存在一些非线性基元反应步骤，随着体系在电场驱动下逐渐远离平衡，非线性项的影响会更加显著，甚至导致出现电化学振荡、分形生长等非平衡非线性的时空有序现象。因此，电沉积铜和铜合金工业生产过程具有体系开放性、状态非平衡性、过程不可逆性及反应机制非线性等特征，蕴含丰富的非线性动力学机制。铜矿开发等湿法冶金过程节能减排新技术的开发，须在现代非线性物理化学理论基础上加以拓展。

电沉积铜和铜合金过程涉及电场、化学场、流场、温度场等多物理场耦合机制，需要对其电极反应、电沉积的微观作用机理做深入探索。本书主要介绍电沉积铜和铜合金过程中的各种电化学行为，通过电化学行为特征规律变化分析其电沉积机理，为工业化应用提供技术指导。

本书共 13 章，主要包括第 1 章绪论；第 2—6 章重点研究电解精炼铜体系，主要研究了简单体系中阳极的电化学振荡行为及变化规律，建立了电化学振荡耦合的数学理论模型，理论结合实验分析了电化学振荡的机理，提出了调控振荡的方法，同时结合电化学振荡对电解的影响，通过调控非线性行为，建立节能电解操作模式；第 7—12 章重点研究电镀铜合金体系,研究电镀铜合金过程中络合反应机理,进而用电化学方法分析金属共沉积机理,同时研究电镀铜合金过程中添加剂的影响规律,电化学分析方法结合各种谱学分析其添加剂的影响机理,为电沉积过程筛选绿色添加剂提供了方法;第 13 章结论与展望,将各种电化学新技术的应用于实际电沉积工艺过程中,并将其结果推广应用于实际工业生产中。

本书的出版得到了国家自然科学基金青年科学基金项目(NSFC51604180)、山西省重点研发计划(社会发展领域)一般项目(201903D321068)、山西省高等学校优秀成果培育项目(CSREP 2019KJ038)、山西省高等学校科技创新项目(2021L535,2019L0235)、山西省研究生教育教学改革课题(2021YJJG321)资助。在本书的编写过程中,参考了相关专家和学者的著作,在此一并表示感谢!

限于作者的学识水平,书中疏漏和错误之处在所难免,恳请读者批评指正。

著　者

2022 年 10 月

目　录

第1章　绪　论

1.1　电沉积铜和铜合金的电化学行为

金属电沉积是一种阴极还原沉积，是指金属或合金从其化合物水溶液、非水溶液或熔盐中电化学沉积的过程。其基本原理是关于成核和结晶生长的问题，主要涉及金属电解冶炼、电解精炼、电镀、电铸等基础过程。这些过程在一定的电解质和操作条件下进行，金属电沉积的难易程度以及沉积物的形态与沉积金属的性质有关，也依赖于电解质的组成、工艺条件等因素。近年来，随着理论和实验研究的不断深入，电沉积技术取得了很大发展，沉积方法也越来越多样化。本书主要围绕长时间的电解铜和短时间的电镀铜合金工艺展开分析。

1.2　电解铜过程的研究概况

高纯阴极铜广泛应用于制造核废料容器、大型集成电路、记忆合金等方面。中国的铜资源仅次于智利、美国，居世界第三位。2021 年全球精铜产量为 2 480.6 万 t，中国精炼铜产量已从 2004 年的 200 万 t 增长至 2021 年的 1 046 万 t。

目前，业内将铜含量达 99.99%以上的精炼铜称为高纯阴极铜。高纯阴极铜的主要制备工艺为：铜品位最低为 0.4%～0.5%的铜矿物，经富集后得到铜精矿（铜品位为 10%～30%）。将铜精矿熔炼制得冰铜（Cu 含量为 25%～60%），冰铜经过吹炼制得粗铜（Cu 含量为 98.0%～98.5%），粗铜在阳极炉中精炼制得高纯阳极铜（Cu 含量为 99.2%～99.5%），阳极铜在电解槽中电解精炼制得阴极铜（Cu 含量为 99.99%以上）。

火法精炼的铜含量仅为 99.0%～99.5%，纯度低，必须经过电解精炼提纯达到 99.99%以上。在高纯阴极铜生产过程中，电解工序是一个关键的环节。现在工业上生产 1 t 电解铜大概消耗 260～280 kW · h 电能，占全工序电耗的 60%～70%。大量湿法电解的技术研究表明，在生产实践中，提高电流效率、降低能耗，已成为电解生产技术提升的关键。电解铜生产属资源消耗大、能耗高、污染重的产业，因此我国电解铜行业的低碳及循环经济、节能减排的任务还任重道远。

长期以来，为降低电解法制高纯阴极铜的电耗，国内外开展了大量的研究。第一类是电源和极板结构等电场因素的改善。例如,传统直流电解铜受扩散极限电流密度限制而无法在高电流密度下得到质量合格的铜,所以采用交直流叠加电源可将电流密度从 280 A/m^2 提高到 360 A/m^2。也有采用周期反向电流法、脉冲电流法、不锈钢阴极电解法等调控电场的。第二类是电解液和添加剂等化学因素的研究。常用的添加剂有明胶、硫脲、干酪素、氯离子等。Fabian 等发现聚丙烯酰胺更能使铜表面平滑,产出的铜晶粒呈柱状,而胍胶的存在产出的是多孔的阴极铜;Quinet 发现硫脲起细化阴极铜晶粒的作用。此外,发现 EDTA · 2Na、聚乙二醇(PEG)、[BMIM]HSO_4 等作添加剂均可获得平整、致密的阴极铜。第三类是电解液流动因素和氢气等气泡的运动和电解槽温度分布的影响。比如在铜电解精炼时加入超声波法有利于消除浓差极化和提高电流密度。综上所述,传统的研究都是从电场、化学场、流场、温度场等因素对电解的宏观影响效果考虑的,而其对电极反应、铜沉积的微观作用机理却未做探索,这就制约了电耗降低和产品改善。

事实上,铜电解精炼的电极反应如图 1.1 所示。主要是含 Cu 99.0%~99.5%的粗铜阳极板在 $CuSO_4$-H_2SO_4 电解液体系中溶解,之后 Cu^{2+} 在阴极被还原成金属铜并沉积在阴极板上。此外,阳极上伴随有 Fe、Ni、Pb、As、Sb 等金属的溶解和 Au、Ag 的沉淀。随着电解液中 Cu^{2+} 浓度的降低,电流密度过高而发生严重的浓差极化时可能在阴极析出氢气,也可能有与铜接近的杂质 As、Bi、Sb 将以一定比例与铜一起还原。因此,基于传统平衡态热力学理论电解铜过程中各电极反应机制太过复杂,无法准确建立其定量反应机制。

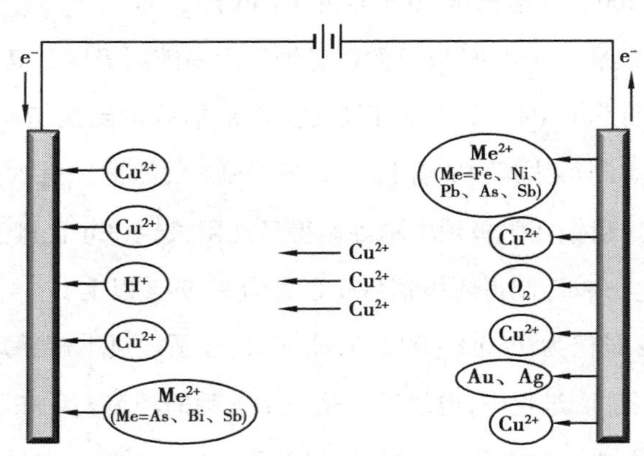

图 1.1　铜电解精炼过程中的电极反应

1.3　电解铜过程的阳极电化学振荡行为

在生产过程中,阳极上除了以 Cu^{2+} 的形式溶解外,还有一部分会以 Cu^{+} 的形态溶解,其反应为:

$$Cu - 2e \longrightarrow Cu^{2+} \quad E^{\ominus}_{(Cu/Cu^{2+})} = -0.34\ V \tag{1.1}$$

$$Cu - e \longrightarrow Cu^{+} \quad E^{\ominus}_{(Cu/Cu^{+})} = -0.52\ V \tag{1.2}$$

$$Cu^{+} - e \longrightarrow Cu^{2+} \quad E^{\ominus}_{(Cu^{+}/Cu^{2+})} = -0.15\ V \tag{1.3}$$

在平衡状态下，式(1.1)—式(1.3)3种反应在同一电位同时进行，它们之间的速度比例是在于促使溶液中的Cu^{+}和Cu^{2+}建立下列平衡：

$$2Cu^{+} \longrightarrow Cu^{2+} + Cu \tag{1.4}$$

传统的研究往往从平衡态热力学角度分析了电解铜过程，将其电解机制简单化，与实验观察到的现象存在一些区别。

实际工业电解过程普遍具有高浓度、大电流、流动性等特征，远远偏离反应平衡。电化学体系中往往存在一些电化学振荡基元反应步骤，随着体系在电场驱动下逐渐远离平衡，电化学振荡项的影响会更加显著，甚至导致出现电化学振荡等时空有序现象。实际电解铜中电化学振荡现象早有发现，如Potkonjak等在三氟乙酸中铜电解过程中发现复杂的电化学振荡行为，同时模拟出循环的极限环(图1.2)，且实验证明振荡是由于双电层电压和电流的相互作用引起的。Hai等在酸性条件下恒流电沉积铜过程中由于添加剂的不稳定性而引起电势振荡。同时发现咪唑和1,4-丁二醇二缩水甘油醚的共聚物可以有效地抑制振荡的产生。最近的实验与理论研究进一步表明，由于电解铜过程的电压远远偏离平衡电压，以及氧化还原的非线性机制，导致出现电化学振荡等时空有序现象，但是其产生机制未做深入研究。

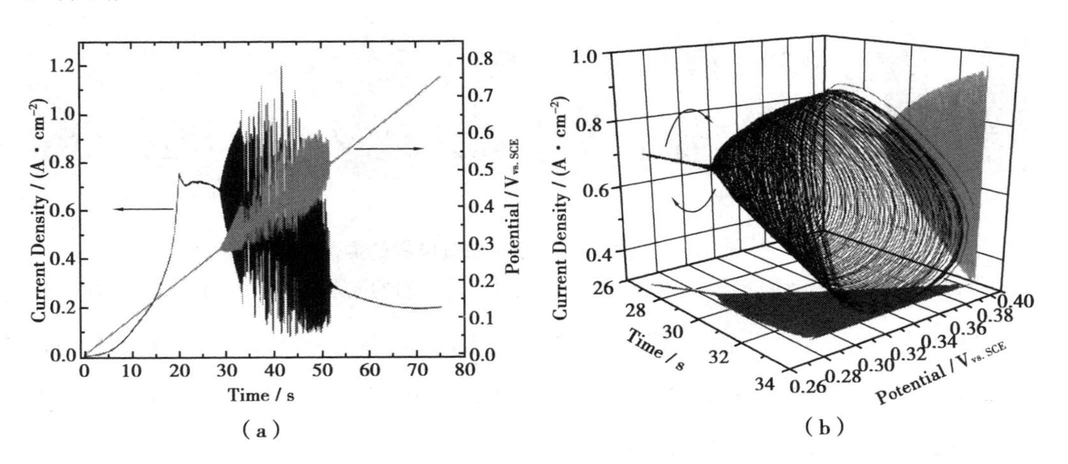

图1.2 铜电解溶解中*I-t*振荡行为(a)和外加电压引起的*I-E*的3D振荡曲线(b)(彩图见附录)

很多学者进一步探索了电解过程中引发电化学振荡的初步机制，可将其分为3类。

首先,电极表面物质周期性的溶解-沉淀形成振荡。如 Potkonjak 等在三氟乙酸溶液中阳极铜溶解过程中发现电流振荡,分析认为是铜电极表面白色薄膜的周期性形成与溶解引起的;Glarum 等在 Cu/H_3PO_4 体系中发现由铜阳极表面膜的沉积和溶解产生的振荡;Kamiya 等发现硫氰酸离子吸附在铜电极表面与铜离子结合,形成的硫氰酸铜沉淀-溶解而引起自发电位振荡现象。Barkey 等在含有添加剂的硫酸中恒流电解铜过程中,在旋转圆盘电极或者环盘电极上发现了电压振荡现象,同时发现调节剂和促进剂在电极表面的吸附变化直接导致振荡的产生。其次,电极界面处离子中间价态周期性变化引发振荡。如 Schaltin 等在含铜的咪唑类离子液体中 Cu^{2+} 和 Cu^{+} 相互转化发现了电流振荡;Eskhult 等在碱性 Cu(Ⅱ)-柠檬酸溶液中发现了 Cu 和 Cu_2O 纳米层材料的交替合成而引起的电流振荡。再次,电极表面气泡周期性产生导致电子得失反应减慢,进而产生振荡。如 Mukouyama 等在电解水的析氢反应中发现了电化学振荡行为,该振荡发生可发生在不同种类酸和不同种类的金属上,故振荡的机理可解释为电极界面气泡的自催化引起的(图 1.3)。

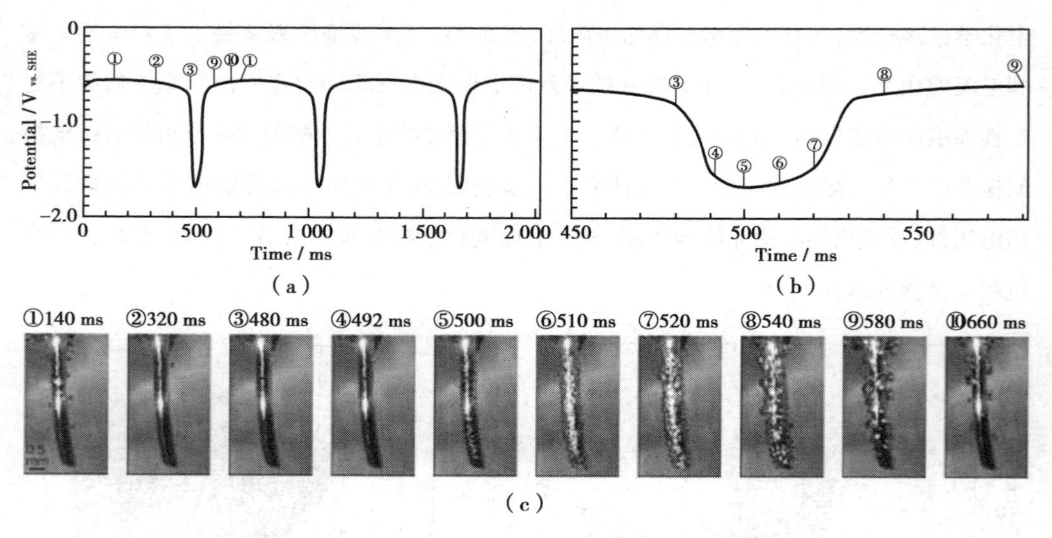

图 1.3　在 H_2SO_4 溶液中铂线电极的振荡

(a):振荡的波形图;(b):部分放大波形;(c):编号为①至⑩的波形所对应的铂线电极的快照

目前对于电解过程中电化学振荡的研究仅限于其现象的发现和初步定性机理的推测,而对于不同电解体系电化学振荡的类型和定量机制的研究仍处于探索中,这就极大地制约了电解铜过程电化学振荡现象和机理的研究。

我们在电解制备高锰酸钾过程中发现明显的电流振荡。在恒压电解过程中,当没有振荡产生时,电流几乎不随时间变动,耗电值为常数。一旦有振荡发生,电流将随时间波动,电耗由常数部分和振荡能耗组成,同时总结出该体系电流振荡的能耗公式。在实际电解制备高锰酸钾时发现电流振荡行为导致的能耗可高达30.0%,所以电化学振荡引起的耗能是不可忽视。然而,电解锰和高锰酸钾体系均是在阳极上反应沉积生成新物质。不同于上述的阳极沉积体系,电解精炼铜体系中阳极处于连续溶解的动态过程,且阳极产生铜离子的形态及数量传递到阴极进而直接影响阴极的沉积反应,电解铜的阳极振荡机制更加复杂。所以,铜矿开发等湿法冶金过程节能新技术的开发,须在现代非线性物理化学理论基础上加以拓展。

本书采用与实际电解精炼铜工业生产一致的体系,基于非线性非平衡物理化学理论,通过理论和实验相结合的研究方法,探索该电解过程的电化学振荡动力学行为和特征,揭示该电解过程电化学振荡动力学行为的内在机制,深刻认识该电解过程电化学振荡动力学行为及机制与电解能耗的关系和规律,从而为构建电解铜的节能新方法、新途径提供理论基础。

1.4　电镀铜合金的研究概述

金色由于具有特别的意义,从古到今一直深受人们的喜爱。金色电镀一共分为2种,一种是纯金电镀,另一种是仿金电镀。纯金电镀的成本太高,不能普及,所以仿金电镀成为主流。仿金效果可以达到14 K、18 K、24 K等色泽,其中14 K金色泽黄中带红,又称为玫瑰金;18 K金是金黄色;24 K纯金是深黄色。因此仿金电镀一般应用于装饰性电镀。仿金色的多种不同色泽见表1.1。

表1.1　常用的三种仿金色

仿金品种	色泽	采用镀层
仿24 K金色	金黄略带青,呈柠檬黄色	镀铜锌二元仿金
仿18 K金色	金黄略带微红,呈金黄色	镀铜锌锡三元仿金
仿14 K金色	金黄带桃红色,呈玫瑰金色	镀铜锡二元仿金

仿金电镀工艺分为有氰电镀体系和无氰电镀体系。但氰化物含有大量的剧毒物质,电镀产生的废水、废气危害操作人员健康,污染环境。所以,为了保护环境和减少污染,用环保的无氰化物电镀体系代替有毒的氰化物电镀体系已成为极为重要的问题。现在各国都在努力开发无氰电镀工艺。

仿金电镀是金属及合金镀层最常用的制备方法之一。合金金属镀层比单金属镀层表现出更多和更优异的性能，且可供选择的范围较广。目前国内外研究生产的合金镀层分为二元（Cu-Zn、Cu-Sn）合金、三元（Cu-Zn-Sn、Cu-Sn-In）合金和四元（Cu-Zn-Sn-In、Cu-Sn-In-Ni）合金。例如电镀行业通过控制镀层中 Cu 占 75%，Zn 和 Sn 占 25%得到的 Cu-Zn-Sn 合金镀层，其镀层的整平性与光亮度好，平滑性和耐腐蚀性好，成本低廉，孔隙率小，色泽与装饰效果好，因而被广泛用于金属镀层工业。

1.5 电镀铜合金的工艺体系

无氰仿金电镀主要分为：Cu-Zn、Cu-Sn 二元合金，Cu-Zn-Sn 三元合金，以及在三元合金基础上逐渐发展起来的四元合金。

电镀 Cu-Zn 合金是最早发展起来的合金镀种之一，它作为主要装饰性镀层已得到广泛应用。根据合金中铜的含量不同，可将 Cu-Zn 合金镀层分为 3 种类型：白色 Cu-Zn 合金（俗称白铜）的 w_{Cu}是 20%左右，黄色 Cu-Zn 合金（仿金镀层）的 w_{Cu}是 70%左右，红色Cu-Zn 合金的 w_{Cu}是 90%左右。要严格控制镀层中铜与锌的比例，仿金镀层的铜含量应在 68%~72%最好，选用铜含量 68%的黄铜做阳极为好。

电镀 Cu-Sn 合金也是最早发展起来的合金镀种之一。根据镀层含锡量的不同，可将 Cu-Sn 合金镀层分成 3 种类型：低锡 Cu-Sn 合金的 w_{Sn}是 7%~15%，其中外观呈红色的镀层 w_{Sn}是 7%~9%，外观呈金黄色的镀层 w_{Sn}是 13%~15%；中锡 Cu-Sn 合金的 w_{Sn}是 16%~30%，其中外观呈白色的镀层 w_{Sn}超过 20%；高锡 Cu-Sn 合金的 w_{Sn}是 40%~55%，外观呈银白色。仿金镀层的锡含量应在 13%~15%。

电镀 Cu-Zn-Sn 合金时，当镀层为纯的 Cu、Zn 和 Sn 时，分别呈现明显的紫红色、银白色和浅黄色。只有控制镀层中铜占 75%，锌与锡占 25%才能得到 18 K 仿金色镀层。

目前，由电镀工业开发的无氰电镀体系主要包括焦磷酸盐体系、酒石酸盐体系、羟基乙叉二膦酸体系（HEDP）、乙二胺四乙酸体系（EDTA）、甘露醇体系、多元醇山梨糖醇体系、柠檬酸盐体系、甘氨酸体系、甲磺酸体系、三乙醇胺体系和葡萄糖酸盐体系等。

1.5.1 焦磷酸盐体系

在焦磷酸盐体系中，$P_2O_7^{4-}$ 是配位剂，它与 Cu^{2+}、Zn^{2+} 和 Sn^{2+} 均有配合作用，并分别形成相应的配合离子。$P_2O_7^{4-}$ 对 Cu^{2+} 的配合能力不是很强，但在焦磷酸盐镀液中铜的沉积过电势非常大，这有利于 Cu 与 Zn、Sn 的共沉积。尽管焦磷酸盐体系具有无毒、工艺清洁等优点，但焦磷酸盐体系一般需要加入另外一种辅助络合剂来形成双络合剂体系进行仿金电镀。

在开始的时候，张颖等曾研究以焦磷酸钾为主络合剂、酒石酸钾钠为辅助络合剂，以自制焦磷酸铜和焦磷酸锌为主盐的无氰二元仿金电镀，并且取得成功。王少龙等通过优化实验，在焦磷酸盐体系中加入络合剂 A。该工艺最大优点是无毒，且所得无氰仿金电镀镀层的色泽与氰化物镀层色泽相差无几。镀层的颜色也比较好，工艺参数的可操作性也比较大，在一定的工艺参数变化范围内，都可以在镀件表面获得 18 K 仿金镀层，实用价值较高。王晓英等在焦磷酸盐 Cu-Zn-Sn 三元碱性仿金电镀体系新工艺中，采用延长电镀时间的方法，使镀层厚度达到 20 μm 左右。表 1.2 是焦磷酸盐体系仿金电镀的镀液组成及工艺条件。

表 1.2 焦磷酸盐体系仿金电镀的镀液组成及工艺条件

镀液组成及工艺条件	Cu-Zn 工艺	Cu-Sn 工艺	Cu-Zn-Sn 工艺 1	Cu-Zn-Sn 工艺 2	Cu-Zn-Sn 工艺 3
焦磷酸铜/($g \cdot L^{-1}$)		20~25			
焦磷酸亚锡/($g \cdot L^{-1}$)		1.5~2.5			
硫酸铜/($g \cdot L^{-1}$)	25		14~16	45	35
硫酸锌/($g \cdot L^{-1}$)	29		4~5	15	10
氯化亚锡/($g \cdot L^{-1}$)			1.5~2.5	5	3
焦磷酸钾/($g \cdot L^{-1}$)	165	300~320	300~320	320	260
氨三乙酸/($g \cdot L^{-1}$)		25~35	25~35	23	
酒石酸钾钠/($g \cdot L^{-1}$)				35	20~30
磷酸氢二钾/($g \cdot L^{-1}$)		30~40			
磷酸氢二钠/($g \cdot L^{-1}$)			30~40		
磷酸二氢钠/($g \cdot L^{-1}$)					10
柠檬酸钾/($g \cdot L^{-1}$)			15~20	70	5
氢氧化钾/($g \cdot L^{-1}$)			15~20		
乙二胺/($mol \cdot L^{-1}$)	0.1				
添加剂 ZG/($g \cdot L^{-1}$)		0.039~0.13			
亚乙基硫脲/($g \cdot L^{-1}$)			0.2~0.7		
pH 值	11.0	8.0~8.8	7.5~8.8	8.8~9.3	8.5~8.8
温度/℃	50	25~35	25~35	20~25	30~35
电流密度/($A \cdot dm^{-2}$)	0.5	0.8~1.5	0.8~1.5	1.1~1.4	2.0

1.5.2 酒石酸盐体系

酒石酸盐体系在水溶液中以 $tart^{2-}$ 的形式存在，其分子结构的特点是 2 个羧基氧的氧原子都有孤电子对，能与金属离子形成配位键。pH 值为 2.0~5.0 时，其与 Cu^{2+} 形成的是 $[Cu(tart)_2]$ 络合物；pH 值为 5.3~9.0 时，其与 Cu^{2+} 形成的是 $[Cu(OH)(tart)]^-$ 络合离子；pH 值为 9.0~13.5 时，其与 Cu^{2+} 形成的是 $[Cu(OH)_2(tart)]^{2-}$ 络合离子。

张颖等以酒石酸钾钠为主络合剂，柠檬酸为辅助络合剂，以硫酸铜、硫酸锌、锡酸钠为主盐，在经过特殊处理的玻璃钢表面进行 Cu-Sn-Zn 三元合金仿金电镀，得到了逼真的仿金色镀层，丰富了玻璃钢的装饰效果。余向飞等以酒石酸钾钠为主络合剂，柠檬酸为辅助络合剂，以硫酸铜、硫酸锌为主盐，在经过特殊处理的碳钢表面进行 Cu-Zn 二元合金仿金电镀，所得仿金电镀层光亮细致，结合力好。表 1.3 是酒石酸盐体系仿金电镀的镀液组成及工艺条件。

表 1.3 酒石酸盐体系仿金电镀的镀液组成及工艺条件

镀液组成及工艺条件	Cu-Zn 工艺	Cu-Zn-Sn 工艺 1
硫酸铜/$(g \cdot L^{-1})$	35	30
硫酸锌/$(g \cdot L^{-1})$	15	14
锡酸钠/$(g \cdot L^{-1})$		7
酒石酸钾钠/$(g \cdot L^{-1})$	90	90
柠檬酸/$(g \cdot L^{-1})$		20
柠檬酸钾/$(g \cdot L^{-1})$	20	
三乙醇胺/$(mL \cdot L^{-1})$		14
氢氧化钠/$(g \cdot L^{-1})$	20~30	50
磷酸氢二钾/$(g \cdot L^{-1})$	30~35	
pH 值	12.5	12~13
温度/℃	35	40
电流密度/$(A \cdot dm^{-2})$	3	6

1.5.3 HEDP 体系

HEDP 能和金属离子形成稳定的水溶性配合物，镀液成分简单，所得的镀层结晶均匀细致。当暴露于阳光下时，HEDP 能分解成各种初级产品，因此，它可以被认为是环境友好型络合剂的代表。但在 HEDP 体系中不加入添加剂时，允许电流密度范围较小，镀层容易出现白雾,甚至烧焦等现象。HEDP 对 Cu^{2+}和 Zn^{2+}都有很强的配合能力,能够实现两者的共沉积。

Ding 等在电镀 Cu-Zn-Sn 合金的 HEDP 镀液中加入 4 种含 N 类添加剂,其中效果最好的添加剂氟化铵中除了含有无机铵外,还有氟离子,使镀层颗粒粒径均匀,排列有序,结晶致密,镀层平整,且能促进黄色镀层的形成。Tang 等发现在四元化合物 Cu_2ZnSnS_4 的电镀液中添加柠檬酸三钠和酒石酸作为添加剂可将 4 个金属的共沉积电位范围缩小至 -1.2~-0.8 $V_{vs.SCE}$。表 1.4 是 HEDP 体系仿金电镀的镀液组成及工艺条件。

表 1.4 HEDP 体系仿金电镀的镀液组成及工艺条件

镀液组成及工艺条件	Cu-Zn 工艺 1	Cu-Zn 工艺 2	Cu-Zn-Sn 工艺 1	Cu-Zn-Sn 工艺 2
硫酸铜/($g \cdot L^{-1}$)	35~45	45~50	45~50	15
硫酸锌/($g \cdot L^{-1}$)	20~30	20~28	15~20	10
锡酸钠/($g \cdot L^{-1}$)			10~15	10
HEDP/($mL \cdot L^{-1}$)	80~100	80~100	80~100	130
碳酸钠/($g \cdot L^{-1}$)	15~25	20~30	20~30	60
柠檬酸钾/($g \cdot L^{-1}$)	20~30	20~30	20~30	
酒石酸钾钠/($g \cdot L^{-1}$)				40
氟化铵/($g \cdot L^{-1}$)				1
八烷基醇聚氧乙烯醚/($g \cdot L^{-1}$)				0.5
氯化铟/($g \cdot L^{-1}$)				0.5
添加剂(SC)/($g \cdot L^{-1}$)	1~2	1~2	1~2	
pH 值	11.0	8.0~8.8	7.5~8.8	8.8~9.3
温度/℃	50	25~35	25~35	20~25
电流密度/($A \cdot dm^{-2}$)	0.5	0.8~1.5	0.8~1.5	1.1~1.4

1.5.4 柠檬酸盐体系

柠檬酸盐体系中镀液成分简单,药品无毒,工艺简单,镀液稳定。因此,在仿金电镀中,柠檬酸盐体系有着广阔的应用前景。Heidari 等研究发现在不同的 pH 值下,铜和锡离子与柠檬酸形成配合物,采用硼酸和十六烷基三甲基溴化铵作添加剂实现 Cu-Sn 合金共沉积。Gougaud 等比较了酒石酸与柠檬酸作络合剂在弱酸性体系中电镀低锡的 Cu-Zn-Sn 合金。Lallemand 等在柠檬酸盐络合剂电镀液中,探索了有机添加剂对二元 Co-Fe 合金共沉积的影响,发现有机添加剂不会影响 Co-Fe 的沉积机理,但是糖精和邻苯二甲酰亚胺会降低铁的沉积速率,这与邻甲苯磺酰胺作用相反。Silva 等在电镀 Cu-Zn 合金的柠檬酸盐镀液中加入苯并三唑和胱氨酸作为添加剂,可以改变镀层中 Cu-Zn 合金的组成和提高镀层的防腐性能,使镀层具有更广阔的用途。表 1.5 是柠檬酸盐体系仿金电镀的镀液组成及工艺条件。

表 1.5 柠檬酸盐体系仿金电镀的镀液组成及工艺条件

镀液组成及工艺条件	Cu-Sn 合金
碱式碳酸铜/($g \cdot L^{-1}$)	18~23
锡酸钠/($g \cdot L^{-1}$)	24~29
磷酸/($g \cdot L^{-1}$)	5
柠檬酸/($g \cdot L^{-1}$)	175~195
氢氧化钠/($g \cdot L^{-1}$)	100~110
pH 值	9.3~10.0
温度/℃	25~35
电流密度/($A \cdot dm^{-2}$)	1.2~1.7

1.5.5 葡萄糖酸钠体系

葡萄糖酸钠能与 Cu^{2+} 和 Sn^{2+} 形成稳定的配合物,Subramanian 等通过电刷镀的方法得到耐蚀性能良好的金色 Cu-Sn 合金镀层,其镀液组成及工艺条件见表 1.6。

表 1.6 葡萄糖酸钠体系仿金电镀的镀液组成及工艺条件

镀液组成及工艺条件	Cu-Sn 合金
硫酸铜/($mol \cdot L^{-1}$)	0.04
硫酸亚锡/($mol \cdot L^{-1}$)	0.06
硫酸钾/($mol \cdot L^{-1}$)	0.19
葡萄糖酸钠/($mol \cdot L^{-1}$)	0.32
明胶/($g \cdot L^{-1}$)	10
pH 值	2
温度/℃	28

Fujiwara 等进行了用葡萄糖庚酸钠[$CH_2OH(CHOH)_5COONa$]作为配位剂的无氰

Cu-Zn合金电镀工艺研究，得到了性能良好的Cu70%-Zn30%仿金Cu-Zn合金镀层。

1.5.6　其他体系

Finazzi等进行了用山梨醇（$C_6H_{14}O_6$）作为配位剂的无Cu-Sn合金电镀工艺研究，发现在含$CuSO_4$70%-$Na_2SnO_3$30%（摩尔分数）和含$CuSO_4$30%-$Na_2SnO_3$70%（摩尔分数）的镀液中均可得到金色合金镀层。

Low等进行了在含有全氟化阳离子表面活性剂的甲磺酸（CH_2SO_3H）电解液体系中电镀Cu-Sn合金的研究。电解液组成为$CuSO_4$ 0.02~0.2 mol/L，$SnSO_4$ 0.02~0.05 mol/L，甲磺酸12.5%~15%（体积分数），对苯二酚0.01 mol/L及全氟阳离子表面活性剂0.008%~0.012%（体积分数），pH值小于1.0。在一定工艺条件下可以得到Cu含量70%~80%（质量分数）的金黄色镀层。

Ameen等的专利采用了多磷酸盐和有机磺酸盐来电沉积Cu-Zn合金，其主要成分及工艺条件如下：

主盐：铜盐（硫酸铜、多磷酸铜、磺酸铜）（Cu^{2+}含量0.1~0.15 mol/L），锌盐（硫酸锌、多磷酸锌、磺酸锌）（Zn^{2+}含量0.05~0.09 mol/L）。配位剂：碱金属多磷酸盐、有机磺酸盐（0.6~1.0 mol/L）。光亮剂：苯磺酸盐、磺酰胺等。还有动物胶、明胶和硫脲等。工艺条件：pH值为8.0~9.0；工作温度40~47 ℃；J_K = 8 A/dm^2；t = 1 min。由以上工艺得到的Cu-Zn仿金镀层为光亮的金黄色，结合力良好。

1.6　研究内容与意义

1.6.1　研究内容

本书主要介绍电沉积铜和铜合金过程中的各种电化学行为，通过电化学行为特征规律变化分析其电沉积机理。首先，研究了简单体系中阳极的电化学振荡行为及变化规律，建立了电化学振荡耦合的数学理论模型，理论结合实验分析了电化学振荡的机理，提出了调控振荡的方法；其次，结合电化学振荡对电解的影响，通过调控非线性行为，建立节能电解操作模式；再次，研究电镀铜合金过程中络合反应机理，进而用电化学方法分析金属共沉积机理；最后，研究电镀铜合金过程中添加剂的影响规律，电化学分析方法结合各种谱学分析其添加剂的影响机理。为电沉积过程筛选绿色添加剂提供了方法。

其中，本书的主要内容如下：

①本书讲述了在磷酸溶液中铜电氧化过程中产生的电化学振荡（Electrochemical Oscillation，EO）现象，系统地研究了电位、电解液组成及浓度、温度、搅拌速率和扫描速度

对电化学振荡的影响。电化学振荡的机理是由于 Cu 阳极的电氧化作用而产生的 CuH_2PO_4 的沉积和溶解作用所致。通过简化的定性分析解释了振幅和频率的实验结果，并进一步验证了之前推测的电化学振荡机制。本书提供了宏观非平衡现象的微观化学机制的相关性，并为冶金高效电溶解提供了新概念。

②铜阳极电溶工艺广泛应用于电解、电镀、电催化、腐蚀、电加工等工业铜加工中。工业电化学过程通常伴随着时空电化学振荡（EO）现象。通过实验和模拟，系统地研究了铜在盐酸溶液中电氧化过程中周期性电化学振荡的机理。采用循环伏安法（Cyclic Voltammetry，CV）研究了扫描次数、盐酸浓度、混合速率、温度对电化学振荡的影响，并采用恒电位下的电流-时间法和单电流步进计时电位法研究了影响电场。理论上建立了系统的反应机理，并将其转化为三变量数学模型。利用 MATLAB 软件对该算法进行了仿真。理论模拟结果与实验结果基本一致。分析认为，该振荡主要是由于氯化亚铜沉淀在铜阳极表面周期性的沉积和溶解所引起的。这些结果为宏观非平衡现象的微观化学机制之间的相关性提供了见解。

③电解精炼铜生产是高能耗湿法冶金产业，研发高纯阴极铜节能电解新方法的关键是减少耗于电化学振荡引起的电能。基于传统平衡态热力学理论已无法解释这一现象。本书采用简化后的工业电解精炼铜体系 H_2SO_4-$CuSO_4$体系，研究铜阳极上出现的电化学振荡行为及其变化规律。分析引发电化学振荡的机理，采用改进阳极、添加抑制剂等措施调控电化学振荡，进而有效利用这种在远离平衡条件下的特殊电化学振荡行为来改善电解过程，在远离平衡区找出新的节能环保电解工作区间。

④采用电化学测试的方法研究加入不同种类与浓度的添加剂（硫脲、聚丙烯酰胺、明胶和骨胶）对铜电解精炼过程的影响。通过对加入添加剂之后得到的循环伏安曲线进行分析研究，得到了添加剂的种类与浓度对铜沉积的影响。结果发现，与未加添加剂的空白电解液相比，加入单一添加剂后铜沉积电流峰值得到了明显提高，表明单一添加剂的加入会促进阴极沉积。当在电解液中分别加入硫脲与聚丙烯酰胺时，对应的铜沉积电流峰值分别达到 0.125 A 和 0.156 A；而与加入单一硫脲与聚丙烯酰胺相比，两者同时加入作为复合添加剂时，铜沉积电流峰值分别提高了 31.2%与 5.1%。研究表明，硫脲与聚丙烯酰胺同时加入后，二者在铜电解过程中产生了协同作用，共同促进了阴极铜的沉积。再结合 SEM、XRD、EDS 对阴极铜的微观形貌、组成与物相进行表征。实验发现，使用复合添加剂（硫脲+PAM）时，阴极沉积的铜最多，且表面形貌与纯度更理想。

⑤传统工业生产一直采用火法冶炼粗铜和湿法电解精炼的方法联合制备阴极铜。为了提高电解铜的质量和电流效率，本书电解铜实验采用非溶解型电极作阳极，同时通过添加氧化铜来维持电解液中二价铜的浓度，该工艺避免了火法冶炼的能耗。本书采用二氧化铅作阳极，分析对比了3种电解液对电解铜的宏观形貌、微观结构、电流效率、纯度、晶形组分的影响。采用电解液A长时间电解，铜中明显有Cu_2O和CuO物相存在。采用电解液B，产品纯度均不满足阴极铜的标准。采用电解液C，在电解8 h中每2 h的铜产品和平均连续电解8 h的产品在形貌、电流效率、纯度方面都合格。而8 h的平均电流效率为96.33%，这比传统的铜溶解阳极相比，电流效率提高了2.58%。而且采用改进后的电解液和工艺后，电解液可以循环使用。新工艺对整个铜湿法冶金工业生产更加节省能耗物耗。同时，采用本书也为提高工业生产电解金属的电流效率和产品质量提供了一种新的方法。

⑥本书研究了一种无氰化物的玫瑰金色电镀体系。使用了EDTA体系对Cu-Zn-Sn合金进行电沉积的方法，其中以$CuSO_4 \cdot 5H_2O$、$ZnSO_4 \cdot 7H_2O$和$Na_2SnO_3 \cdot 3H_2O$为主盐，EDTA·2Na为络合剂，而NaOH为缓冲剂。用拍照、SEM、EDS、XRD分析不同电镀液对镀层表面色泽、表面微观形貌、组成、物相结构的影响。同时通过电化学分析、UV、IR方法分析比较不同电镀液，研究发现调整主盐的用量，可以制备玫瑰金色的Cu-Zn-Sn合金镀层。合金的组成为98.81%Cu、0.77%Zn、0.42%Sn。其镀层由规则的50~100 nm颗粒组成。三元合金镀层的组成主要是Cu、Cu_5Zn_8和$Cu_{10}Sn_3$相。同时采用电化学分析发现，在-1.22 V有唯一的自由基物质的沉积峰。通过UV、IR和核磁共振光谱分析，发现在碱性环境中EDTA·2Na与金属离子会形成螯合。该结果可能为在电沉积Cu-Zn-Sn合金中使用的新技术提供理论指导。

⑦本书对柠檬酸盐体系的仿金电镀进行研究，以柠檬酸为主络合剂，以硫酸铜、锡酸钠为主盐，NaOH为缓冲剂。用拍照、SEM、EDS、XRD分析了不同电镀液组成对镀层的宏观色泽、微观形貌、组成、物相结构的影响。同时，通过电化学分析、UV、IR对不同电镀液进行分析比较。研究发现，各主盐的用量和pH值对镀液影响非常大，所以对镀层的影响也非常大。pH=9.5时，铜离子主要和柠檬酸发生络合形成$Cu_2Cit_2H_2^{4-}$。而锡酸钠主要和氢氧化钠形成$Sn(OH)_6^{2-}$络合离子。通过电化学分析发现，在$-1.2\ V_{vs.Hg|HgO}$处有唯一的阴极沉积峰。因此形成的上述2种络离子可以在相同电压下一起被还原共沉积，形成Cu、[Cu,Sn]、Cu_6Sn_5、$Cu_{10}Sn_3$、Cu_4O_3相。最终可能含13.72%Sn的金黄色的致密镀层。这些结果可能为电沉积Cu-Sn合金提供新的技术和理论基础。

⑧本书研究了含 EDTA · 2Na 和 $C_4H_4O_6KNa$ 的无氰碱性电镀液在不锈钢上电沉积 Cu-Sn 合金，以探索保持高装饰性和稳定镀层的无氰双络合物体系。Cu-Sn 共沉积发生在 −0.95 $V_{vs.Hg|HgO}$处，并且在电镀液 BR 中阴极峰 A 的高度达到−0.028 0 A。通过循环伏安法(CV)曲线的分析以及核磁共振(NMR)结果发现，EDTA · 2Na 可以同时与铜和锡离子络合，而 $C_4H_4O_6KNa$ 仅可以与铜离子配合。2 种主盐或 2 种络合剂的摩尔浓度比、摩尔浓度总和、电镀液的 pH 值都会影响 Cu-Sn 镀层的表面微观形貌、组成、物相结构。SEM 分析表明，与使用单一 EDTA 或酒石酸盐配位剂的电镀液 BR 相比，使用 EDTA-酒石酸盐双络合物的电镀液获得的 Cu-Sn 镀层具有最小的晶粒尺寸。镀层晶粒尺寸为0.2 μm，且粒径均匀。EDS 分析表明，从电镀液 BR 获得的 Cu-Sn 镀层中 Cu 的质量分数为 92.8%，Sn 的质量分数为 7.2%，并且该镀层为金色。XRD 表明，Cu-Sn 镀层是结晶的，并且由 Cu、Cu_6Sn_5、[Cu,Sn]和 $Cu_{10}Sn_3$ 相的混合物组成，表明形成了 Cu-Sn 合金。该结果可为其他合金镀层的电沉积技术提供理论指导。

⑨本书研究了一种无氰仿金电镀体系，即羟乙叉二膦酸(HEDP)体系。该体系的镀液毒性小，价格便宜，并且该体系可以保持镀层的高装饰质量。研究了 4 种含 N 类的添加剂，即三乙醇胺(TEA)、氟化铵(AF)、三乙酸氨(NTA)和聚丙烯酰胺(PAM)对 Cu-Zn-Sn 合金镀层性能的影响。结果表明，TEA 可以用作辅助络合剂，以促进阳极溶解，提高镀液的分散性，并控制镀层的颜色和亮度。NTA 的羧基很容易在阴极分解，引起析氢反应，从而导致发黑和不规则的镀层表面。除无机铵外，AF 还包含氟离子，可形成颗粒大小均匀、致密，晶体紧密排列的镀层，并能促进金黄色镀层的形成。PAM 的长链可防止溶液中铜离子的迁移，这会导致阳极溶出峰电流的减小，从而对电极界面产生不利影响。研究了 4 种添加剂在电镀过程中的机理，其结果可为选择铜锌锡电镀过程中的添加剂提供理论指导。

⑩本书研究了含羟基亚乙基二膦酸(HEDP)的无氰碱性电镀液在不锈钢上电沉积 Cu-Zn-Sn 三元合金。将 4 种含羟基的添加剂[即甲醇(MET)、乙二醇(EG)、甘油(GLY)和甘露醇(MAN)]加到 HEDP 体系中，并且比较了羟基数目对 Cu-Zn-Sn 三元合金共沉积的影响。Cu-Zn-Sn 共沉积发生在−0.53 $V_{vs.Hg|HgO}$。含羟基的添加剂有利于促进 Cu-Zn-Sn 的共沉积，因为它们可以与金属离子络合并充当辅助络合剂。SEM 分析表明，从含 MAN 的电镀液中获得的晶粒尺寸最小为 0.1 μm。除了尺寸比其他的要小外，这些镀层还具有均匀的粒径。EDS 分析表明，从含有 MAN 的电镀液中获得的 Cu-Zn-Sn 镀层的组成按质量

分数分别为73.293%的Cu、26.079%的Zn和0.629%的Sn,为金黄色。XRD表明,Cu-Zn-Sn镀层是结晶的,并且由Cu、Zn、Cu_5Zn_8、$Cu_{20}Sn_6$和$Cu_{39}Sn_{11}$相的混合物组成,表明形成了Cu-Zn-Sn三元合金。这些结果为新型的无氰碱性电解液对Cu-Zn-Sn三元合金的电沉积技术提供了理论指导。

⑪无氰仿金电镀层作为装饰的需求越来越高。不断提高仿金电镀的电镀工艺,不断优化电镀液配方成为当前仿金电镀的研究热点。本书以羟乙叉基二膦酸(HEDP)为主络合剂,以$CuSO_4 \cdot 5H_2O$、$ZnSO_4 \cdot 7H_2O$和$NaSnO_3 \cdot 3H_2O$为主盐,以NaOH和无水碳酸钠为缓冲液制备电镀液。使用柠檬酸钠(SC)、酒石酸钠钾(SS)、葡萄糖酸钠(SG)和甘油(Gl)作为4种添加剂,分析比较羧基数目对Cu-Zn-Sn合金镀层性能的影响。电化学分析表明,Cu-Zn-Sn合金共沉积发生在-0.50 $V_{vs.Hg|HgO}$。SEM结果表明,与不含添加剂的电镀液相比,含羧基添加剂的镀层的粒径更均匀。XRF分析表明,在电镀液中加入SC作为添加剂,获得的Cu-Zn-Sn合金镀层的组成按质量分数分别为89.75%的Cu、9.61%的Zn和0.64%的Sn,镀层颜色为金黄色。XRD图表明镀层是由Cu、Cu_5Zn_8、CuSn、Cu_6Sn_5和CuZn相组成的混合物。通过UV、IR和NMR光谱法对电镀液的分析表明,添加剂通过影响金属离子的络合反应来改善镀层。该结果可为开发新型无氰HEDP碱性电镀Cu-Zn-Sn三元合金电沉积技术提供理论指导。

1.6.2 研究意义

实际工业电沉积体系分为简单盐体系和络合体系,其过程存在高浓度、大电流、流动性等特征,会产生高能耗和物耗。采用电化学方法分析其电沉积过程中的还原机理,进而调控电沉积工艺,最终优化沉积产品质量。本书主要以长时间的简单盐电沉积体系(电解精炼铜工艺)和短时间的络合电沉积体系(电镀铜合金工艺)为例展开讨论,研究电沉积体系中电化学行为变化规律特征及其机理。

总之,本书的目的是为电化学方法分析电沉积铜和铜合金过程提供理论依据和新方法。本书立足于将这种新工艺在整个湿法冶金工业生产推广,提高湿法冶金行业电沉积的电流效率和产品质量。本书可供冶金电化学工程专业研究人员及表面电化学处理人员参考使用。

第一部分

电解精炼铜体系

第 2 章　铜阳极在磷酸溶液中电化学振荡的研究

2.1　引言

电化学振荡常常出现在 Cu、Fe、Zn 等金属及其氧化物的电溶解、电沉积、电催化氧化等过程电化学体系中。电化学体系中往往存在一些非线性行为，比如电化学振荡等时空有序现象。目前已经有很多关于铜电极溶解过程中引发的电化学振荡行为的报道，但是对于其具体产生机制及调控方法未做说明。

本章通过实验系统地研究了磷酸溶液中铜电氧化过程中电流周期性振荡的机理，验证了振荡的起源，并通过简化的理论定性对实验结果进行了分析。研究结果为电化学体系节能技术的发展提供了理论依据。

2.2　实验部分

使用水净化系统对水进行净化（美国 PALL Cascada Ⅱ Ⅰ 30）。所有试剂均为分析纯。H_3PO_4 溶液浓度不低于 85%。

电化学测试在 PARSTA T PMC1000 电化学工作站进行。对于三电极体系，参比电极为饱和甘汞电极；模拟工业电解时，对电极为 304 不锈钢片（有效面积 1.0 cm^2）；工作电极为铜棒（直径 0.8 mm，长度 5.0 mm，纯度 99.95%）。除工作电极的有效区域外，其余区域用绝缘聚合物密封，以防止测试期间该区域的波动。工作电极与对电极之间的距离为 8.0 mm。所有电极都经过丙酮和纯净水的精细抛光和清洗。将电解槽置于集热器-恒温型磁力搅拌器（中国上海 DF-101 S）中，使电解液保持在 20 ℃。除特别说明外，电解液为 H_3PO_4（1.0 mol/L），循环伏安扫描速度为 10 mV/s。

日立 SU8010，在场发射环境下 SEM-EDS 用于表面调查和特征检测。在 20 kV 加速电压下采集图像和光谱。

2.3　结果与讨论

2.3.1　阳极电流振荡

采用循环伏安实验研究了铜阳极在 1 mol/L H_3PO_4 溶液中 20 ℃的电化学行为，并测定了恒电位条件下电流振荡发生的电位。图 2.1(a)为循环伏安曲线,两条线都表示氧化过程,红线为从低到高的阳极电位,黑线为从高到低的阳极电位。红色线显示阳极正向氧化在 1.72~1.95 V 出现电化学振荡,黑色线显示阳极后向氧化在 1.68~1.92 V出现电化学振荡。

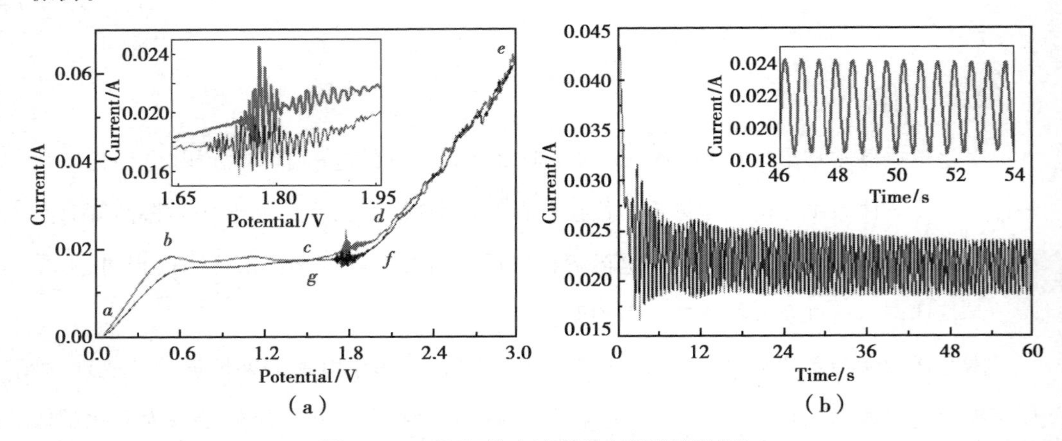

图 2.1　Cu 阳极的电流振荡(彩图见附录)

(a):Cu 阳极在 1 mol/L H_3PO_4 中的循环伏安曲线(插图为部分放大图);

(b):1.74 V 恒电位电解时的 *I-t* 曲线(插图为部分放大图)

前向扫描和后向扫描的振荡范围接近;因此,后者的研究主要集中在从低电位到高电位的正向扫描。在正向扫描中,*ab* 段属于溶解活跃区。氧化反应严重,产生大量气泡。电流密度逐渐增大,在 *b* 点达到最大值。*bc* 段电流密度稳定,在铜阳极表面形成棕色物质。随着电势的增加,棕色物质的数量增加,并在 *c* 点开始产生电化学振荡,导致棕色物质从阳极表面开始脱落。随着电势的增大,电化学振荡的值先增大后减小。最后,电化学振荡在 *d* 点消失,铜电极表面的棕色物质完全脱落。在 *de* 段,电流随着电势向前移动而迅速增加。在 *d* 点,在电极表面产生暗红色物质,到达 *e* 点并形成薄层。在高压区出现了电化学混沌现象。反扫描 *ef* 断面时,阳极表面暗红色物质逐渐减少,*f* 点处铜表面呈现出明亮的颜色。同时阳极表面明显被电抛光。在 *fg* 段反向扫描过程中,铜电极表面产生棕色物质,同时检测到电化学振荡。

在正向和反向扫描过程中,电流振荡幅度先增大到 1.73 ~1.78 V 的最大值,然后随着电位的进一步增大而减小。然而,如图 2.1(a)插图所示,反向扫描时电流振荡向前移动。图 2.1(b)为恒压 1.74 V 时的 *I-t* 曲线,插图为规则的周期性振荡。

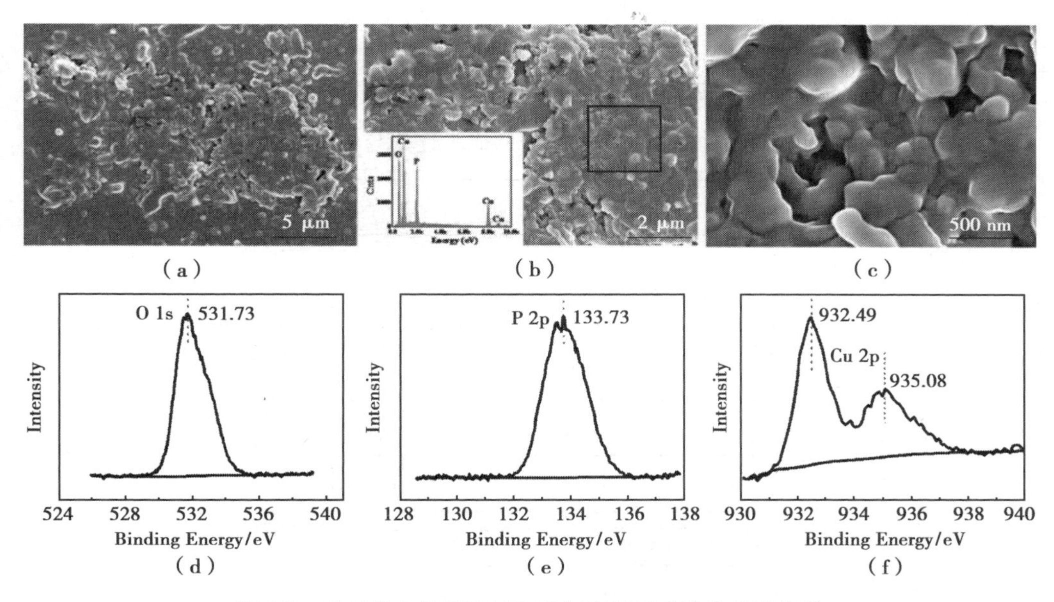

图 2.2　不同放大倍数下工作电极表面形成的电化学振荡

(a):5 k,高分辨率 XPS 在工作电极表面形成的表层 EO;(b):10 k(插图是物质在方框区域 EDS),高分辨率 XPS 在工作电极表面形成的表层 EO;(c):50 k,高分辨率 XPS 在工作电极表面形成的表层 EO;(d):O 1s;(e):P 2p;(f):Cu 2p

在 1.74 V 电压下测试 500 s 的 *I-t* 曲线后,取出电极并烘干,用于 SEM 和 XPS 分析。图 2.2(a)—(c)分别为上述电极放大 5 000 倍、10 000 倍和 50 000 倍后的典型 SEM 图像。如图 2.2(a)所示,不同尺寸的颗粒附着在部分阳极表面,如图 2.2(c)所示,电极表面的颗粒在 200~500 nm 大小不规则。选择图 2.2(b)中的方框区域进行 EDS 分析,结果如图 2.2(b)插图所示。表面材料含有 C∶Cu∶O∶P,原子序数 34∶11∶44∶11。测试中 C 元素为导电胶,H 元素未显示。因此,假设电极表面的材料是由 Cu∶P∶O=1∶1∶4的物质组成的。

图 2.2(d)和(e)中 531.73 eV 和 133.73 eV 的光谱峰是由于正磷酸盐($H_2PO_4^{-1}$)存在。图 2.2(f)显示了 Cu 2p 阳极形成过程中的 XPS 谱图。该光谱表示在 932.49 eV 处的叠加峰,对应于 Cu^0 和 Cu^+。根据以上 XPS 结论和图 2.2(b)中元素的假设比例,可以进一步推断电极表面沉积的材料是 CuH_2PO_4。

2.3.2　电位对电化学振荡的影响

在上述体系中,采用同一个新鲜电极,测试电压从低依次增高,得到一系列不同电压值下的 *I-t* 曲线。首先固定恒电压 2.56 V,得到的 *I-t* 曲线接近一条直线(图2.3)。每次继续增加 0.01 V 的电压,振荡仅在 1.69 V 之前明显。从图 2.3 可以看出,振荡从 1.69 V 到 1.74 V 逐渐增强,振荡从 1.74 V 到 1.85 V 逐渐减弱。如图 2.1 所示,振荡从 1.72 V 开始,在 1.95 V 消失。对比图 2.1 和图 2.3 可以看出,两者的振荡范围略有不同。在 CV 曲线和 *I-t* 曲线中,在相同电位下,无论使用的电极是否相同,外加电位是否逐渐增加,CV 的测试时间都比 *I-t* 曲线短。因此,CV 曲线和 *I-t* 曲线之间的成膜速率与电极表面不同。

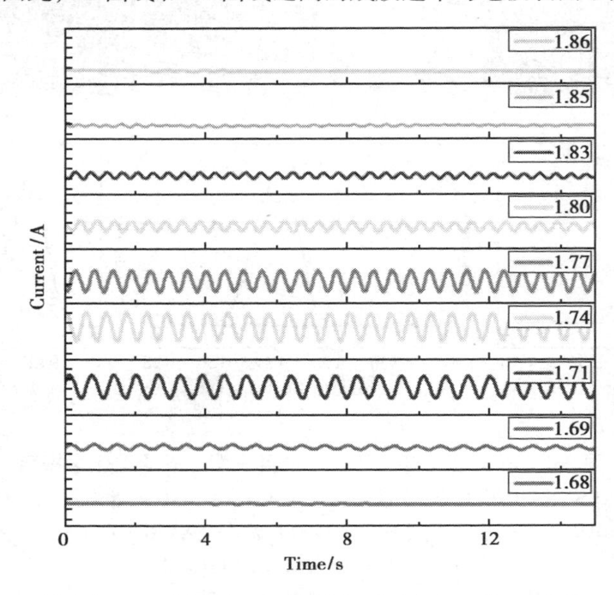

图 2.3　1 mol/L H_3PO_4 溶液中不同电位下的 *I-t* 曲线

图 2.3 总结了在 1.68~1.86 V 检测到前 15 s 的 *I-t* 曲线。此外,从图 2.4 获得了支持振幅和频率随电位增加而变化的定律,该定律显示了在固定相同电化学体系并产生电流后,振荡频率随电位增加而加强稳定的电流振荡。随着电位的增加,振荡幅度先增大后逐渐减小到零。对比图 2.1 和图 2.3,电化学振荡随着电位的增加先增加后降低,说明图 2.4 得出的结论与图 2.1 一致。

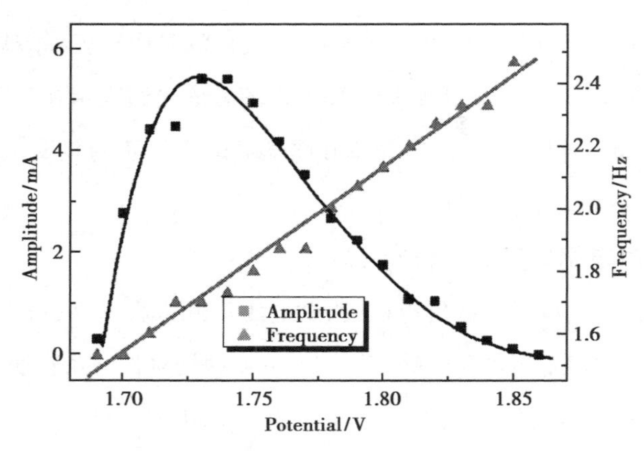

图 2.4　振幅和频率对不同电位的依赖性

2.3.3 电解质成分和浓度对电化学振荡的影响

测定了电解液组成和浓度对电化学振荡的影响。从图 2.5(a)可以看出,0.4~1.1 mol/L H_3PO_4 发生振荡。图 2.5(b)总结了 H_3PO_4 浓度对振荡电位范围和最大电流值的影响。如图 2.5(b)所示,在振荡范围内,随着 H_3PO_4 浓度的增加,电化学振荡的电压范围逐渐减小后消失,振荡最大振幅先增大后减小。在 0.8 mol/L H_3PO_4 时,振荡的最大振幅为 10.5 mA。根据文献,H_3PO_4 的第一个解离常数 $K=7.6\times10^{-3}$。H_3PO_4 浓度在 0.4~1.1 mol/L时,原液 pH 值为 1.29~1.06,在磷酸溶液中以大量 H_3PO_4、$H_2PO_4^-$ 和少量 $H_4PO_4^+$ 的形式存在。当 H_3PO_4 浓度增加到 1.2 mol/L 时,相应溶液的 pH 值降低,溶液中 $H_4PO_4^+$ 升高。同时电化学振荡消失,说明 $H_4PO_4^+$ 不利于振荡的形成。根据实验结果,要产生振荡,必须有足够的 $H_2PO_4^-$。这一结论间接证实了电极的沉积表面为 CuH_2PO_4。

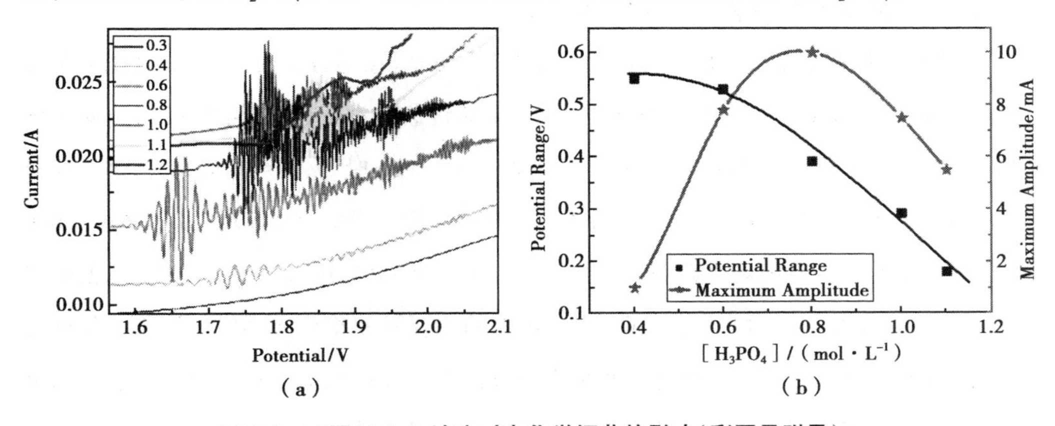

图 2.5　不同 H_3PO_4 浓度对电化学振荡的影响(彩图见附录)

(a):H_3PO_4 浓度对 CV 曲线的影响;(b):电位范围和最大振幅对 H_3PO_4 浓度的依赖性

图 2.6(a)展示了不同 $CuSO_4$ 浓度对 1.0 mol/L H_3PO_4 对 CV 曲线的影响。$CuSO_4$ 浓度 0~3.2 mmol/L 范围内可检测到电化学振荡。随着 $CuSO_4$ 浓度增加到4 mmol/L,甚至 8 mmol/L,电化学振荡消失。图 2.6(b)展示了不同 $CuSO_4$ 浓度对 1.0 mol/L H_3PO_4 电位范围和最大振幅的影响。从图 2.6(b)中可以看出,随着 $CuSO_4$ 浓度的增加,EO 的电压范围和最大幅值都先上升后下降。在 2.4 mmol/L $CuSO_4$ 时,振荡电压范围高达 0.44 V,最大振幅值为 13 mA。在较低的 $CuSO_4$ 浓度下,Cu^{2+} 与 Cu 反应生成 Cu^+,加速了电化学振荡的发生。结合 Aksu 的实验结果,Cu^{2+} 与 $H_2PO_4^-$ 反应生成 $Cu(H_2PO_4)_2$,反应常数 $k=10^{0.22}$,因此在高浓度 $CuSO_4$ 下 Cu^{2+} 容易与 $H_2PO_4^-$ 结合生成 $Cu(H_2PO_4)_2$,导致振荡消失。

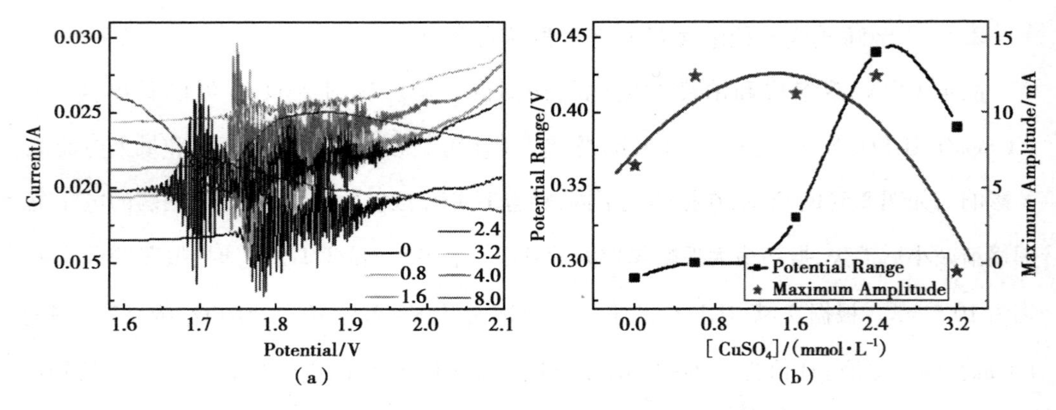

图 2.6　不同 $CuSO_4$ 浓度对电化学振荡的影响(彩图见附录)

(a):1 mol/L H_3PO_4 下 $CuSO_4$ 浓度对 CV 曲线的影响;

(b):1 mol/L H_3PO_4 电位范围和最大振幅对 $CuSO_4$ 浓度的依赖性

2.3.4　搅拌速率对电化学振荡的影响

研究了搅拌速率对反应状态的影响。如图 2.7 所示,在不搅拌的情况下,电化学振荡在 1.71~1.93 V 内发生。当电解液在 400 r/min 的转速下进行磁搅拌时,振荡被推回到 1.80~1.97 V。当搅拌速度提高到 800 r/min 和 1 200 r/min 时,振荡被向后推,振荡幅度分别在 1.92~2.05 V 和 2.04~2.14 V,明显破坏了其规律性。当搅拌速度增加到 1 600 r/min 或更高时,电化学振荡的规律性消失。在 0~1 200 r/min 搅拌下,振荡仍然存在,但振荡产生的范围发生了变化。这一发现表明,影响振荡的主要是液相传质和电子转移。分析表明,搅拌可以有效地降低浓差极化。液相传质引起的状态方程减弱甚至消失。同时,加快搅拌速度,减弱了液相传质与电子传递之间的耦合作用,破坏了流体流动的湍流性质,减

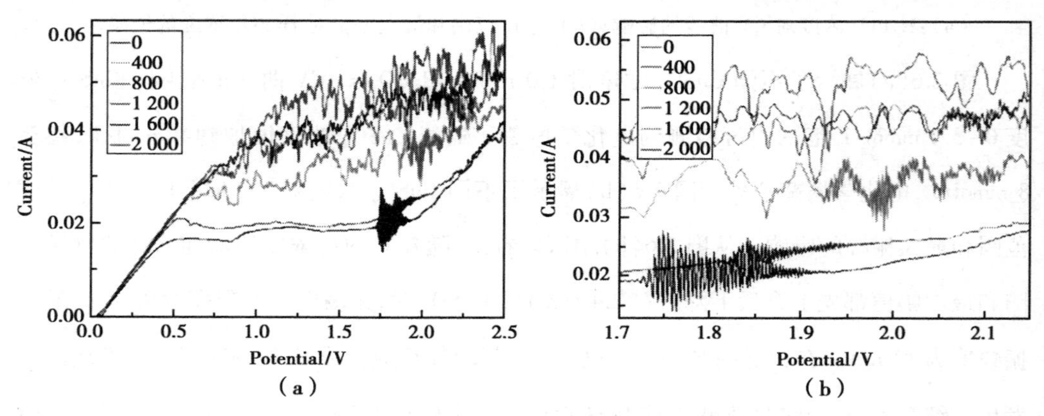

图 2.7　不同搅拌速率对电化学振荡的影响(彩图见附录)

(a):搅拌速率对 CV 曲线的影响;(b):部分放大图像

弱了振荡。高速搅拌时,电解液中心形成涡流中心,严重阻碍电极反应,导致振荡消失。

2.3.5 温度对电化学振荡的影响

通过将温度从 12 ℃逐渐升高到 40 ℃来研究温度对电化学振荡的影响。如图 2.8 所示,12 ℃时,在 1.70~2.00 V 发生振荡,对应的信号比较明显。随着温度升高到 30 ℃,振荡信号在 1.86~2.00 V 显著衰减。在 34 ℃以上的温度下,振荡信号减弱甚至消失。同时,在 34 ℃以上的温度下,表面与图 2.1(a)的 *cd* 部分棕色物质相似的铜阳极上没有产生任何物质,没有出现 EO 现象。因此,温度对 EO 的影响是显著的。这一结果归因于温度对液相传质和电子转移步骤的影响。因此,温度应控制在 12~30 ℃,才能发生电化学振荡现象,更好地理解振荡机理。

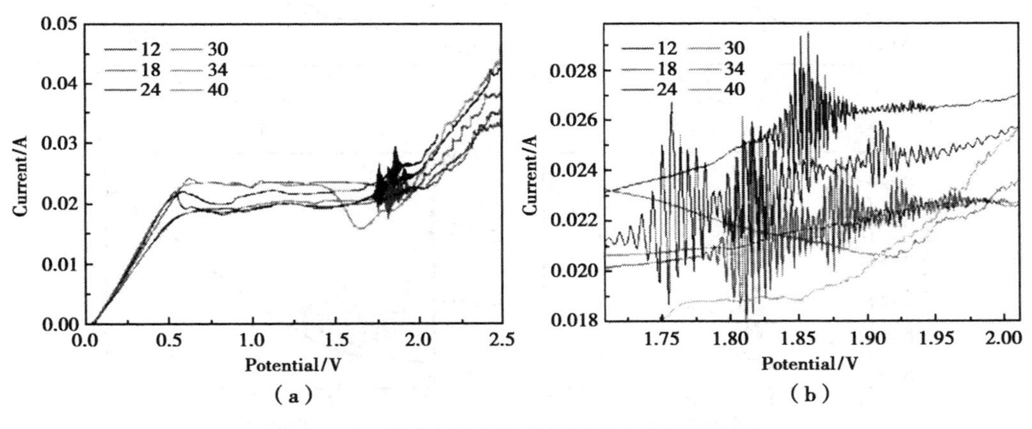

图 2.8　温度对电化学振荡的影响(彩图见附录)

(a):温度对 CV 曲线的影响;(b):部分放大图像

2.3.6 扫描速度对 CV 曲线的影响

如图 2.9 所示,红线为从低到高的阳极电位,黑线为从高到低的阳极电位。对比图2.1 和图 2.3 可以看出,由于实验过程中反应时间的不同,CV 曲线和 *I-t* 曲线的振荡范围有所不同。用不同的扫描速度在新鲜铜电极上得到 CV 曲线,并比较了电极反应时间对振荡的影响。实验中,在 1.55~2.40 V 的扫描电位范围内,扫描速度分别为 1,5,10,50,100 和 500 mV/s。如图 2.9(a)所示,当扫描速度为 1 mV/s 时,没有发生振荡。当扫描速度提高到 5 mV/s 时,在铜电极上的氧化过程中出现了振荡,但在 1.78~1.92 V 并不是连续的[图 2.9(b)红线]。当扫描速度增加到 10 mV/s 时,振荡在 1.78~1.95 V 持续且明显[图 2.9(c)红线],振荡迅速形成并逐渐消失。当扫描速度增加到 50 mV/s 和 100 mV/s 时,振荡分别发生在 1.63~2.06 V[图 2.9(d)红线]和 1.74~2.00 V[图 2.9(e)红线]范围内,振荡频率小于 10 mV/s。当扫描速度提高到 500 mV/s 时,电化学振荡消失。

扫描速度对振荡的影响是非常明显的。扫描速度非常快,无法检测到振荡信号,因为电极表面成膜速率与测试或电化学工作站接收仪器的灵敏度不太匹配。当扫描速度超过 5 mV/s 时,可检测到显著的电化学振荡信号。在低扫描速度下,电极内发生复杂的电化学反应,导致电极反应信号延迟。因此,后续实验采用 10 mV/s 的扫描速度。

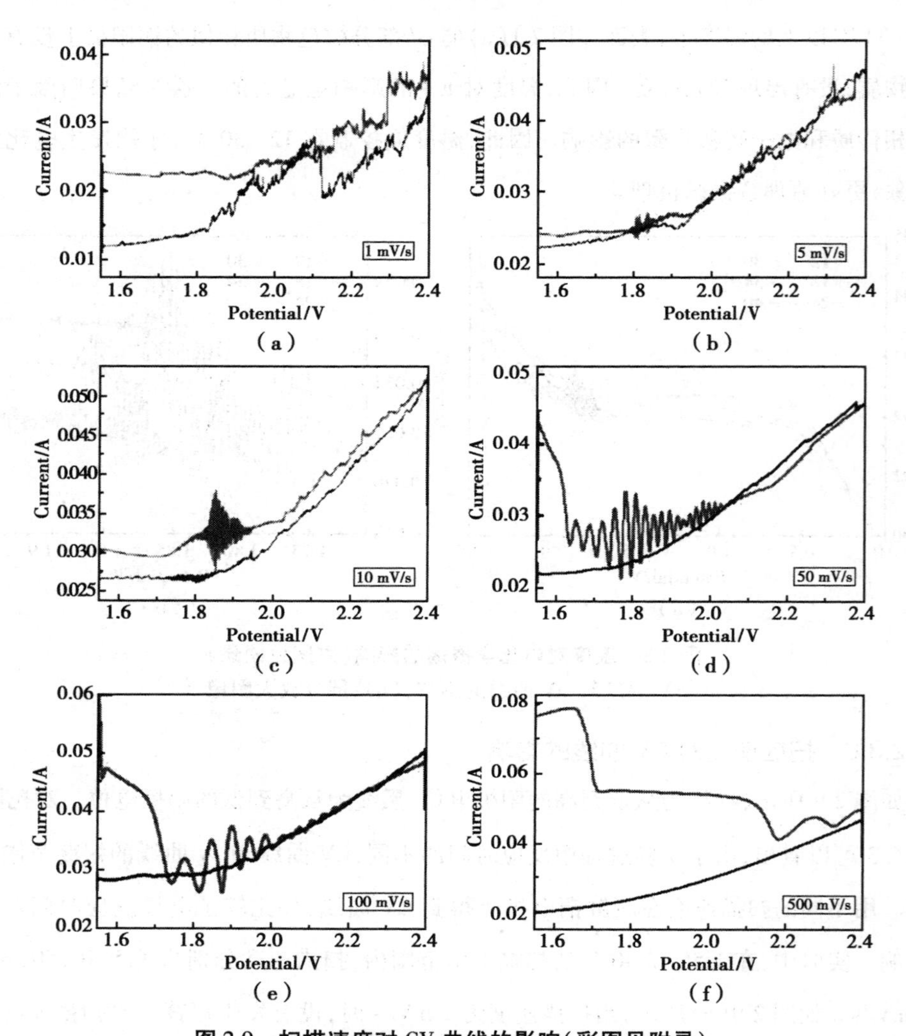

图 2.9　扫描速度对 CV 曲线的影响(彩图见附录)

(a):1 mV/s;(b):5 mV/s;(c):10 mV/s;(d):50 mV/s;(e):100 mV/s;(f):500 mV/s

2.3.7　电化学振荡的电极反应机理

类似的氧化还原反应在 Cu^{+} 与 H_3PO_4 反应的研究中也有报道。氧化产生以下潜在中间体:Cu^{2+}、Cu^{+}、CuH_2PO_4、H_3PO_4、$H_2PO_4^-$ 和 H^{+},它们相互反应最终产生 Cu^{+}。根据 Prigogine

的理论，CuH_2PO_4 的沉积和溶解作用可能为 Cu 阳极电氧化的 EO 机制提供了基本的非线性项。可能的反应归纳如下：

$$Cu \xrightarrow{k_1} Cu^+ + e^- \tag{2.1}$$

$$H_3PO_4 \underset{k_{-2}}{\overset{k_2}{\rightleftharpoons}} H^+ + H_2PO_4^- \tag{2.2}$$

$$Cu^+ + H_2PO_4^- \xrightarrow{k_3} CuH_2PO_4 \tag{2.3}$$

$$CuH_2PO_4 + H^+ \xrightarrow{k_4} Cu^{2+} + H_3PO_4 + e^- \tag{2.4}$$

$$Cu^+ \xrightarrow{k_5} Cu^{2+} + e^- \tag{2.5}$$

$$Cu^+ \xrightarrow{D_1} Cu^+ (bulk) \tag{2.6}$$

$$Cu^{2+} \xrightarrow{D_2} Cu^{2+} (bulk) \tag{2.7}$$

其中，Cu 是没有 CuH_2PO_4 的反应表面；Cu^+ 和 Cu^{2+} 分别代表邻近电极表面的 Cu^+ 和 Cu^{2+}；CuH_2PO_4 是具有覆盖 Cu 阳极表面的膜的电极表面；k_1、k_2、k_3、k_4 和 k_5 是速率常数；D_1、D_2 是扩散系数，包括扩散部分厚度的影响。

在 Cu 阳极溶解过程中，电极表面附近的 Cu^+ 和 Cu^{2+} 浓度可能会因电极溶解而发生变化。因此，随着 Cu^+ 和 Cu^{2+} 浓度的增加，双层中的扩散电位发生变化，从而影响电极溶解的反应速率。这种耦合可能会导致完全的动态行为。

首先，如图 2.4 所示，EO 频率随电位线性增加。理论分析表明，振荡频率随 k_1、k_4 和 k_5 的增大而增大。电氧化反应的 k_1、k_4 和 k_5 值随电位的增加而增大。图 2.8 显示 EO 频率随温度升高而增加，说明平衡常数和速率常数与范特霍夫方程一致。EO 频率对温度的依赖性随机理而变化，图 2.8 中的结果与我们的机理一致。其次，将 $[H_3PO_4]$ 和 $[H^+]$ 的值增大到一定值后，理论分析中的振荡消失，因为 CuH_2PO_4 的溶解速率远大于沉积速率。从图 2.5 可以看出，当实验中 H_3PO_4 浓度增加到 1.2 mol/L 时，振荡消失。如图 2.6 所示，少量 Cu^{2+} 会促进振荡的产生，然后随着 Cu^{2+} 的进一步增加振荡消失。这一结论与理论分析一致。根据式(2.3)和式(2.4)，少量 Cu^{2+} 促进 CuH_2PO_4 膜的溶解，而 Cu^+ 加速了 CuH_2PO_4 膜在电极表面的形成。通过反应(2.4)，电极表面 CuH_2PO_4 膜由于不断产生 Cu^{2+} 而不易溶解，振荡消失。最后，振荡是由液相转移和电子转移步骤共同引起的。搅拌减弱了图 2.7 中的振荡，因为搅拌影响了传质。理论分析表明扩散系数 D_1 和 D_2 与搅拌规律一致。

实验结果可以用这个简化的定性分析来解释。此外,由于双电层引起的电容放电弛豫缓慢,实验中的振荡比理论分析的振荡更为复杂。然而,容量对波形的影响需要进一步研究。

2.4 本章小结

本章首先通过实验和理论分析,系统地研究了磷酸溶液中铜电氧化过程中周期性状态方程的形成机理。电位和温度对 I-t 曲线的影响与速率常数 k_1、k_4 和 k_5 一致。事实上,电子转移步骤的电位会影响电氧化反应的参数 k_1、k_4 和 k_5,因此特性的变化是相似的。同时,k_1、k_4 和 k_5 与 Arrhenius 形式匹配良好,因为温度主要影响速率常数。实验中 H_3PO_4 的浓度与理论分析中的 H_3PO_4 和 H^+ 的浓度一致,结论也相似。Cu^{2+} 影响 CuH_2PO_4 膜的溶解,但也会影响 CuH_2PO_4 膜的形成。因此,在实验和理论分析中,Cu^{2+} 对 EO 的影响是吻合的。此外,搅拌速率与扩散系数 D_1 和 D_2 有关。这一发现表明,液相传质和电子转移步骤主要影响 EO。因此,简化模型的结果与实验结果是一致的。电化学反应是 CuH_2PO_4 通过阳极电氧化沉积和溶解的结果。本书揭示了宏观非平衡现象的微观化学机理之间的相关性,为发展冶金高效电溶解提供了新概念。

第3章　铜阳极在盐酸溶液中电化学振荡的研究

3.1　引言

铜阳极的电溶解过程广泛应用于工业铜加工中的电解、电镀、电催化、腐蚀和电加工。工业电化学过程一般具有浓度高、电流大、迁移率高等特点，这些特点与反应平衡相差甚远。电化学振荡(EO)的基本反应步骤通常用于电化学体系，通过电场逐渐远离平衡，而非线性项是重要的，并导致时空电化学振荡现象。

在电化学体系中，铜电极上发生电化学振荡现象已被广泛报道。1957年，Cooper等人研究发现，在HCl溶液中溶解铜阳极时会发生电化学振荡现象。他们还推测，振荡是铜电极表面周期性生成和溶解CuCl的结果。1985年，Lee等人利用旋转圆盘电极研究了铜在酸性(H_2SO_4或HCl)NaCl溶液中发生的电流振荡。他们确定，只有当生成的CuCl膜在电极表面足够厚时，才会发生电流振荡，这与离子在多孔膜中的扩散有关。Cazares-Ibanez通过重现图研究了不同电位下形成的腐蚀产物。他们确定，铜在含有氯化物和硫酸盐的不同浓度的溶液中呈现点蚀特征，如果钝化层不够厚，则不会发生点蚀现象。

目前，电化学振荡的初步机理可分为3种类型。第一，振荡是由电极表面材料的周期性沉积和溶解形成的。第二，振荡是由电极界面的中间价离子的周期性变化引起的。第三，当电极表面周期性产生气泡时会引起电子得失的周期性变化，从而产生振荡。对电化学振荡现象的研究具有重要的理论意义。从周期性的电化学振荡行为中可以获得电极反应机理和各基本步骤之间耦合的一些信息，可以用来定量分析反应机理振荡行为，指导实际应用体系。

本章以非线性非平衡物理化学理论为基础，采用实验测试与理论模拟相结合的研究方法，将铜阳极在盐酸溶液中的电溶解作为研究课题。探讨了电化学振荡在电解过程中的动力学行为及其特点，探讨了电化学振荡在电解过程中动力学行为的内在机理。本书为宏观非平衡现象的微观化学机制之间的相关性提供了见解，为开发电解精炼、电加工等高效铜生产工艺提供了一条新途径。

3.2 实验部分

所有试剂均为分析纯。使用水净化系统对水进行净化(美国 PALL CascadaⅡⅠ30)。除非特别说明,电解液中含有 HCl(0.2 mol/L)。将电解槽置于集热器恒温型磁力搅拌器(中国上海 DF-101S)中以保持恒温和搅拌速度。电化学测试在 LK2005A 电化学工作站上进行。

所有实验均在恒温电解槽中进行,本实验采用双电极体系。对于双电极体系,模拟工业电解,以铜丝(直径 0.5 mm,长度 4 mm,纯度 99.95%)为工作电极,304 不锈钢片(有效面积 16 mm^2)为参考电极和对电极,其未反应部分用环氧树脂密封。铜阳极与不锈钢电极之间的距离约为 7.0 mm。所有电极都经过丙酮和纯净水的精细抛光和清洗。循环伏安扫描速度为 50 mV/s。采用光学金相显微镜(上海典英光学仪器 CDM-360C)对电极表面的形貌结构进行分析。

3.3 结果与讨论

3.3.1 扫描时间对电化学振荡的影响

新鲜的铜阳极在 10 ℃ 0.2 mol/L 盐酸溶液中,不经循环伏安法混合,出现了明显的电化学振荡现象。图 3.1(a)为完整的循环伏安(CV)曲线,红线(氧化)中在 1.5~2.5 V 电位范围内出现周期性振荡。通过连续扫描 3 个不同时间的 CV 曲线,探讨扫描时间对 Cu-HCl 体系中电化学振荡的影响。0.2 mol/L 盐酸溶液中不同时间的 CV 曲线分别为 6.5,13 和19.5 min,同样的电极扫描 3 min,得到图 3.1 的 CV 曲线。从图 3.1 可以看出,随着反应时间的增加,振荡信号减弱,最后随着反应时间的增加而消失。第一次 CV 曲线测试后,在铜电极表面附着一层材料。在接下来的 CV 曲线测试中,电化学振荡减弱或消失。因此,沉淀膜的厚度将影响振荡行为。振荡实验的关键是每次扫描 CV 曲线前必须对电极进行抛光。

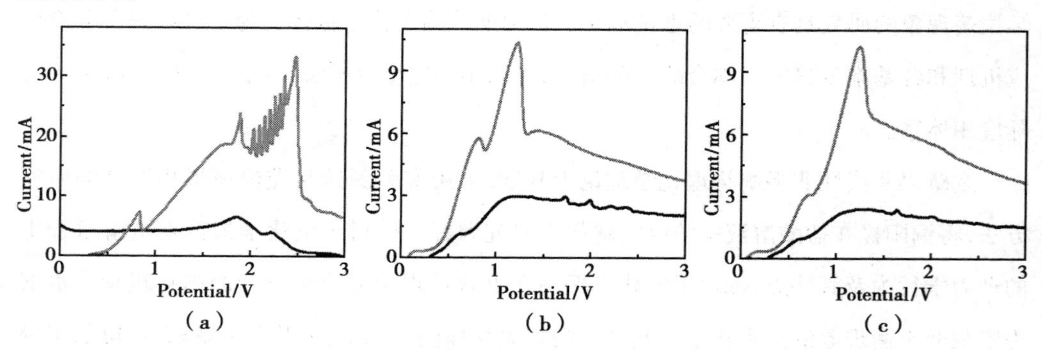

图 3.1 扫描时间对循环伏安法的影响

(a):6.5 min;(b):13 min;(c):19.5 min

3.3.2　盐酸浓度对电化学振荡的影响

每次实验均采用新鲜电极在 10 ℃不搅拌的条件下测定 CV 曲线,研究盐酸浓度对电化学振荡的影响。分别在 0.1,0.2,0.3,0.4,0.5,0.6 mol/L 盐酸溶液中检测 CV 曲线,检测结果如图 3.2 所示。图 3.2(a)为 0.1 mol/L 盐酸溶液的 CV 曲线,测试电位为 2~3 V,可见明显的电化学振荡现象。图 3.2(b)红线(氧化)中,当盐酸浓度增加到 0.2 mol/L 时,在1.5~2.5 V 出现了规律性的周期性振荡,振荡频率高于 0.1 mol/L 时的振荡频率。从图 3.2(c)—(f)可以看出,当浓度从 0.3 mol/L 增加到 0.6 mol/L 时,振荡消失。氧化峰的峰宽变窄,峰高逐渐降低。随着盐酸浓度的增加,1 ~2.5 V 的氧化反应降低。发现随着 HCl 浓度的增加,[Cl^-]的浓度也随之增加。同时,阳极上 Cu(Cl^-)的添加量也增加,促进了 Cu(CuCl)在电极上的形成和溶解。因此,会出现电化学振荡。然而,当 HCl 浓度继续增加时,CuCl 溶解过快,由于在电极表面很难观察到 Cu(CuCl)的形成,振荡几乎消失。

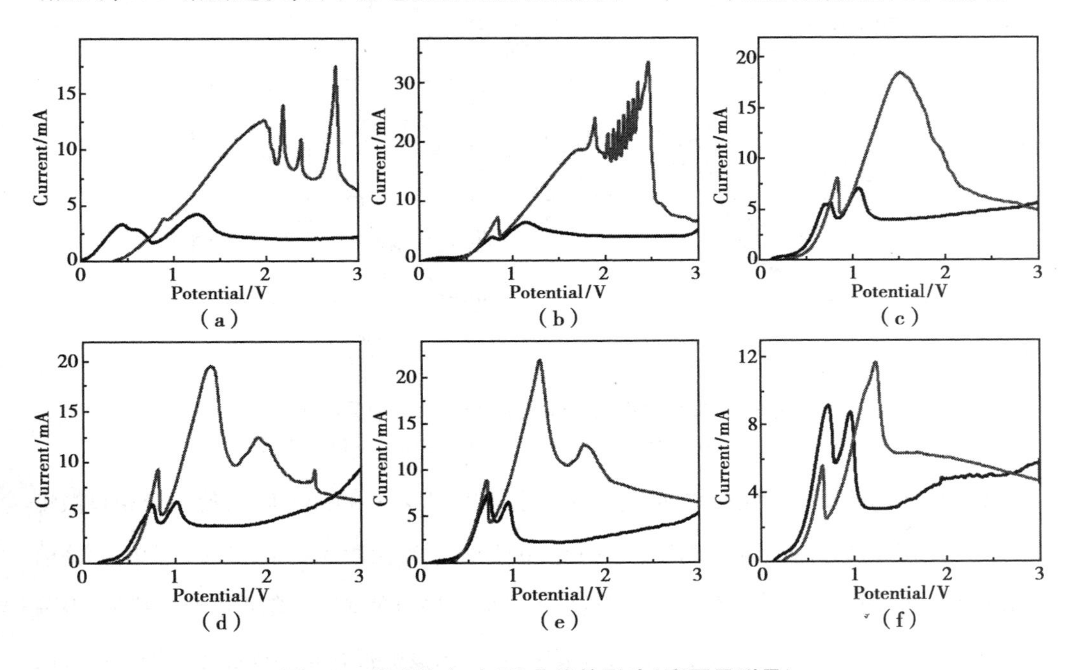

图 3.2　盐酸浓度对 CV 曲线的影响(彩图见附录)

(a):0.1 mol/L;(b):0.2 mol/L;(c):0.3 mol/L;(d):0.4 mol/L;(e):0.5 mol/L;(f):0.6 mol/L

3.3.3　搅拌速率对电化学振荡的影响

电解液中的离子运动也会影响电化学振荡的行为,因此,使用铜阳极在盐酸电解液中测试了不同混合速率下的 CV 曲线,如图 3.3 所示。以新鲜铜阳极在 0.2 mol/L 盐酸中进行实验,在 10 ℃条件下,用 0,10,20,30 和 40 r/s 混合液测试了这些 CV 曲线比率。

图 3(a)为搅拌速率为 0 时的 CV 曲线,红线(氧化)为 1.5~2.5 V 电位范围内发生的规律性周期振荡现象。从图 3.3(b)可以看出,当搅拌速率为 10 r/s 时,氧化过程中在 1.5~2.5 V电位内出现了不规则的微弱的电化学振荡现象。当混合速率增加到 20 r/s 时,仅在 2 V 左右出现明显的阳极峰,如图 3.3(c)所示,并存在振荡趋势。当混合速率持续增加到 30 或 40 r/s 时,2 V 左右的氧化峰消失。对比图 3.3 可以看出,振荡现象随着混合速率的增加逐渐减弱或完全消失。

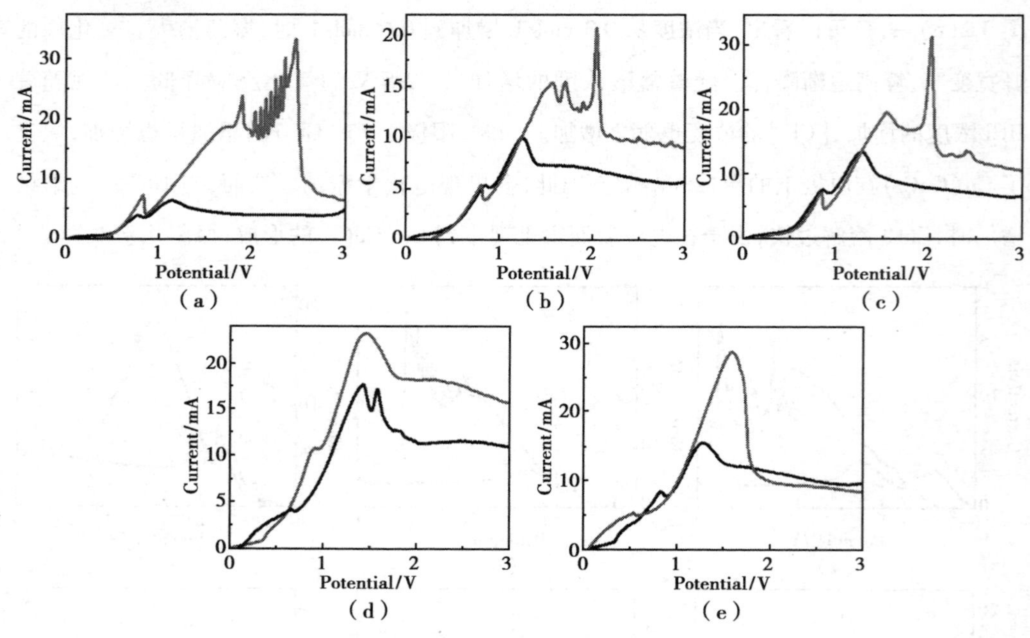

图 3.3　搅拌速度对 CV 曲线的影响(彩图见附录)

(a):0 r/s;(b):10 r/s;(c):20 r/s;(d):30 r/s;(e):40 r/s

使用摄像机记录振荡前后电极表面的变化,如图 3.4(a)和(b)所示,使用金相显微镜记录不锈钢表面的微观形貌,如图 3.4(c)和(d)所示。对比图 3.4(a)和(b)可知,振荡前工作电极为紫铜线。振荡发生后,在铜电极上形成一层白色薄膜。随着膜厚的增加,振荡开始减弱或消失。有文献报道,在盐酸溶液中,在铜阳极上很容易形成氯化亚铜白色沉淀物。图 3.4(c)为干净抛光的不锈钢电极的微观形貌,其表面具有线性条纹。振荡产生后,不锈钢板表面明显附着了一些颗粒,如图 3.4(d)所示。对电极上沉积粒子的颜色为紫色。为了进一步分析铜电极上的白色析出物,对其进行放大,得到图 3.4(e)和(f)中的高倍 SEM 图像。振荡产生后,电极表面的沉淀物呈厚 2 μm 不规则层状分布。经 EDS 分析发现,该物质主要含有 Cu、Cl 和 O。工作铜电极应为氯离子,并溶解为铜离子,然后进一步溶解铜离子,输送到对电极。随着铜离子在阳极的混合,高浓度的铜离子会向低浓度的铜离子迁移。通过获得溶液中的电子和附在对电极表面的电子,大量的铜离子被还原为铜原子。当溶解的铜离子及时通过阳极被输送出去,振荡会减小。这说明混合后的铜电极在盐酸中不会产生振荡现象。电化学振荡受浓度极化的影响。因此,通过增加体系内的搅拌速率,浓度极化逐渐被消除,振荡现象被减弱。

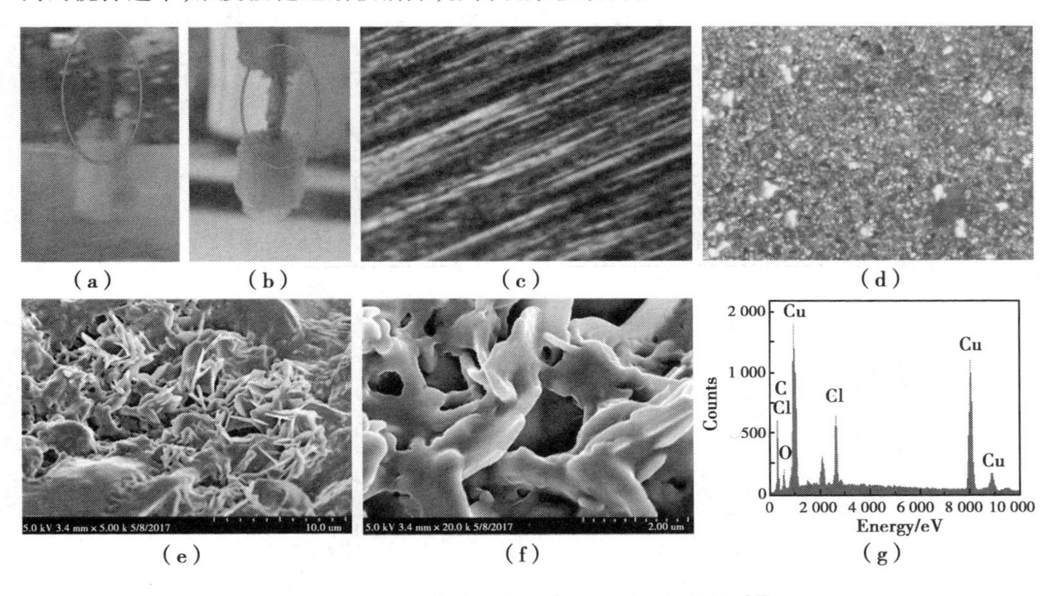

图 3.4　产生振荡前后电极表面形貌(彩图见附录)

(a):振荡前铜电极的照片;(b):铜电极振荡后的光;(c):不锈钢电极振荡前的微观表面形貌;(d):不锈钢电极振荡后的微观表面形貌;(e)、(f):振荡后 Cu 电极上析出物的 SEM;(g):振荡后析出物在铜电极上的 EDS

3.3.4　温度对电化学振荡的影响

电解液的温度也会影响氧化石墨烯的性能。在 0.2 mol/L 未混合的盐酸溶液中,用新鲜的铜阳极进行实验,对这些 CV 曲线进行测试。10~45 ℃ CV 测试结果如图 3.5 所示。图 3.5(a)为 10 ℃时的 CV 曲线,红线(氧化)为 1.5~2.5 V 电位内发生的规律性周期振荡现象。从图 3.5(b)可以看出,25 ℃时,在 2~2.5 V 发生了不规则的电化学振荡现象。温度持续升高到 35 ℃,在 1.5~2.5 V 出现了微弱的不规则电化学振荡现象,如图 3.5(c)所示。在图 3.5(d)显示了当温度达到 45 ℃时振荡完全消失了。从图 3.5(a)、(b)可以看出,随着温度的逐渐升高,振荡逐渐减弱或消失。在实验过程中,10 ℃时,铜阳极上明显产生白色沉淀物,同时对电极没有变化。当温度升高到 45 ℃时,铜阳极上不产生白色物质,而对电极明显变红。白色氯化亚铜沉淀不稳定,易在热水等高温体系中分解,因此,这表明工作电极上的材料是氯化亚铜。大量的铜离子被还原成铜且它们被附着在不锈钢表面。这说明低温有利于铜-盐酸体系的周期性振荡现象,这与电极表面析出的氯化亚铜有直接关系。

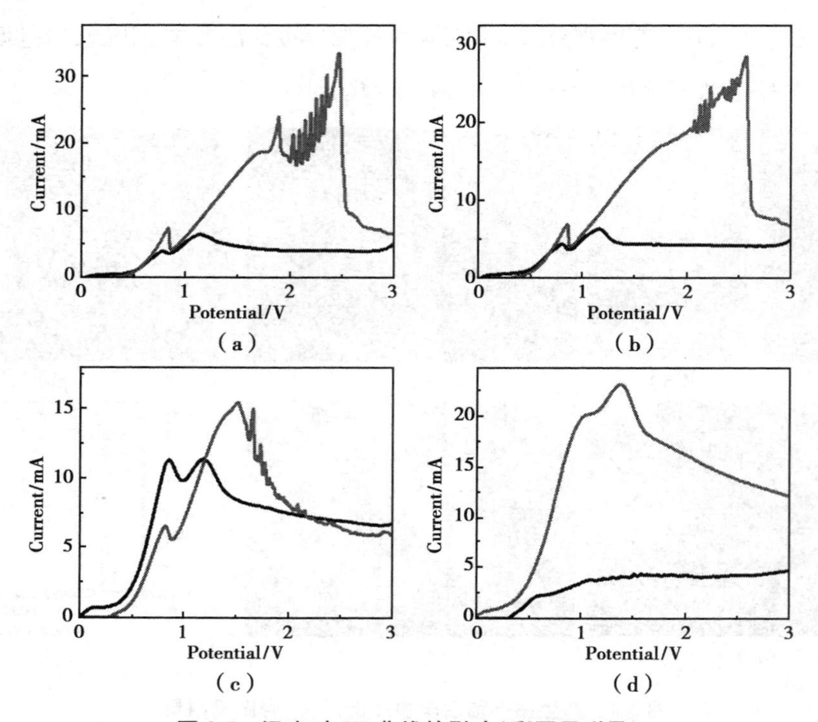

图 3.5　温度对 CV 曲线的影响(彩图见附录)

(a):10 ℃;(b):25 ℃;(c):35 ℃;(d):45 ℃

3.3.5　电场对电化学振荡的影响

在恒电位条件下,利用电化学工作站测试了 *I-t* 曲线。第二,电场的影响还包括电流对电化学振荡的影响。采用单电流阶跃计时电位法在恒流条件下测试了一系列 *E-t* 曲线。

在铜-盐酸体系中,分别在 2.10,2.15,2.20,2.25 和 2.30 V 下测试 *I-t* 曲线,如图 3.6(a)所示。当电势为 2.10 V 时,其电流在 7~27 s 发生振荡,振荡幅度高达 25 mA。当电势为 2.15 V 时,其电流在 8~18 s 发生振荡,振荡幅度高达 28 mA。

当电势为 2.20 V 时,其电流在 5~15 s 发生振荡,振荡幅度高达 23 mA。当电位为 2.25 V时,其电流在 8~33 s 发生振荡,振荡幅度高达 20 mA。当电势为2.30 V时,其电流在 5~30 s 发生振荡,振荡幅度高达 28 mA。图 3.6(b)总结了上述电位对振幅和振荡范围的影响。在该体系中,电位对振幅的影响略显明显。振荡的时间范围随电势的增大先减小后增大。

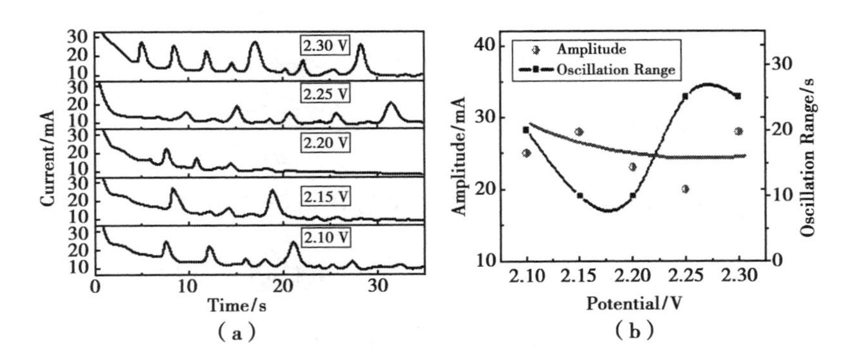

图 3.6 电势对电化学振荡的影响

(a):*I-t* 曲线的影响;(b):测试电位对振幅和振荡范围的影响

在铜-盐酸体系中,分别在 3,5,7,13,19 mA 测试 *E-t* 曲线,如图 3.7(a)所示。当电流为 3 mA 时,其 *E-t* 曲线在 75~100 s 出现周期性电位现象。当电流为 5 mA 时,其 *E-t* 曲线在 30~40 s 出现规律的周期电位现象。通过比较 3 mA 和 5 mA 的 *E-t* 曲线可知,随着电流的增加,电位振荡的起始时间和持久时间都缩短了。对比不同电流下的 *E-t* 曲线可知,在电流较小时,由于电极表面反应速度较慢,电位振荡开始时间较晚,持续时间较长。当电流较大时,由于反应速度快,电位振荡开始时间较早,持续时间较长。

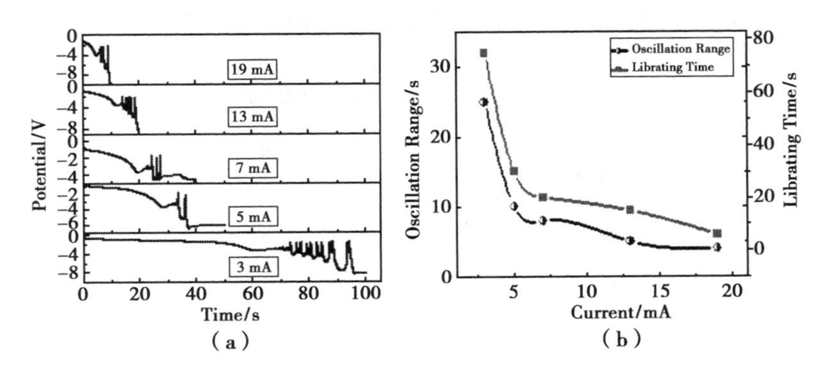

图 3.7 不同电流对电化学振荡影响

(a):*E-t* 曲线的影响;(b):电流对振幅和振荡范围的影响

3.3.6 电化学振荡的机制

类似的氧化还原反应在 Cu^+和 Cl^-的反应研究中也有报道。氧化过程中会产生多种可能的中间体,如 H^+、Cu、Cu^+、Cl^-、CuCl 和 $CuCl_2^-$,CuCl 沉积在 Cu 阳极上形成 Cu(CuCl),Cl^-吸附在 Cu 阳极上形成 Cu(Cl^-)。这些中间体相互反应,最终生成 Cu^+。根据 Prigogine 的理论,铜阳极 Cu(CuCl)的沉积和溶解作用可能为电化学振荡机理提供基本的非线性项。可能的电化学反应如下:

$$Cu - e^- \xrightarrow{k_1} Cu^+ \tag{3.1}$$

$$Cu + Cl^- \xrightarrow{k_2} Cu(Cl^-) \tag{3.2}$$

$$Cu^+ + Cu(Cl^-) \xrightarrow{k_3} Cu(CuCl) \tag{3.3}$$

$$Cu(Cl^-) + Cu(Cl^-) - e^- \xrightarrow{k_4} Cu(CuCl) + Cl^- \tag{3.4}$$

$$Cu(CuCl) + Cu(Cl^-) \xrightarrow{k_5} CuCl_2^- + 2Cu \tag{3.5}$$

其中,Cu 为无 CuCl 盐膜的反应表面;Cu(CuCl)为电极表面覆盖 CuCl 膜的铜阳极表面;Cu^+和 Cl^-分别代表电极表面附近的亚铜离子和氯离子;k_1、k_2、k_3、k_4、k_5 是速率常数。

在 Cu 阳极溶解过程中,靠近电极表面的 Cu^+浓度可能因电极溶解而发生变化,并可能被输送到溶液体中。因此,随着 Cu^+浓度的增加,双层膜的扩散电位发生变化;因此,它影响电极溶解反应的速率。这种耦合可能导致完全动态的行为。

假定[Cl^-]为常数 C,简化了非线性动力学行为的建立。根据该模型,假设 θ 是覆盖在阳极表面的结晶 Cu(CuCl)的量;因此,$(1-\theta)$是没有 Cu(CuCl)膜的 Cu 阳极表面的覆盖率;x 是[$Cu(Cl^-)$]并且 y 是靠近电极表面的[Cu^+]。阳极电化学体系的演化方程如下:

$$\frac{dx}{dt} = k_2c(1-\theta) - k_3xy - k_4x^2 - k_5x\theta \tag{3.6}$$

$$\frac{dy}{dt} = k_1(1-\theta) - k_3xy \tag{3.7}$$

$$\frac{d\theta}{dt} = k_3xy + k_4x^2 - k_5x\theta \tag{3.8}$$

即

$$f(x,y,\theta) = k_2c(1-\theta) - k_3xy - k_4x^2 - k_5x\theta \tag{3.9}$$

$$g(x,y,\theta) = k_1(1-\theta) - k_3xy \tag{3.10}$$

$$h(x,y,\theta) = k_3xy + k_4x^2 - k_5x\theta \tag{3.11}$$

(X_0, Y_0, θ_0)为动态方程的稳态解。式(3.9)—式(3.11)当 $f(X_0, Y_0, \theta_0) = 0$, $g(X_0, Y_0, \theta_0) = 0$, $h(X_0, Y_0, \theta_0) = 0$ 时,可以求出(X_0, Y_0, θ_0)。

设 $X = X_0 + x$, $Y = Y_0 + y$, $\theta = \theta_0 + \theta$($x$ 是围绕 X_0 的扰动变量;y 是围绕 Y_0 的扰动变量;θ 是围绕 θ_0 的扰动变量。式(3.9)—式(3.11)可以根据泰勒级数展开然后忽略高阶项,可得线性微扰方程如下:

$$\frac{\delta x}{\delta t}=a_{11}x+a_{12}y+a_{13}\theta+D_x\nabla^2 x \tag{3.12}$$

$$\frac{\delta y}{\delta t}=a_{21}x+a_{22}y+a_{23}\theta+D_y\nabla^2 y \tag{3.13}$$

$$\frac{\delta \theta}{\delta t}=a_{31}x+a_{32}y+a_{33}\theta+D_\theta\nabla^2 \theta \tag{3.14}$$

$$\begin{pmatrix} a_{11}=\frac{\partial f}{\partial X|_{X_0,Y_0,\theta_0}} & a_{12}=\frac{\partial f}{\partial Y|_{X_0,Y_0,\theta_0}} & a_{13}=\frac{\partial f}{\partial \theta|_{X_0,Y_0,\theta_0}} \\ a_{21}=\frac{\partial g}{\partial X|_{X_0,Y_0,\theta_0}} & a_{22}=\frac{\partial g}{\partial Y|_{X_0,Y_0,\theta_0}} & a_{23}=\frac{\partial g}{\partial \theta|_{X_0,Y_0,\theta_0}} \\ a_{31}=\frac{\partial h}{\partial X|_{X_0,Y_0,\theta_0}} & a_{32}=\frac{\partial h}{\partial Y|_{X_0,Y_0,\theta_0}} & a_{33}=\frac{\partial h}{\partial \theta|_{X_0,Y_0,\theta_0}} \end{pmatrix} \tag{3.15}$$

将式(3.9)—式(3.11)代入式(3.15)中方程的雅可比矩阵表示如下：

$$\begin{pmatrix} a_{11}=-k_3y_0-2k_4x_0-k_5q_0 & a_{12}=-k_3x_0 & a_{13}=-k_2c-k_5x_0 \\ a_{21}=-k_3y_0 & a_{22}=-k_3x_0 & a_{23}=-k_1 \\ a_{31}=k_3y_0+2k_4x_0-k_5q_0 & a_{32}=k_3x_0 & a_{33}=-k_5x_0 \end{pmatrix} \tag{3.16}$$

雅可比矩阵的特征方程如下：

$$\lambda^3-T\lambda^2+\delta\lambda-\gamma=0 \tag{3.17}$$

其中：

$$T=a_{11}+a_{22}+a_{33} \tag{3.18}$$

$$\delta=a_{11}a_{22}-a_{12}a_{21}+a_{22}a_{33}-a_{23}a_{32}+a_{21}a_{33}-a_{31}a_{13} \tag{3.19}$$

$$\gamma=a_{11}a_{22}a_{33}+a_{21}a_{32}a_{13}+a_{31}a_{23}a_{12}-a_{31}a_{22}a_{13}-a_{23}a_{32}a_{11}-a_{33}a_{21}a_{12} \tag{3.20}$$

根据劳斯-赫维茨定理，只要满足以下 3 个条件中的一个，体系即可出现振荡。

$$T>0,\gamma>0,T\delta-\gamma>0 \tag{3.21}$$

根据计算，$T<0$，$Y<0$，因此 $T\delta-\gamma>0$ 成为体系出现振荡的必要条件。此外，要出现稳定极限环需要出现两个复根，并且同时满足 $T\delta-\gamma>0$。

在上述超出 Hopf 分岔的系统中，电流振荡也会发生。总电流由电氧化反应式(3.1)和式(3.4)确定，总电流密度 J_0 可表示为：

$$J_0=\sum J_i=\sum nF_{(\Phi_{DL})}c_{(\Phi_{DL})}k_{(\Phi_{DL})}=Fk_1+Fk_4X^2 \tag{3.22}$$

X 是 k 和时间的函数。通过理论建模和实验测试的对比，确定了参数之间的联系。参数 k 与电势、浓度、温度和时间有关。

只要有合适的动力学参数,就可以从理论上计算出 I-t 振荡曲线。通过对 J_0 的 I-t 振荡曲线的模拟计算,证明了振荡产生的机理。然而,在特定的阳极电位下获得每个动力学常数的精确值是困难的。然后可以估计出近似的动力学常数来解释振荡起源的初步机制。

当 $C=0.2$ mol/L,$k_1=2.75$ mol/(L·s),$k_2=2\times10^{-7}$ s^{-1},$k_3=9.99\times10^{-2}$ mol/(L·s),$k_4=5\times10^{-3}$ s^{-1},$k_5=5\times10^{5}$ mol/(L·s)时,可以计算出典型的振荡曲线,如图 3.8(b)所示;从这个简化模型得到的结果与图 3.8(a)所示的振幅和频率实验结果一致。此外,由于双电层造成的电容放电弛豫缓慢,使得理论模拟和实验振荡曲线的形状相差不大。然而,容量对波形的影响须进一步研究。

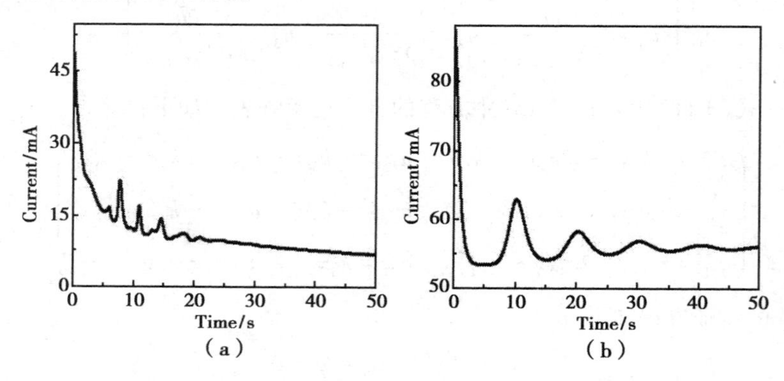

图 3.8 当[H^+]=0.20 mol/L,[HCl]=0.2 mol/L 时的电流振荡

(a):电流振荡的 I-t 曲线;(b):计算的时间-电流曲线($C=0.2$ mol/L,$k_1=2.75$ mol/(L·s),$k_2=2\times10^{-7}$ s^{-1},$k_3=9.99\times10^{-2}$ mol/(L·s),$k_4=5\times10^{-3}$ s^{-1},$k_5=5\times10^{5}$ mol/(L·s))

3.4 本章小结

新鲜铜电极在 0.2 mol/L HCl 溶液中,在 10 ℃未混合的条件下,CV 曲线出现周期性的电化学振荡现象。电化学振荡产生是由于新鲜铜阳极电氧化沉积的白色氯化亚铜的周期性交替沉积和溶解作用的结果。氯化亚铜沉淀在热水中不稳定,易分解,因此,电化学振荡随着温度的升高而逐渐减弱。混合消除了浓度极化,促进了铜离子的转移,因此,当混合速率较大时,电化学振荡逐渐减弱。当电位较大时,I-t 曲线上的电化学振荡范围较大。电流较大时,电位振荡开始时间早,持续时间短。从理论上建立了系统的反应机理,并将其转化为三变量数学模型。因此,在 MATLAB 上对电化学振荡进行了仿真。理论模拟结果与实验结果基本一致。本章为宏观非平衡现象的微观化学机制之间的相关性提供了见解,并为开发高效的电解精炼和电加工铜生产工艺提供了一条新途径。

第4章　电解精炼铜过程中铜阳极的电化学振荡行为及其调控

4.1　引言

电解铜产业消耗大量资源和能源，污染严重。降低电解生产高纯阴极铜的电耗已成为研究热点。第一类方法是改进电源、极板结构等电场因素。第二类方法是研究电解液和添加剂等化学因素。第三类方法包括电解液流动因素、氢气等气泡的运动以及电解槽的温度分布的影响。综上所述，传统的研究是基于电场、化学场、流场、温度场等因素对电解宏观效果的影响，而对电极反应和沉积铜的微观作用机理没有进行深入的探讨，从而阻碍了电耗的降低和产品的改进。

在生产过程中，阳极上的铜除了以 Cu^{2+} 的形式溶解外，还以 Cu^{+} 的形式溶解。在传统的研究中，往往从热力学平衡的角度对电解铜过程进行分析，将其电解机理简化，与实验观测结果存在一定差异。电化学振荡早已在实际的电解铜体系中被发现。丁莉峰等发现电解制备高锰酸钾过程中有明显的电流振荡，并建立了系统电流振荡的能耗公式。在电解制备高锰酸钾过程中，电流振荡行为导致的能耗高达30.0%，因此，电化学振荡引起的电解能量不容忽视。

本章旨在在使用与实际电解精炼铜工业一致的体系，探索电解过程中电化学振荡的动力学行为和特征。通过研究体系中电化学振荡的动力学机理，改变电化学振荡的电解液组成和外控电解条件，为构建电解铜的节能新途径提供了理论依据。

4.2　实验部分

所有试剂均为分析纯。除特别注明外，新鲜电解液 B_0 中含有 2.05 mol/L H_2SO_4（98%，天津耀华化学试剂有限公司）。0.7 mol/L $CuSO_4$（≥99.0%，天津致远化学试剂有限公司），循环伏安扫描速度为 50 mV/s。使用水净化系统（美国 PALL Cascada Ⅱ Ⅰ30）净化水。

电化学测试由 PARSTA T PMC1000 电化学工作站进行。对于三电极体系，参比电极为饱和甘汞电极。为了模拟工业电解,除非特别说明,对电极是 304 不锈钢薄板(3 cm×3 cm),工作电极是铜板(1 cm×1 cm,纯度 99.95%)。除工作电极的有效区域外,其余区域用绝缘聚合物密封,以防止测试期间该区域的波动。工作电极与对电极之间的距离为 7.0 cm。所有电极都在丙酮和纯净水中进行了精细抛光和清洁。电解槽放置在集热式恒温式磁力搅拌器(中国上海 DF-101S)中,以保持电解液的温度为 62 ℃。

在上述电解液 B_0 中加入添加剂,研究添加剂对电化学振荡的影响。参照工业中常用的添加剂及其浓度,实验中使用的添加剂为盐酸(HCl,0.6 mol/L)、硫脲(TA,3.0 mol/L)和骨胶(BG,2.4 mol/L)。在上述电解体系中使用了 3 组电极对考察了电极材料对电化学振荡的影响。第一组采用阳极铜电极(1 cm×1 cm)作为工作电极,铂板(3 cm×3 cm)作为对电极。第二组为模拟工业生产中采用的铜电极(1 cm×1 cm)作为工作电极,304 不锈钢(3 cm×3 cm)作为对电极。第三组采用新型二氧化铅电极(1 cm×1 cm)作为工作电极,304 不锈钢(3 cm×3 cm)作为对电极。在上述 3 组电极中,参比电极均为饱和甘汞电极(SCE)。

循环伏安法(CV)的扫描速度为 50 mV/s,电流-时间(I-t)曲线的扫描速度为0.1 s^{-1}。采用日立 SU8010、场发射环境扫描电子显微镜和能谱仪(SEM-EDS)进行表面观察和特征检测。在 20 kV 加速电压下采集图像和光谱。X 射线光电子能谱(XPS)测量是在 PHI-5400 能谱仪上进行的。

4.3 结果与讨论

4.3.1 铜阳极上的电流振荡

循环伏安实验采用三电极体系,工作电极为铜电极,参比电极为 SCE,对电极为不锈钢。在 62 ℃时,在 2.05 mol/L 浓硫酸和 0.7 mol/L 硫酸铜溶液中,无须搅拌即可观察到明显的电化学振荡现象。

图 4.1(a)显示了在-1.0~1.0 $V_{vs.SEC}$的电压范围内测量的 CV 曲线。ad 段黑线表示阳极正向扫描曲线,dg 段红线表示阳极反向扫描曲线。在 ad 段没有观察到振荡。b 点的峰是氧化峰。实验表明,在 ab 段,随着电流的增大,铜板表面出现明显的光亮和溶解现象。bc 段的电流值明显降低,在铜表面形成一层棕红色的膜。cd 段电流值略有升高,铜表面材料略有脱落。de 段电流变化不大,电极表面的棕红色物质变化不大。在 e 点出现了振荡的现象,当它到达 f 点时,它就消失了。ef 段电极表面有棕红色物质轻微脱落。fg 段的铜表面很快就脱落了棕红色的薄膜。在 dg 段的反应过程中,溶液中的铜离子连续沉积在

对电极上,铂表面覆盖着紫红色物质。图 4.1(b)是 CV 曲线中 *ef* 段的部分放大图,显示振荡现象发生在 0.05~0.27 $V_{vs.SEC}$。

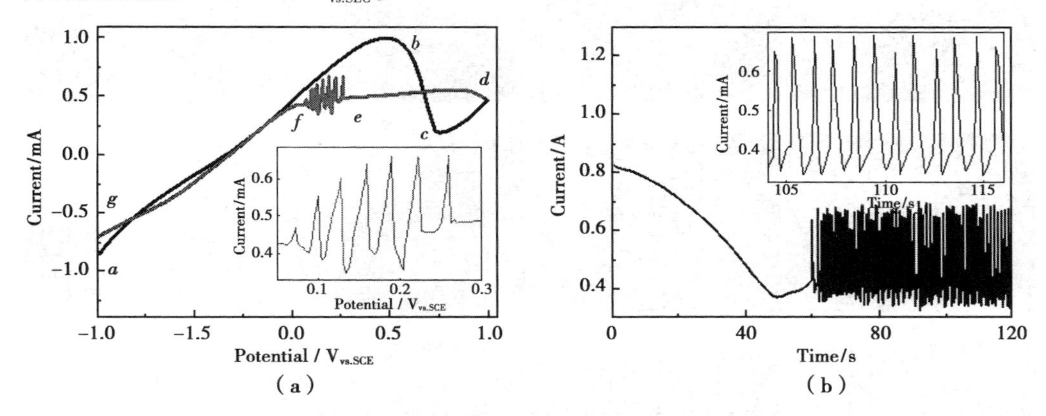

图 4.1　铜阳极上的电流振荡(彩图见附录)

(a):铜阳极在 2.05 mol/L H_2SO_4 和 7.00 mol/L $CuSO_4$ 中的循环伏安曲线(插图为部分放大图像);
(b):0.20 $V_{vs.SEC}$电解恒定电位下的 *I-t* 曲线(插图为部分放大的图像)

图 4.1(b)显示了在 0.20 $V_{vs.SEC}$的恒定电压下的 *I-t* 曲线,插图显示了规则的周期振荡。在 0.20 $V_{vs.SEC}$下获得了 120 s 的 *I-t* 曲线。图 4.1(b)插图选择了 105~115 s 范围内的振荡,并将其局部放大,得出在酸性体系中可以发生规则的电流振荡的结论。当振荡发生时,取出 WE 和 CE 电极并干燥以进行 SEM-EDS 分析,如图 4.2(a)、(c)所示。XPS 分析如图 4.2(d)所示。同时,在 0.35 $V_{vs.SEC}$下测试 120 s 的 *I-t* 曲线后,未观察到振荡现象。取出 WE 电极并烘干,进行 SEM 和 EDS 分析,如图 4.2(b)所示。在测试之前,电极在 6 个装有去离子水的烧杯中进行了清洁。最后,将电极烘干并包裹在保鲜膜中。

结合 SEM-EDS 分析结果,C 主要是测试用的导电胶,溶液中没有引入该元素,可以忽略不计。如图 4.2(a)所示,当振荡发生在 0.20 $V_{vs.SEC}$时,WE 的表面覆盖着一层具有明显孔结构的物质,主要由 0.1~1.0 μm 的不同尺寸的颗粒组成。该物质含有 Cu、S 和 O。如图 4.2(b)所示,当 0.35 $V_{vs.SEC}$没有振荡发生时,相对于振荡,在 WE 表面出现一种相对致密的物质,它主要由 0.1~0.6 μm 不同尺寸的颗粒组成,这种物质只含有 Cu 和 O。因此,与有振荡时相比,无振荡时 WE 的表面膜更细小、致密。这可能是因为当振荡发生时,薄膜相对多孔,硫酸铜电解液更容易渗透。如图 4.2(c)所示,当 0.20 $V_{vs.SEC}$有振荡发生时,CE 表面的物质主要由 15~20 μm 的团簇组成,晶核主要由 2~5 μm 的不规则颗粒组成。这种物质含有大量的铜和非常少量的氧,这与在紫色物质中观察到的结果一致。

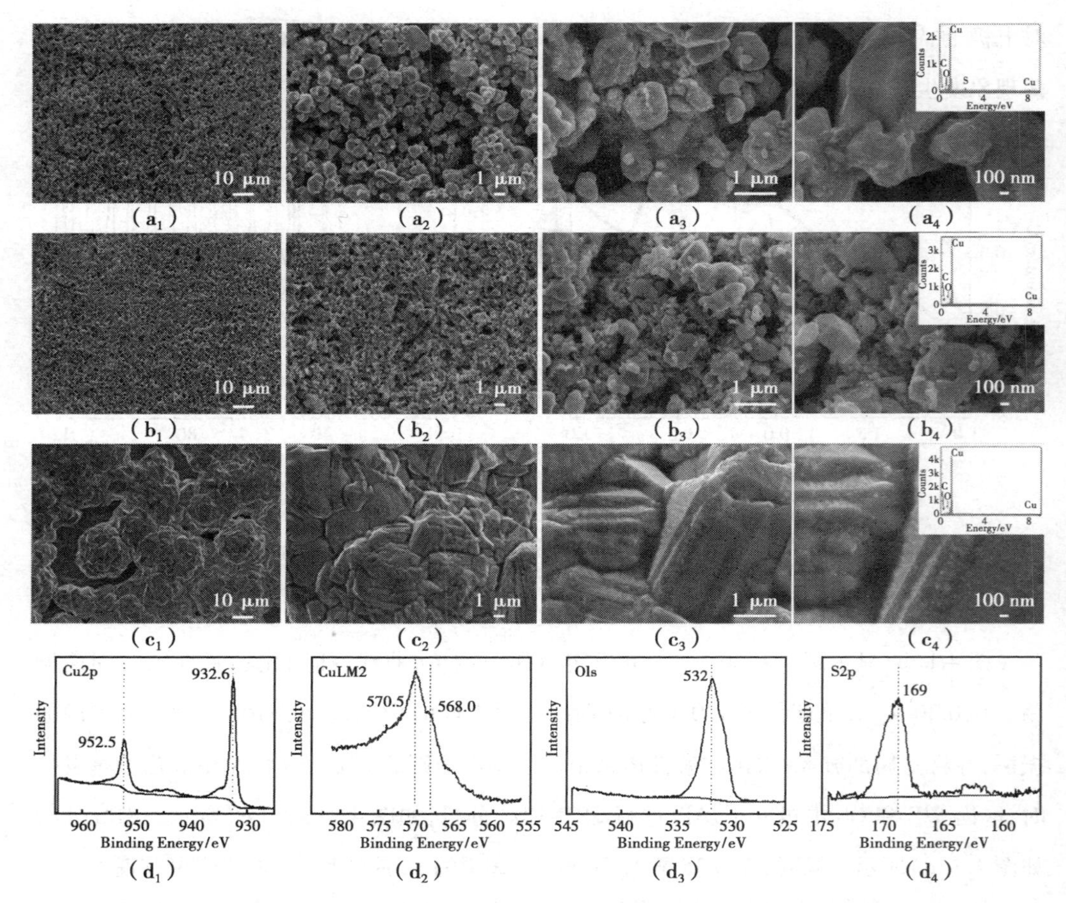

图 4.2　当电流-时间曲线恒定电位时，在电极表面形成不同放大倍数的 SEM-EDS 表面层

(a)：在 0.20 $V_{vs.SEC}$的 WE 上的物质；(b)：在 0.35 $V_{vs.SEC}$的 WE 上的物质；

(c)：在 0.20 $V_{vs.SEC}$的 CE 上的物质；(d)：该物质在 0.20 $V_{vs.SEC}$时在 WE 上的 XPS

在 932.6 eV 和 952.5 eV 处的 2 个优势峰[图 4.2(d)]分别符合 Cu_2O 的 Cu2p3/2 和 Cu2p1/2。CuLM2 的峰谱证实了结合能为 568.0 eV 的 Cu^0 的存在。在 169 eV 处观察到的 S2p 峰归因于表面高氧化态的硫，如硫酸盐。图 4.2(d)所示光谱的 932.6、169 和 532 eV 处的峰归因于 $CuSO_4$ 物种。结合 X 射线光电子能谱(XPS)和能谱分析(EDS)的测试结果(表 4.1)，电极表面沉积的物质为 $CuSO_4$ 和 Cu_2O。因此，这一结论与以前的 EDS 结果是一致的。

表 4.1　电极表层物质 EDS 能谱(质量分数/%)

样品	Cu	C	O	S
a	90.68	1.45	4.88	2.99
b	98.16	0.85	1.00	0
c	97.39	1.60	1.01	0

4.3.2　电势对状态方程的影响

在上述体系中,用同一新鲜电极在不同电位下获得了 *I-t* 曲线。图 4.3 总结了从 0.07 $V_{vs.SEC}$ 到 0.26 $V_{vs.SEC}$ 检测到的 *I-t* 曲线的 109~120 s。首先将振荡固定在 0.05 $V_{vs.SEC}$ 的恒定电位下,得到接近直线的 *I-t* 曲线。当电位进一步增加到 0.07 $V_{vs.SEC}$ 时,一开始几乎没有振荡发生,在 118~120 s 观察到一个非常微弱的振荡信号。振荡从 0.12 $V_{vs.SEC}$ 到 0.24 $V_{vs.SEC}$ 逐渐改善,振荡从 0.24 $V_{vs.SEC}$ 到 0.26 $V_{vs.SEC}$ 逐渐减弱。随着电压的进一步升高,振荡消失。在图 4.1 的 CV 中,振荡从 0.05 $V_{vs.SEC}$ 开始出现,在 0.27 $V_{vs.SEC}$ 消失。图 4.1 和图 4.3 的振荡范围略有不同。在同一电极上,随着外加电位的逐渐升高,CV 的测试时间比 *I-t* 在相同电位下的测试时间要短。

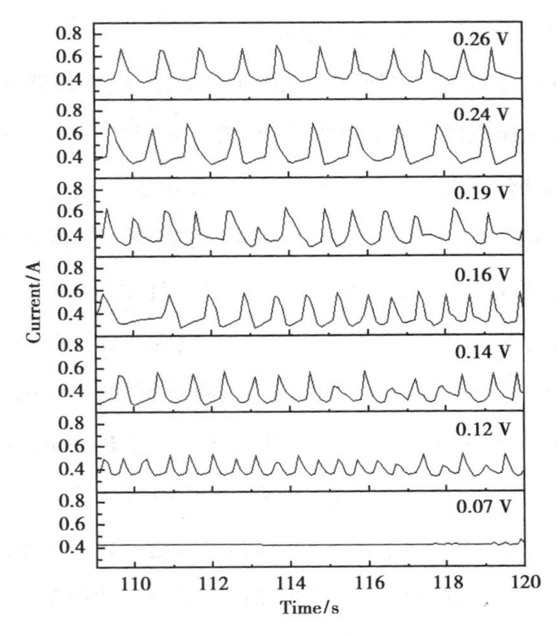

图 4.3　在 H_2SO_4-$CuSO_4$ 溶液中,不同电位下的 *I-t* 曲线

此外,电位对振幅和频率的影响如图 4.4 所示。当电化学体系相同且产生稳定电流振荡时,振荡频率随电位的升高而降低。随着电位的升高,振荡的振幅先增大后逐渐减小。在图 4.1 和图 4.3 中,它们都表明振荡随着电位的增加而增加,这表明图 4.4 的结果与图 4.1 的结果是一致的。此外,这一结果与铜电极在纯磷酸和纯盐酸体系中的变化规律是一致的。因此,电压对电化学振荡的影响是一致的。

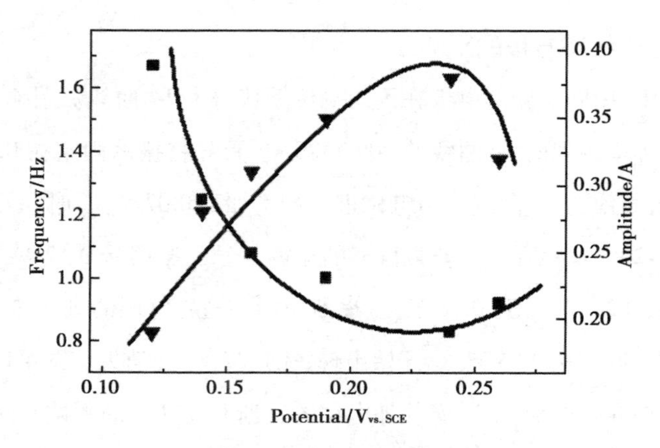

图 4.4　振幅和频率对不同电位的依赖性

4.3.3　电解质组成对电化学振荡的影响

研究了溶液中各组分对振荡的影响。如图 4.5(a)所示,在新鲜电极、恒温 62 ℃、不搅拌、对电极为不锈钢、工作电极为铜的条件下,扫描了 B_0、B_0+HCl、B_0+HCl+TA 和 B_0+HCl+TA+BG 4 种溶液的循环伏安曲线。图 4.5(b)、(c)显示了在上述 4 种溶液的 *I-t* 曲线中,在 0.03~0.35 $V_{vs.SEC}$的电位范围内,电压对 0~120 s 振荡频率和幅度的影响。图4.5(a)显示在 0.03~0.35 $V_{vs.SEC}$的范围内发生规则振荡。对于纯 B_0 溶液,周期振荡电压范围为 0.04~0.18 $V_{vs.SEC}$。随着电压的增加,频率开始增加,然后减少[图 4.5(b)]。在 0.10 $V_{vs.SEC}$的电压下,频率可达 1.17 Hz。随着电压的升高,振幅增加[图 4.5(c)]。

在 0.18 V 对 SCE 的电压下,振幅最高可达 0.36 A。在 B_0 溶液中加入盐酸后,周期振荡的电压为 0.06~0.22 $V_{vs.SEC}$。CV 曲线上振荡的电压范围扩大了。随着电压的升高,频率先升高后逐渐降低。在 0.08 $V_{vs.SEC}$的电压下,频率可达 1.14 Hz。随着电压的升高,振幅先增大后减小。在 0.20 $V_{vs.SEC}$的电压下,振幅高达 0.44 A。比较 B_0 和 B_0+HCl 体系,两种体系的振荡曲线相似,说明 HCl 对振荡的影响较小。在 B_0+HCl 溶液中加入 TA 后,周期振荡的周期在 0.06~0.20 $V_{vs.SEC}$范围内。电压对振荡频率和振幅的影响先增大后减小。在 0.12 $V_{vs.SEC}$电压下,最大频率仅为 0.8 Hz,最大幅度仅为 0.29 A。但是,与 B_0 和 B_0+HCl 体系相比,B_0+HCl+TA 体系在相同电压下的振荡幅度和振荡频率都明显小于 B_0 和 B_0+HCl 体系。因此,在电解液中加入 TA 后,可以明显抑制振荡。在 B_0+HCl+TA+BG 体系中,周期振荡的电压范围为 0.14~0.26 $V_{vs.SEC}$。随着电压的升高,振荡频率迅速增加,振荡幅度逐渐减小。在 0.26 $V_{vs.SEC}$电压下,最大频率为 1.10 Hz;在 0.14 $V_{vs.SEC}$电压下,最大振幅为 0.29 A。因此,在电解液中加入 BG 对振荡有显著影响。实验结果表明,在 B_0 溶液中依

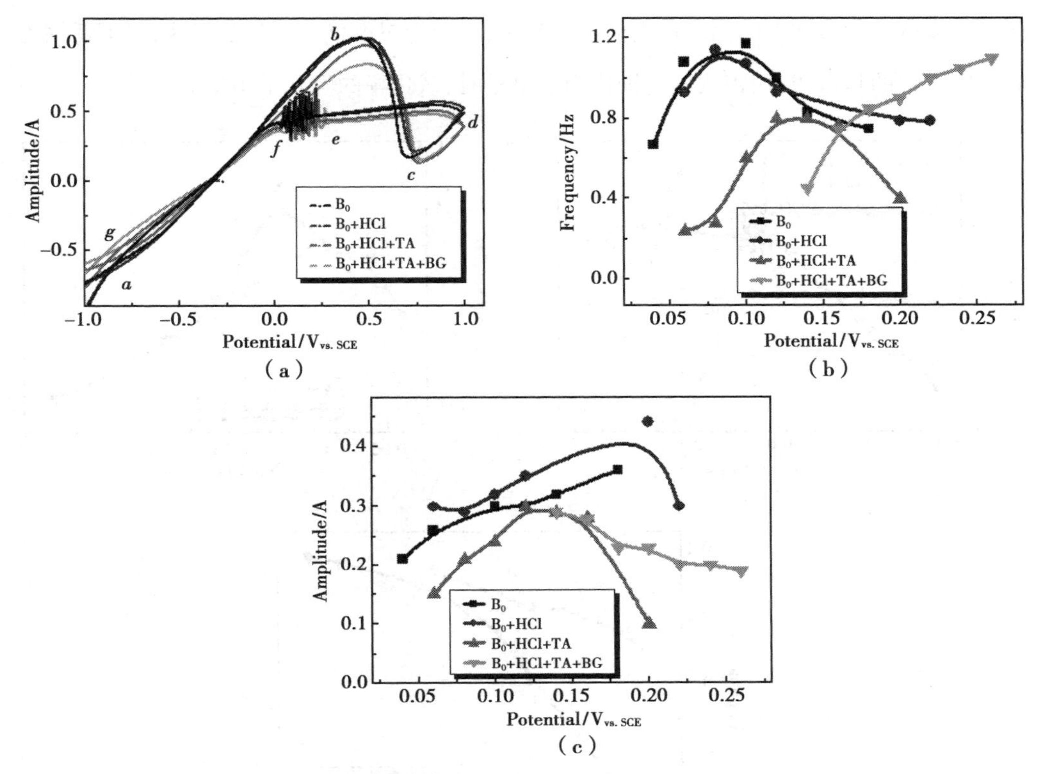

图 4.5　不同电解质组成对电化学振荡的影响(彩图见附录)

(a):CV 曲线;(b):频率对电位的依赖性;(c):振幅对电位的依赖性

次加入 HCl、TA 和 BG 添加剂后,周期振荡的电势范围逐渐向大电压范围移动。HCl 的加入对电化学振荡现象影响不大。TA 的加入显著抑制了电化学振荡现象,而 BG 的加入则增强了电化学振荡现象。加入 HCl 后,认为 Cl^- 会活化电极,使阳极去极化。此外,Cl^- 会与溶解的 Cu^{2+} 形成络合物并附着在铜阳极表面,在一定程度上促进了 CuO 和 Cu_2O 的生成,因此 HCl 的加入对电化学振荡影响不大。加入 TA 后,TA 对阳极溶解有去极化作用,TA 和 HCl 的累积去极化作用增强。此外,TA 和 Cu^{2+} 会形成络合物吸附在阳极阴极表面。因此,阻碍了 Cu^{2+} 从阳极向溶液的迁移和阴极上的还原,不利于 Cu_2O 的溶解和沉积。加入 BG 后,电解质黏度增加,电极极化增强。加入 BG 后,TA 吸附在胶体颗粒表面,降低了 TA 的有效质量,并在一定程度上抑制了 TA 的作用。

4.3.4　不同电极材料对电化学振荡的影响

为了研究不同电极材料对振荡的影响,每次测试都采用新鲜电极,用相同的溶液和不同的电极组合测量 CV 曲线。图 4.6(a)显示了在溶液中只使用硫酸铜和硫酸以及使用铜作为工作电极时所获得的循环伏安曲线。其中，以铂为对电极得到的是黑线，以不锈钢为对电极得到的是蓝线，用铂或不锈钢作为对电极时，氧化峰的峰几乎不变。

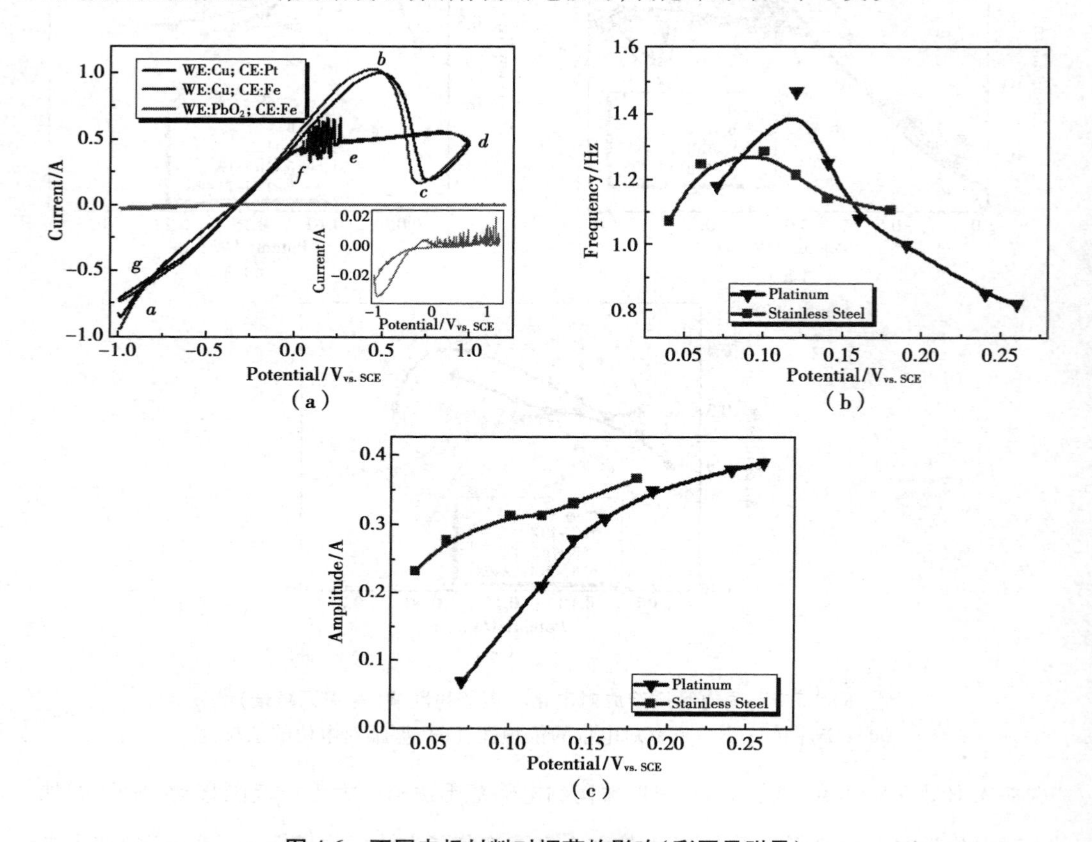

图 4.6 不同电极材料对振荡的影响(彩图见附录)

(a):CV 曲线(插图为不锈钢作为对电极，二氧化铅作为工作电极的 CV 曲线放大图像)；(b):频率对电位的依赖性；(c):振幅对电位的依赖性

而当用铂片作为对电极时，氧化峰的峰电位增大，振荡起始和消失的电位范围也增大，向大电位方向移动。红色曲线是以二氧化铅为工作电极，不锈钢为对电极所得的循环伏安曲线。用二氧化铅作为工作电极后，阳极氧化峰消失，周期振荡明显破坏。然而，放大后，观察到许多不规则的微弱振荡信号[图 4.6(a)插图]，振荡范围扩大，振荡幅度减弱，甚至可以忽略不计。二氧化铅电极抑制振荡的效果非常明显。图 4.6(b)、(c)显示了电压对 *I-t* 曲线 0~120 s 振荡频率和幅度的影响。当使用铂电极或不锈钢电极作为对电极时，频率随电压的升高先增大后减小，但振幅持续增大。此外，两电极体系的变化规律是相同的，数据变化值也基本相同。因此，工作电极材料对振荡有很大影响。这可能是由于铜在铂板和不锈钢板上的沉积电位不同，从而导致了不同的力学行为。在传统的电解

铜精炼工艺中，粗铜为阳极，随着电解精炼工艺的推进，阳极铜明显溶解，因此采用不溶性阳极二氧化铅进行电解，发现二氧化铅作为阳极对电化学振荡有明显的抑制作用，据说采用二氧化铅作为阳极，铜阳极不会发生溶解过程，阳极表面不会富集 Cu^{2+}，抑制了 Cu_2O 的沉积溶解。在实验条件下，二氧化铅电极表面会出现大量气泡，形成一定的空气阻力。随着气泡的不断形成，可能会引起轻微的电化学振荡。

4.4　本章小结

62 ℃时，新鲜铜电极在 2.05 mol/L H_2SO_4 和 7.00 mol/L $CuSO_4$ 溶液中的循环伏安曲线出现规则的周期性振荡现象。循环伏安曲线在 0.05～0.27 $V_{vs.SEC}$ 出现有规律的周期性振荡，*I-t* 曲线也在 0.07～0.26 $V_{vs.SEC}$ 出现振荡。当振荡发生时，由 0.1～1.0 μm 不同尺寸的颗粒组成的孔隙结构的物质出现在 WE 的表面。EDS 和 XPS 结果表明，该材料主要为 $CuSO_4$ 和棕红色 Cu_2O。当振荡消失时，电极表面的物质主要由 0.1～0.6 μm 大小不等的棕红色 Cu_2O 颗粒组成。当主要薄膜疏松多孔时，H_2SO_4-$CuSO_4$ 电解液很容易渗透到电极表面。因此，新鲜铜阳极的电氧化导致 Cu_2O 颗粒在电极表面的周期性沉积和溶解，从而引起周期性的电流振荡。

进一步分析了添加剂和电极材料对电解液振动的影响。在上述 B_0 溶液中加入 HCl 对电化学振荡影响不大，添加 TA 显著抑制电化学振荡现象，加入 BG 则增强电化学振荡现象。

将铜电极改为二氧化铅电极后，振动现象明显减小，甚至可以忽略不计。

通过加入盐酸、硫脲和更换工作电极，发现加入盐酸、硫脲或二氧化铅作为阳极对电化学振荡有明显的抑制作用，其中以二氧化铅作为阳极对电化学振荡的抑制效果最明显，为降低电化学振荡产生的功耗提供了新的思路。

第5章 连续电解精炼阴极铜过程中添加剂的作用

5.1 引言

近年来,电解铜应用广泛,而电解精炼是制取高纯度铜的主要方法。一些添加剂(如硫脲、聚丙烯酰胺、骨胶、明胶、聚乙二醇、干酪素等)对电解精炼阴极铜的电流效率和表面形貌有显著影响。研究添加剂对金属电沉积的影响最为常用的电化学方法是极化曲线法和循环伏安曲线法,根据阴极极化曲线中阴极峰的位移方向和大小可以判断添加剂对金属电沉积所起的作用是促进还是阻碍,通过稳态极化曲线可以研究添加剂对电沉积动力学过程的影响。目前对电解铜的研究大多仅限于添加剂对电流效率和表面形貌的影响,并未深入到添加剂对电解过程的作用机理层面。本章采用了循环伏安法对单一添加剂(硫脲、聚丙烯酰胺、明胶与骨胶)和复合添加剂对电解精炼阴极铜的作用机理进行了研究。

5.2 实验部分

基础电解液组成:15.6 g $CuSO_4 \cdot 5H_2O$、10.8 mL 浓 H_2SO_4、0.06 mL 浓 HCl,加入适量去离子水定容成100 mL溶液。试剂均为分析纯。采用 PARSTAT PM-C1000 电化学工作站进行测试实验。

实验采用三电极体系进行测试,工作电极(WE)为不锈钢电极(有效面积1 cm^2),参比电极(RE)为汞-硫酸亚汞电极,对电极(CE)为纯铜电极(有效面积4 cm^2,纯度为99.98%)。实验前用不同型号的砂纸将研究电极(阴极)表面磨光,并在KQ-50DB型超声波清洗仪中用乙醇和稀硫酸溶液超声清洗,除去电极表面的油污和氧化膜。扫描速率为5 mV/s,扫描电位范围为-1.1~1.5 V。

使用日立SU8010扫描电子显微镜(SEM)和EDS附录对电沉积物进行表面形态和能量色散X射线光谱分析。使用 Bruker D2 Phaser X射线衍射仪(XRD)分析晶体结构。

5.3　结果与讨论

5.3.1　单一添加剂对铜阴极沉积的电化学影响

图 5.1(a)是加入不同浓度硫脲后在-4.0～0 V 的循环伏安曲线(因为在 25 ℃下 $E(Cu^{2+}/Cu)$= 0.342 V、$E(Hg_2SO_4/Hg)$= 0.616 V,故电位-0.274 V 附近对应于该体系下铜的沉积峰),图 5.1(b)突出了加入不同浓度硫脲后铜沉积电流峰值的变化。在使用空白电解液进行循环伏安曲线扫描时,铜沉积电流峰值约为 0.044 A。随着电解液中硫脲浓度的增大,铜沉积电流的峰值也迅速增加,当硫脲浓度为 3.6 mg/L 时,铜沉积电流的峰值达到 0.125 A。继续增加硫脲的浓度,铜沉积电流峰值的增长趋势明显减小,硫脲浓度为 5.4 mg/L时电流峰值趋于稳定。由此可得,加入单一添加剂硫脲时,随着硫脲浓度的增加,越有利于促进铜的沉积。但值得指出的是,当硫脲浓度处在 0～6.0 mg/L 时,电流峰值变化趋势为先增加后稳定不变,且当硫脲浓度为 3.6 mg/L 时,增加趋势明显减弱。这是由于加入硫脲之后,硫脲与铜离子在电解液中反应生成$[Cu(NH_4CS)]_2SO_4$ 和 Cu_2S,使晶核生成速度加快,表现为铜沉积速率加快,而沉积电流密度提高有利于晶核的形成,使镀层微晶尺寸减小。随着硫脲浓度增大,形成的配合物越来越多,但铜离子浓度是一定的,故当硫脲浓度达到一定值时继续加大也无法形成新的配合物,就出现铜沉积电流趋于稳定的现象。且加入硫脲浓度过高会生成过多的 Cu_2S,使产品引入了大量硫元素,影响阴极铜的纯度。故硫脲浓度为 3.6 mg/L 时,能取得较理想的沉积效果。

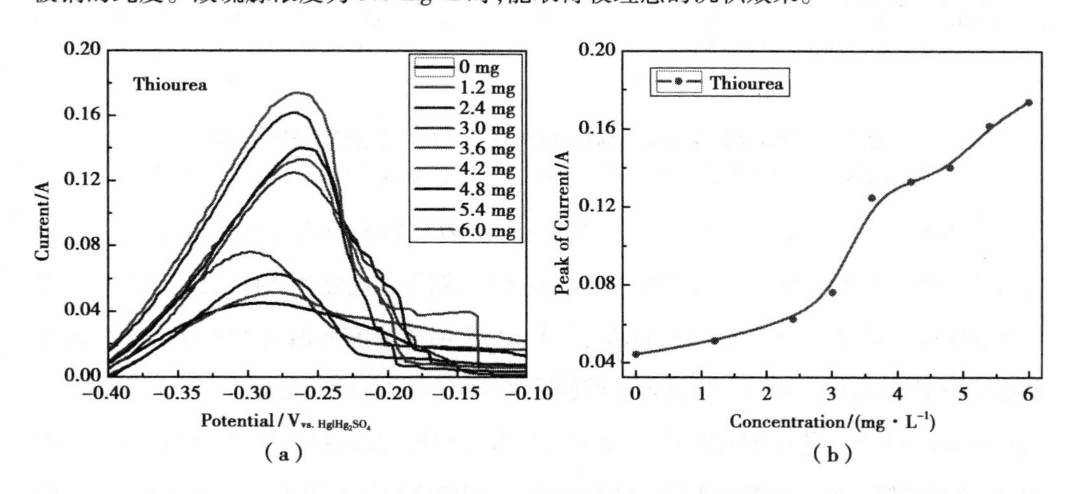

图 5.1　硫脲对电解铜阴极沉积的电化学影响(彩图见附录)

(a):加入不同浓度硫脲后的 CV 曲线;(b):加入不同浓度硫脲后铜沉积的电流峰值

以聚丙烯酰胺(PAM)为单一添加剂的情况如图 5.2 所示。随着电解液中 PAM 浓度的增大,铜沉积电流的峰值也迅速增加,当 PAM 浓度为 2.4 mg/L 时,铜沉积电流的峰值达到 0.156 A。继续增加 PAM 的浓度,铜沉积电流峰值的增长趋势明显减小,电流峰值趋于稳定。由此可得,加入单一添加剂 PAM 时,随着 PAM 浓度的增加,越有利于促进铜的沉积。但值得指出的是当 PAM 浓度处在 0~3.0 mg/L 时,电流峰值变化趋势为先增加后稳定不变,且当 PAM 浓度为 2.4 mg/L 时,增加趋势明显减弱。这是因为 PAM 的羧基会与金属离子形成极性键或配位键,PAM 浓度增加,与铜离子形成的络合物就越多,使铜沉积电流峰值增大,但同样因为溶液中的铜离子浓度是一定的,当 PAM 浓度增加到 2.4 mg/L时,形成络合物的量不再明显变化,因而铜的沉积电流峰值维持稳定。并且 PAM 作为一种常见的絮凝剂,浓度过高易会使离子运动时的阻力增加,对电解不利。故 PAM 浓度为 2.4 mg/L 时,能取得较理想的沉积效果。

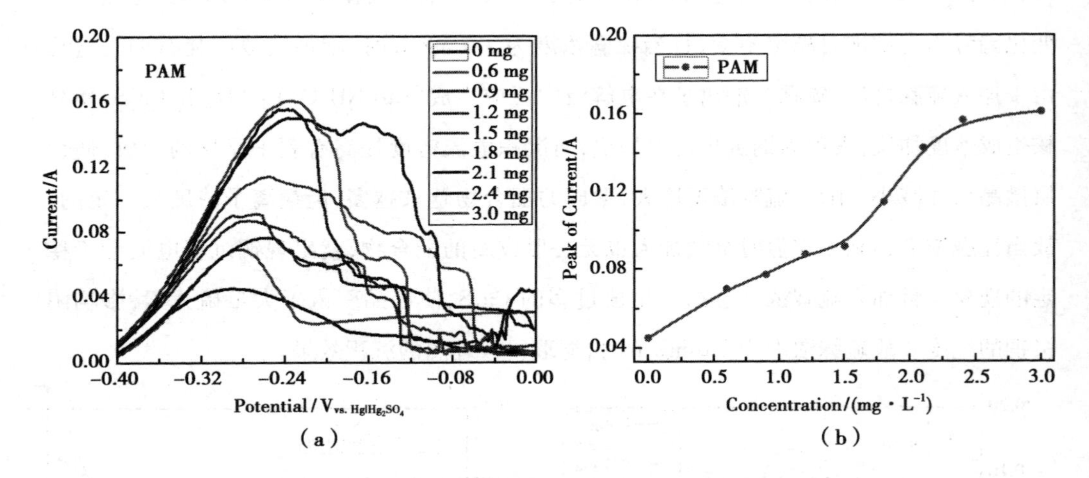

图 5.2 聚丙烯酰胺对电解铜阴极沉积的电化学影响(彩图见附录)

(a):加入不同浓度 PAM 后的 CV 曲线;(b):加入不同浓度 PAM 后铜沉积的电流峰值

以明胶为单一添加剂的情况如图 5.3 所示。随着电解液中明胶浓度的增大,铜沉积电流的峰值也迅速增加,当明胶浓度为 2.7 mg/L 时,铜沉积电流的峰值达到 0.121 A。继续增加明胶的浓度,铜沉积电流的峰值趋于稳定,当明胶浓度增加到 4.95 mg/L 时,铜沉积电流峰值维持在 0.125 A。继续增加明胶浓度,铜沉积电流峰值略微下降,并趋于稳定。由此可得,加入单一添加剂明胶时,开始阶段随着明胶浓度的增加,相应的峰值也随之增加,峰面积增加。但当浓度为 2.70~4.95 mg/L,沉积电流峰值呈现出了下降趋势。这是因为明胶是一种增极化剂,在电极表面可形成一层吸附膜,Cu^{2+} 必须穿过这层吸附膜才能在电极上放电,因此它能增大极化,提高镀液的分散能力。从而通过增大明胶浓度,铜沉积电流峰值增大。但明胶浓度过高易使体系黏度增大,离子在溶液中的运动减慢,形成的吸附膜也增厚,从而使沉积速率下降,造成铜沉积电流峰值略微下降结果。故明胶浓度为 2.7 mg/L 时,能取得较理想的沉积效果。

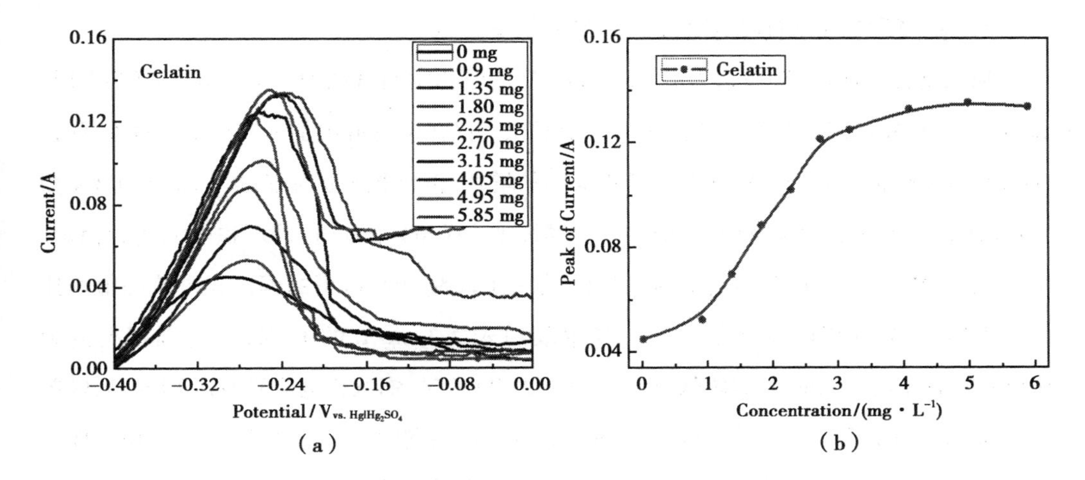

图 5.3　明胶对电解铜阴极沉积的电化学影响(彩图见附录)

(a):加入不同浓度明胶后的 CV 曲线;(b):加入不同浓度明胶后铜沉积的电流峰值

以骨胶为单一添加剂的情况如图 5.4 所示。随着电解液中骨胶浓度的增大,铜沉积电流的峰值也相应增加,当骨胶浓度增加到 5.4 mg/L 时,铜沉积电流达到了 0.119 A。由此可以看出加入单一添加剂骨胶时,随着骨胶浓度的增加,相应的峰值也随之增加。继续增加骨胶浓度,沉积电流峰值变化较小,基本恒定。这是因为骨胶吸附在阴极表面生长过大的铜晶粒上,使电极表面突出的晶粒部分较阴极表面其余部分导电性差,因而使得铜沉

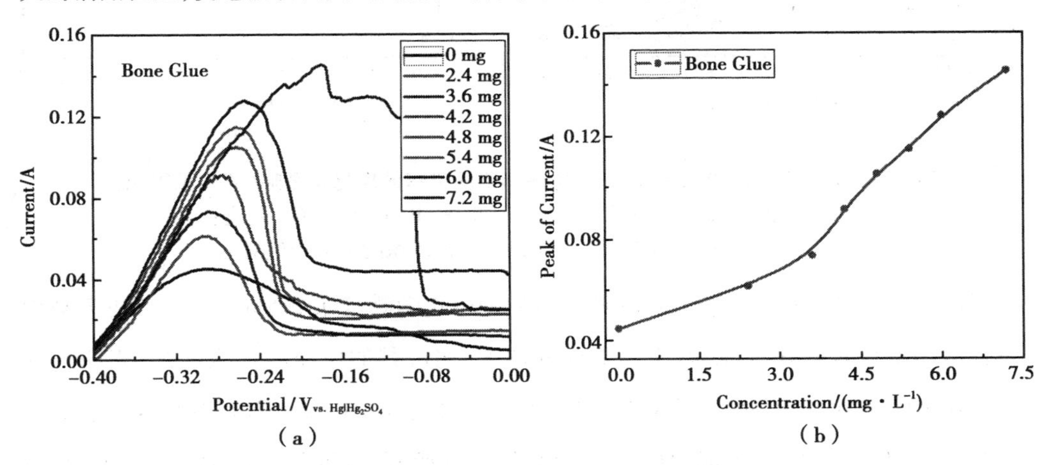

图 5.4　骨胶对电解铜阴极沉积的电化学影响(彩图见附录)

(a):加入不同浓度骨胶后的 CV 曲线;(b):加入不同浓度骨胶后铜沉积的电流峰值

积电流变小，产生极化作用，从而遏止了铜晶粒的过度生长，使阴极铜沉积变得平滑而细致，但过高的骨胶浓度会使电解液的黏度增大，不利于铜的沉积。故随着骨胶浓度增大，铜沉积电流峰值呈现先增加后稳定的变化规律。

5.3.2 复合添加剂对铜阴极沉积的电化学影响

加入复合添加剂（3.0 mg/L 硫脲+PAM）后的电化学测试如图 5.5 所示，图 5.5（b）是加入单一 PAM 的峰值与复合添加剂的峰值对比。仅在电解液中加入3.0 mg/L的硫脲时，铜沉积电流峰值为 0.077 A。随着 PAM 浓度的增加，铜沉积电流峰值也增加，当 PAM 为 2.4 mg/L 时，铜沉积电流峰值为 0.164 A。继续增大 PAM 浓度时，铜沉积电流达到稳定。并且当 PAM 浓度在 0~2.7 mg/L 时，复合添加剂（硫脲+PAM）下的铜沉积电流峰值均比单一 PAM 的铜沉积电流峰值更高。其中仅加入 2.4 mg/L 的 PAM，铜的沉积电流为 0.156 A，而加入 3.0 mg/L 的硫脲与 2.4 mg/L 的 PAM 时，铜沉积电流峰值达0.164 A，较单一添加剂提高了 5.1%。这是因为当硫脲与聚丙烯酰胺同时加入电解液中，二者均能促进阴极极化，对铜沉积起到协同作用，加速了铜的沉积，而使铜沉积电流峰值变大。

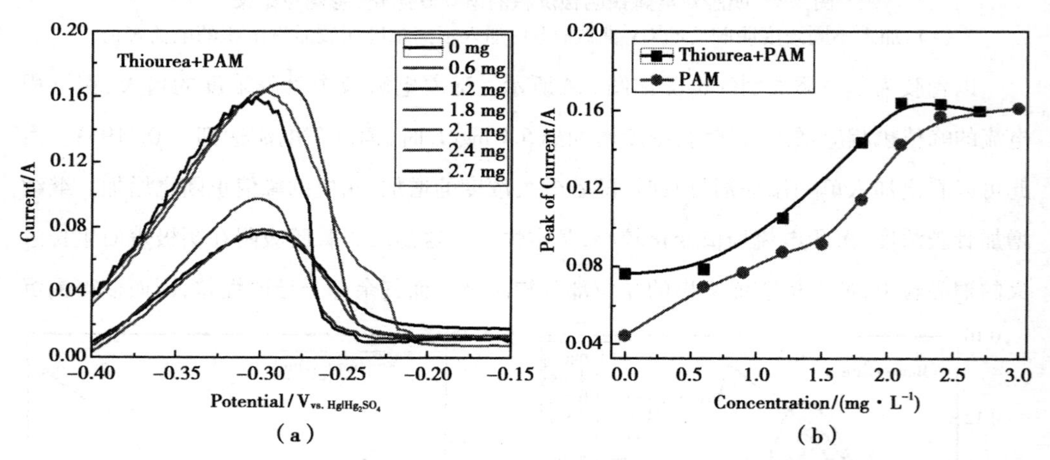

图 5.5 复合添加剂（硫脲+PAM）对电解铜阴极沉积的电化学影响（彩图见附录）

（a）：加入不同浓度的复合添加剂（硫脲+PAM）后的 CV 曲线；

（b）：加入单一 PAM 与复合添加剂的铜沉积的电流峰值对比

加入复合添加剂（3.0 mg/L 硫脲+明胶）后的电化学测试如图 5.6 所示。当电解液中含有 3.0 mg/L 的硫脲时，随着明胶浓度的增加，铜沉积的电流峰值也增加，当明胶为 3.15 mg/L时，铜沉积电流峰值为 0.125 A。继续增大明胶浓度时，铜沉积电流达到稳定。在明胶浓度低于 3.15 mg/L 时，复合添加剂（硫脲+明胶）的铜沉积的电流峰值比单一明胶的沉积的电流峰值更高；但当浓度达到 3.15 mg/L 时，继续增加明胶的浓度，无论是单一明胶还是复合添加剂(硫脲+明胶),铜沉积的电流峰值变化很小,基本维持恒定。这是由于低浓度时两种添加剂均能与铜离子形成络合物,协同促进铜沉积,但浓度增大后,离子运动的阻力增大这种减弱作用与额外产生的促进作用相抵消,故铜的沉积电流不再变化,维持恒定。

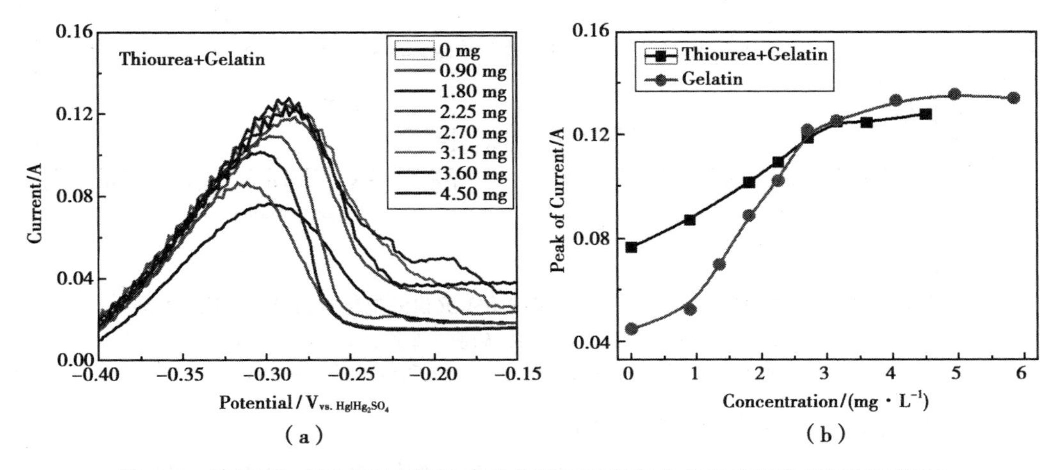

图 5.6　复合添加剂(硫脲+明胶)对电解铜阴极沉积的电化学影响(彩图见附录)

(a):加入不同浓度的复合添加剂(硫脲+明胶)后的 CV 曲线;

(b):加入单一明胶与复合添加剂的铜沉积的电流峰值对比

加入复合添加剂(3.0 mg/L 硫脲+骨胶)后的电化学测试如图 5.7 所示。复合添加剂(硫脲+骨胶)的作用与复合添加剂(硫脲+明胶)的作用相似。其中在明胶浓度低于 4.8 mg/L时,复合添加剂(硫脲+骨胶)的铜沉积的电流峰值比单一骨胶的沉积电流峰值更高;但当浓度达到 4.8 mg/L 时,单一骨胶的铜沉积电流峰值反而高于了复合添加剂,且处于逐渐增高的趋势。

表 5.1 显示的是加入适宜浓度的添加剂时相应的最高沉积电流。加入单一添加剂时,较空白电解液而言,沉积电流均有所增大。加入复合添加剂时,与单一添加剂相比,沉积电流也有所增大,但增加幅度较小。其中加入复合添加剂(硫脲+PAM)时,铜沉积电流最大,此时更有利于促进阴极铜的沉积。

表 5.1　不同添加剂的最高沉积电流峰值

添加剂种类	空白	硫脲	PAM	明胶	骨胶	硫脲+PAM	硫脲+明胶	硫脲+骨胶
最高沉积电流峰值/A	0.044	0.125	0.156	0.121	0.119	0.164	0.125	0.123

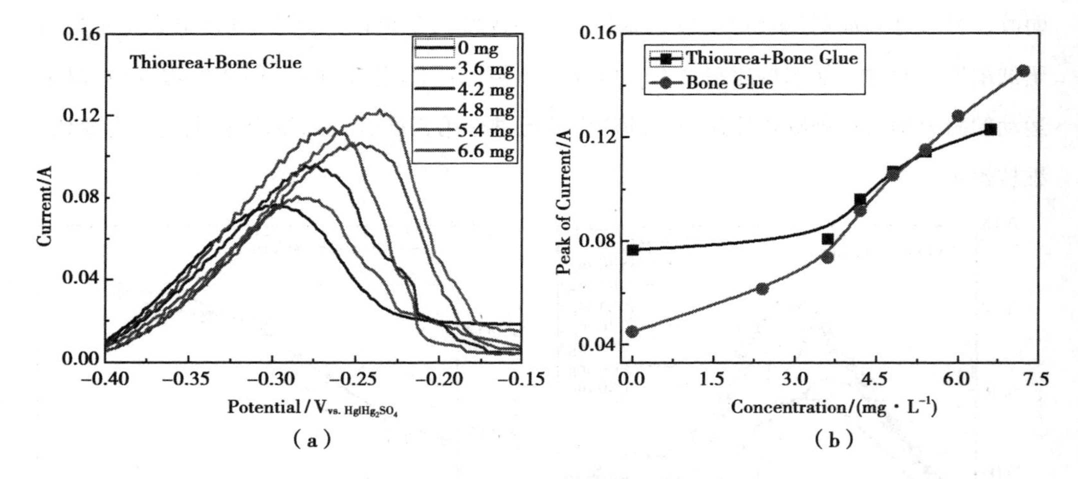

图 5.7　复合添加剂(硫脲+骨胶)对电解铜阴极沉积的电化学影响(彩图见附录)

(a):加入不同浓度的复合添加剂(硫脲+骨胶)后的 CV 曲线;

(b):加入单一骨胶与复合添加剂的铜沉积的电流峰值对比

5.3.3　添加剂对阴极铜表面形貌的影响

由图 5.8(a)可以看出无添加剂的电解液制得的阴极铜表面较粗糙,铜颗粒直径为 20~40 μm,铜表面存在大大小小的沟壑,质量较差;从图 5.8(b)中可看出,在加入复合添加剂(3.0 mg/L硫脲+2.4 mg/L PAM)时得到的阴极铜表面均匀致密,平整光滑,铜颗粒直径为 10~20 μm,仅存在少量的间隙,基本无枝晶出现,阴极铜质量较高。这也进一步说明了复合添加剂(硫脲+PAM)更有利于促进阴极铜的沉积。

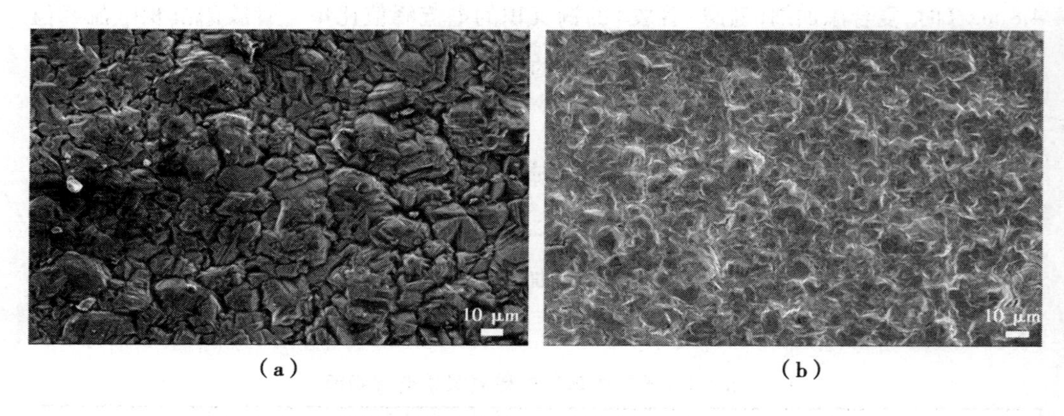

图 5.8　在无添加剂(a)和含复合添加剂(硫脲+PAM)(b)的电解液中得到的阴极铜的微观形貌

5.3.4　添加剂对阴极铜晶相的影响

图 5.9 为制得的阴极铜的 XRD 图,将结果与粉末衍射标准联合委员会(JCPDS)中给

出的预期值进行比较。图 5.9 中出现在 2θ 分别为 43.3°、50.4°、74.1°和 89.9°的峰分别对应 JCPDS 85-1326 报告值中的(111)、(200)、(220)和(311)的面心中立方(fcc)铜晶面。XRD 的结果表明，当分别使用无添加剂的空白电解液和含有复合添加剂(硫脲+PAM)的电解液时，两种电解液均制得了结构规整、晶型较好的铜。且结合表 5.2 的 EDS 分析，使用复合添加剂(硫脲+PAM)得到的阴极铜纯度为 99.988 9%，而使用空白电解液得到的阴极铜纯度为 99.984 2%，使用复合添加剂后铜的纯度提高了0.004 7%，具有更高的纯度。

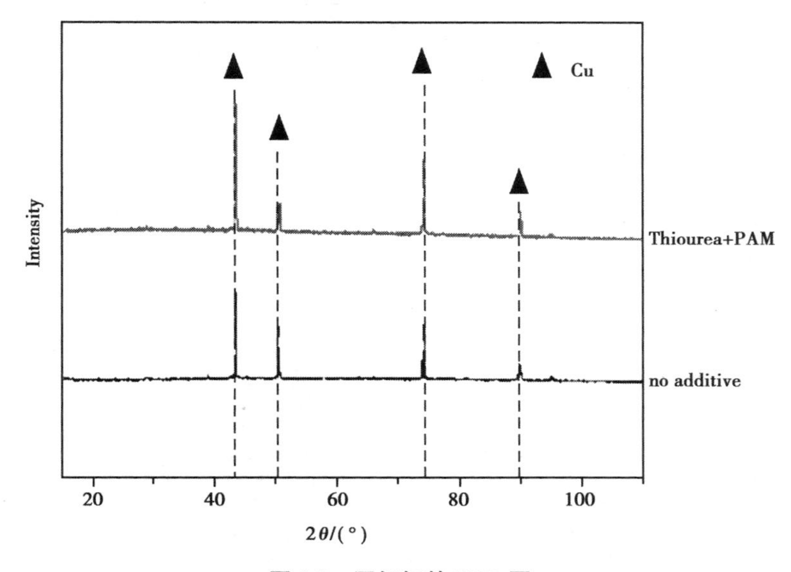

图 5.9　阴极铜的 XRD 图

表 5.2　阴极铜的纯度含量表(质量分数/%)

样品	Cu	S	Ni	Fe	Zn	其他
铜片 a	99.984 2	0.000 0	0.015 8	0.000 0	0.000 0	0.000 0
铜片 b	99.998 9	0.000 0	0.011 1	0.000 0	0.000 0	0.000 0

5.4　本章小结

本章实验通过对含不同添加剂成分的电解液进行循环伏安曲线扫描，分析铜沉积电流峰值的变化来得出不同添加剂对铜沉积促进作用的影响，主要得出以下结论：

①使用无添加剂的电解液的铜沉积电流为 0.044 A，当分别加入单一添加剂(硫脲、PAM、骨胶、明胶)时，铜沉积电流峰值都得到了明显提高，表明单一添加剂的加入会促进阴极沉积。

②当电解液加入 3.6 mg/L 的硫脲和 2.4 mg/L PAM 的复合添加剂时,与加入单一的硫脲与聚丙烯酰胺相比,铜沉积电流峰值分别提高了 31.2%和 5.1%。实验表明,当在电解液中加入复合添加剂时,二者在铜电解过程中产生了协同作用,共同促进了阴极铜的沉积;且使用上述的复合添加剂(硫脲+PAM)时,制得的铜效果更好。

与传统实验相比,本章实验得到了添加剂的种类与浓度对电解的影响规律,为工业生产中铜的电解液配方提供了新方案。

第 6 章　非溶解型阳极用于连续电解精炼阴极铜的研究

6.1　引言

采用传统的阳极粗铜不仅易造成产品中杂质含量高，而且采用火法冶炼粗铜和湿法电解精炼法制备阴极铜的过程中也会浪费能源。为了提高阴极铜的质量和电流效率，本章采用一步直接湿法电解制备阴极铜。电解铜实验采用非溶解型二氧化铅作阳极，同时通过添加氧化铜来维持电解液中二价铜的浓度，该工艺避免了火法冶炼过程中的高能耗。

本章研究的 3 种电解液分别为：新鲜制备的电解液 A；在电解 8 h 后的电解液 A 中每隔 2 h 补加氧化铜实现恒定铜离子浓度的电解液 B；通过每 10 min 连续加入氧化铜保持铜离子浓度恒定的电解液 C。分析对比了 3 种电解液对电解铜的宏观形貌、微观结构、电流效率、纯度、晶体组成的影响；并利用电化学方法分析了二氧化铅电极对提高电流效率的原因；而且采用改进后的电解液和工艺后，电解液可以循环使用。新工艺为湿法冶金行业的铜生产节约了能源，降低了材料消耗。此外，本章还为提高金属工业电解过程的电流效率和产品质量提供了一种新方法。

6.2　实验部分

6.2.1　实验试剂与材料

新鲜配制的电解液 A 由 0.62 mol/L $CuSO_4 \cdot 5H_2O$（≥99.0%，天津致远化学试剂有限公司），1.99 mol/L H_2SO_4（98%，天津耀华化学试剂有限公司），0.007 mol/L 浓盐酸（37.5%，深圳市莱利化学技术有限公司），0.039 3 mmol/L 硫脲（≥99.0%，天津市北辰方正试剂厂），4.8 mg/L 工业骨胶（分子量为 $1 \sim 10^5$，衡水中裕胶业有限公司）组成。

为了使电解液能够循环利用，在上述连续电解 8 h 后的电解液 A 中，加入高纯氧化铜粉末后溶解过滤，通过分光光度法测铜离子浓度，保证在电解前电解液 B 和新鲜配制的电解液 A 中铜离子浓度一致，且铜离子浓度维持在 0.61～0.63 mol/L，同时为了补偿添加剂的损失，在上述溶液中补加 1.6 mg/L 骨胶和 0.013 1 mg/L 硫脲，制得电解液 B。如果是每 2 h 间隔电解一次,可采用每 2 h 后补加氧化铜的方法保证铜离子浓度恒定。如果是连续 8 h 电解,电解过程中按照电流效率 100%损失的铜离子,每隔 2 h 连续补加氧化铜。因为实际电解过程中的电流效率都在 90%及其以上,与按照电流效率 100%补加的氧化铜相比,两者补加的氧化铜的量差距可以忽略。

为了进一步改进工艺,实现连续高效电解,在上述制得电解液 B 中电解过程中采用每隔 10 min 连续补加氧化铜,制得电解液 C。电解之前将电解液 C 中铜离子浓度恒定维持在 0.61~0.63 mol/L。电解过程中按照电流效率 100%损失的铜离子,每隔 10 min 连续补加氧化铜。所有试剂均为分析纯,水采用水净化系统(美国 PALL Cascada Ⅱ Ⅰ 30)净化。

6.2.2 实验仪器

铜电解实验装置示意图如图 6.1 所示。电解体系由聚丙烯塑料(PP,耐温-20~120 ℃)槽体和槽盖、阴极板和阳极板等部分组成。槽体的有效容积为 800 mL。为防止溶液和硫酸挥发引起的溶液总量减少,整个实验过程中采用硅胶树脂的密封圈(PP,耐温-40~200 ℃)将槽体和槽盖密封。为了使电解过程中产生的气体能及时排出,在阳极端槽盖处设置一个排气孔(孔径 6 mm)。同时,为了吸收挥发气体中的酸性物质,将其通入 NaOH 溶液中。为了连续性添加氧化铜粉末,在上述排气孔旁边设置一个加料口。阴极板采用厚 1.5 mm、单面有效面积为 49.0 cm^2 的不锈钢板;阳极板为工厂火法冶炼的粗铜(95%)或者镀二氧化铅的钛网电极。采用粗铜阳极的单面有效面积为 49.0 cm^2。采用的镀二氧化铅的钛网电极是在钛网板(2 mm×70 mm×90 mm,菱形孔是 12.7 mm×4.5 mm)上电镀一层单面镀层厚度约 0.75 mm 的二氧化铅(镀后的菱形孔是 12.0 mm×4.0 mm),该电极的孔面积占整个电极面积的 61.7%。电解过程控制恒温 62 ℃,恒电流 245.0 A/m^2,电解时间 8 h。采用智能直流恒压电源(WJY-30 V/10 A)进行电解。

6.2.3 测试与表征方法

电化学实验在 PARSTAT-PMC1000 电化学工作站上进行。采用三电极体系,即参比电极(RE)——CHI151 Hg|Hg_2SO_4电极;工作电极(WE)的面积=1.0 cm^2,它是由不锈钢制成的,常用于电解实验;对电极(CE)的面积=4.0 cm^2,它是由铜、铂或二氧化铅制成。用于电化学测试的溶液与电解铜电解液相同。电化学实验在电解液 A 中进行,所有电极都经过精细抛光和清洗。为了防止测试过程中电极面积的波动,除了电极的有效面积外,还使用了一种绝缘聚合物来密封该区域。循环伏安法的扫描速度为 50 mV/s。

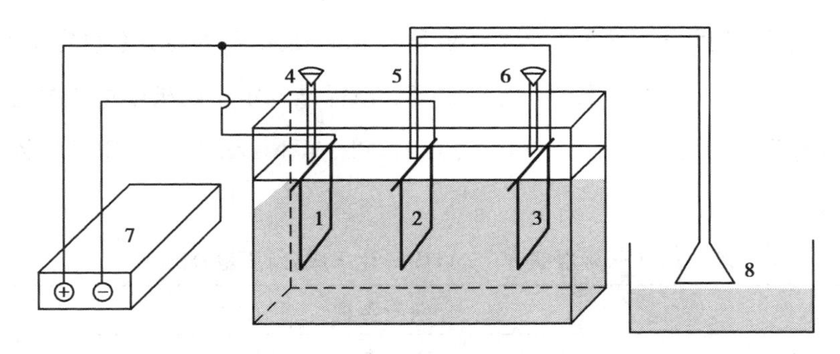

图 6.1　铜电解实验装置示意图

1,3—阳极;2—阴极;4,6—加料漏斗;5—排气管;7—电源;8—NaOH 溶液

用光学相机(佳能 A590)记录了去除阴极片后铜的宏观形貌。采用日立 SU8010 扫描电子显微镜(SEM)对铜的微观结构进行了研究。在 20 kV 加速电压下采集图像和光谱。采用日本 Rigaku 公司的 SmartLab X 射线衍射仪对不同电解条件下金属铜进行了物相分析。在 TU-1901 紫外-可见分光光度计(中国北京普析)上进行了记录。傅里叶变换红外光谱(FTIR)由 Magna 550Ⅱ红外光谱仪(美国 Nicolet)记录。

根据铜电解前、后阴极板的质量变化,按照法拉第定律计算得到电流效率,即

$$\eta = \frac{\text{电极上产物得实际质量}}{\text{按法拉第定律计算得电流效率}} \times 100\% = \frac{m}{qIt}m \times 100\% \tag{6.1}$$

式中　η——电解铜阴极区的电流效率;

m——阴极金属铜产物的质量,g;

q——电化学当量,g/(A·h);

I——电流强度,A;

t——电解时间,h。

6.2.4　成分分析

在电解精炼铜实验过程中,一般采用补加氧化铜的方法来保持 Cu^{2+} 的浓度恒定。按照行业标准 HJ 485—2009,采用分光光度法测定 Cu^{2+} 浓度。其主要原理是:采用二乙基二硫代氨基甲酸钠(DDTC)作为显色剂,在 pH = 8 ~ 10 的氨溶液中,Cu^{2+} 与 DDTC 相互作用,形成黄褐色稳定络合物 DDTC-Cu,络合物的颜色稳定时间为 1 h。络合物可以用四氯化碳或氯仿萃取,在波长 440 nm 处测定吸光度。根据这一原理,可以绘制出 Cu^{2+} 的标准曲线,并测定 Cu^{2+} 的浓度。

采用台式 X 射线荧光光谱仪对阴极铜的纯度进行了测试。该仪器采用能量色散 X

射线荧光检测法，测试样品所含的元素包括 13Al 到 92U 元素，并将其总量定位 100%。根据 GB/T 467—2010 对检测结果进行对比定级。该标准规定了阴极铜中 1 号标准铜和 2 号标准铜的化学成分，其中 Cu、Ag、As、Sb、Bi、Fe、Pb、Sn、Ni、Zn、S、P 的质量分数分别见表 6.1 和表 6.2。

表 6.1　1 号标准铜(Cu-CATH-2)化学成分(质量分数/%)

Cu+Ag ≥	杂质含量≤									
	As	Sb	Bi	Fe	Pb	Sn	Ni	Zn	S	P
99.95	0.001 5	0.001 5	0.000 5	0.002 5	0.002	0.001 0	0.002 0	0.002	0.002 5	0.001
注 1：供方需按批测 1 号标准铜中的铜、银、砷、锑、铋含量，并保证其他杂质符合本标准的规定。 注 2：表中铜含量为直接测得。										

表 6.2　2 号标准铜(Cu-CATH-3)化学成分(质量分数/%)

Cu≥	杂质含量≤			
	Bi	Pb	Ag	总含量
99.90	0.000 5	0.005	0.025	0.03
注：表中铜含量为直接测得。				

6.3　结果与讨论

6.3.1　传统电解铜的工艺

传统上，电解精炼铜过程中，一直采用粗铜(按质量分数计，90%~95%)作阳极溶解，不锈钢板作阴极电沉积制备高纯铜。采用电解液 A 在实验室条件下连续电解 8 h 后，制备得到的阴极铜表面整体平整且电流效率为 93.75%，但在边缘处有枝晶颗粒，如图 6.2 所示。同时，其表面的很多针孔，主要是析氢引起的。

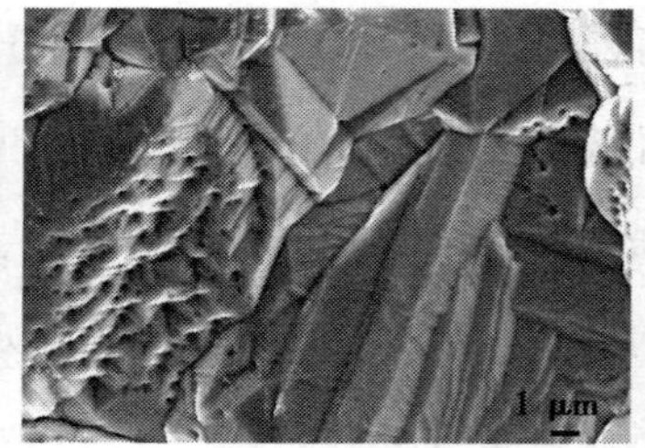

图 6.2　传统电解工艺制备的阴极铜(彩图见附录)

因此，可以通过抑制析氢和枝晶来提高电解铜的质量和电流效率。本章采用不溶性二氧化铅代替传统的粗铜作为阳极，而阴极仍采用传统的不锈钢，同时采用一个有排气装置的加盖密封电解槽。实验过程采用每 2 h 换一次阴极不锈钢板，连续收集 4 块电解后的阴极板，可获得 2 h 内电解铜的产品质量和电流效率。同时配制同样电解液进行连续性 8 h 电解实验，获得阴极铜板。对比每 2 h 的和平均 8 h 的电解铜产品质量和电流效率。

6.3.2　电化学分析阳极对电解的影响

采用非溶解型阳极对阴极铜进行连续电解精炼，并通过电化学实验对其机理进行了分析。采用不锈钢电解做工作电极（WE），CHI151 Hg｜Hg_2SO_4做参比电极（RE），相同大小面积的 Cu、Pt 或 PbO_2 材料做对电极（CE）。使用电解液 A 进行电化学测试，得到循环伏安的 3 条曲线，如图 6.3 所示。根据相关资料可知，在 25 ℃下硫酸亚汞的标准电极电位为 0.616 V，而 $E(Cu^{2+}/Cu)$ = 0.342 V。根据理论计算出该体系中铜还原沉积电极电位为−0.274 V，铜氧化溶解的电极电位为 0.958 V。通过扫描出来曲线我们可以确定了铜的沉积峰 1#、2#、3#和溶解峰 4#。与 3 种循环伏安扫描曲线相比，3 种材料的阳极氧化峰（4#）的电极电位值 0.94 V。然而，当二氧化铅作为 CE 时，铜的溶解峰面积最大，而当铜作为 CE 时，铜的溶解峰面积最小。沉积峰 1#、2#和 3#的电极电位分别为−0.29 V、−0.25 V 和−0.07 V，故沉积峰的电极电位 3#>2#>1#。因此，在相同的条件下，峰 3#优先发生反应。同时，沉积峰的峰面积也是 3#>2#>1#。因此，在相同条件下，峰 3#还原沉积的物质最多。综上所述，在以二氧化铅作为 CE 的电化学测试中，最容易发生铜的沉积和溶解。此外，二氧化铅作为 CE 时，循环伏安法观察到振荡现象。振荡电位范围主要在铜的沉积峰和溶解峰之间。振荡在 0.4～0.65 V 最为明显。当二氧化铅为 CE 时，电解过程中阳极反应的主要反应是电化学振荡。相反，铜 CE 和铂 CE 的整个曲线都没有出现振荡现象。

如图 6.3 所示，在整个扫描过程中，从−1.0～0 V，可以观察到铜的沉积峰。无论使用哪种电极，工作电极上都会发生铜的沉积。当分别用铜、铂和二氧化铅制备 CE 时，铜在相应 WE 表面的沉积量依次增加。在这个过程中，这 3 对 CE 上没有沉积铜。在 0～1.5 V 电压扫描时，铜的溶解峰出现。当用铜和铂制备 CE 时，对应 WE 上的铜层基本脱落了。当用二氧化铅制备 CE 时，对应 WE 表面的铜层部分溶解了，还有残留的铜层。当一个完整的循环电压表过程完成后，发现当只使用二氧化铅作为 CE 时，在 WE 上有残留的铜。结果表明，电化学振荡是由于铜在 WE 表面的周期性溶解和沉淀引起的。

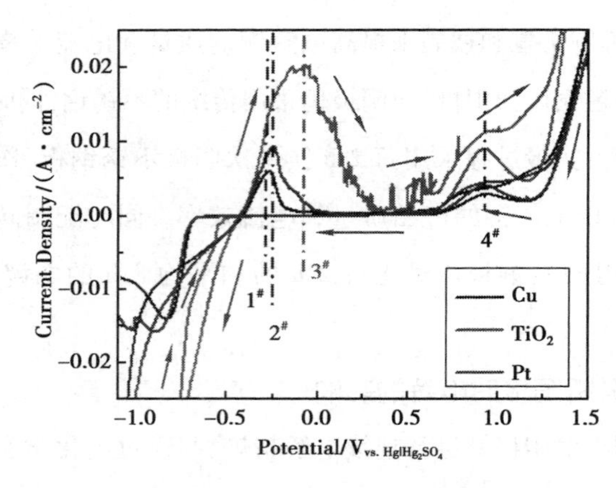

图 6.3　电化学分析不同阳极对电解的影响(彩图见附录)

6.3.3　电解铜的形貌分析

实验采用新鲜的电解液 A,每 2 h 后换一次阴极不锈钢板,连续电解 8 h 后,在 0—2 h、2—4 h、4—6 h、6—8 h 的时间段获得的阴极铜产品分别如图 6.4(a_1)—(a_4)所示。在 0—2 h 和 2—4 h 电解铜的表面平整、致密,颜色为红橙色带金属光泽;在 4—6 h 电解铜表面有少量小颗粒;在 6—8 h 电解铜表面粗糙、有大量小颗粒,颜色局部为砖红色或黑色,且表面疏松呈现海绵状。分析表明,表面颜色变化可能是生成了黑色的 CuO 和砖红色 Cu_2O。同时用新鲜电解液 A 进行连续 8 h 电解实验,获得的阴极铜的形貌如图6.4(a_5)所示。铜片表面疏松且有大量枝晶。

为了使电解液能够循环利用,实验采用每 2 h 补加氧化铜的方法制备的电解液 B,每 2 h 后换一次阴极不锈钢板,连续电解 8 h 后,在 0—2 h、2—4 h、4—6 h、6—8 h 的时间段获得的阴极铜产品分别如图 6.4(b_1)—(b_4)所示。在 0—2 h 的电解铜的表面平整、致密;在 2—4 h的电解铜表面平整、有明显空隙;在 4—6 h 电解铜表面出现了少量小颗粒;在 6—8 h 电解铜表面粗糙、有大量颗粒、局部颜色突变。用电解液 B 进行连续性 8 h 电解实验,获得的阴极铜的形貌如图 6.4(b_5)所示。图 6.4(a_4)比图 6.4(b_4)的铜层表面粗糙、有枝晶生成,局部颜色突变。图 6.4(a_5)比图 6.4(b_5)的铜层都更加疏松且颜色变化面积更大。分析认为电解液 A 在电解较长时间后,溶液中酸的浓度增大引起的。相反,电解液 B 中溶解了大量的氧化铜,故废液里面会损失较多的硫酸,所以在铜表面观察到较少的黑色 CuO 和砖红色 Cu_2O。

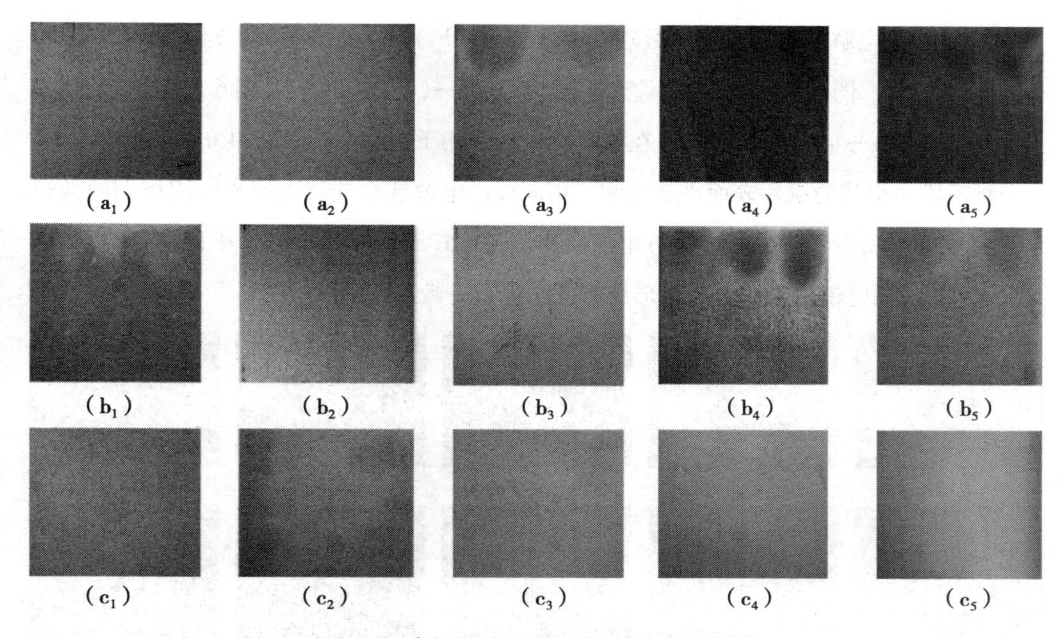

图6.4　电解铜的形貌照片(彩图见附录)

(a_1)—(a_4):电解液A在0—2 h、2—4 h、4—6 h、6—8 h的时间段获得的阴极铜;
(a_5):电解液A连续电解8 h获得的阴极铜;
(b_1)—(b_4):电解液B在0—2 h、2—4 h、4—6 h、6—8 h的时间段获得的阴极铜;
(b_5):电解液B连续电解8 h获得的阴极铜;
(c_1)—(c_4):电解液C在0—2 h、2—4 h、4—6 h、6—8 h的时间段获得的阴极铜;
(c_5):电解液C连续电解8 h获得的阴极铜

为了进一步改进工艺,在上述制得电解液B中采用每隔10 min连续补加氧化铜的方法,制得电解液C。实验采用电解液C,每2 h后换一次阴极不锈钢板,连续电解8 h后,在0—2 h、2—4 h、4—6 h、6—8 h的时间段获得的阴极铜产品分别如图6.4(c_1)—(c_4)所示。这4个时间段获得的铜层表面平整致密,且均未有枝晶或发黑现象。同样方法配制电解液C进行连续性8 h电解实验,获得的阴极铜的形貌如图6.4(c_5)所示,其铜层表面平整致密。由此可见,每2 h的铜层和连续8 h的铜层表面形貌一致。

6.3.4　电解铜的微观结构

图6.5为从图6.3得到的阴极铜片的扫描电镜。采用电解液A电解时间为6—8 h时,阴极铜片表面由直径为60~110 μm的球形颗粒组成,呈疏松、海绵状。使用相同的电解液A连续电解8 h,阴极铜的微观结构如图6.5(a_5)所示。铜片由200~350 μm的不规则颗粒组成,颗粒之间有很大的间距。在电解液B的作用下,在0—2 h、2—4 h、4—6 h得到的铜片表面平整致密,在6—8 h电解铜由40~150 μm的不规则颗粒组成。使用相同的

电解液 B 连续电解 8 h,阴极铜的微观结构如图 6.5(b_5)所示。图 6.5(a_4)比图 6.5(b_4)的铜层更加疏松。图 6.5(a_5)中的铜片大于图 6.5(a_1)—(a_4)中的铜片,图 6.5(b_5)中的铜片大于图 6.5(b_1)—(b_4)中的铜片。在电解液 C 的作用下,在 0—2 h、2—4 h、4—6 h、6—8 h 4 个时间段内得到的铜片表面平整致密。用同样的电解液 C 连续电解 8 h,阴极铜的微观结构如图 6.5(c_5)所示。图 6.5(c_5)中的铜片比图 6.5(a_4)和图 6.5(b_4)中的铜片更平、更密。因此,扫描电镜的结论与宏观形貌图的结论是一致的。

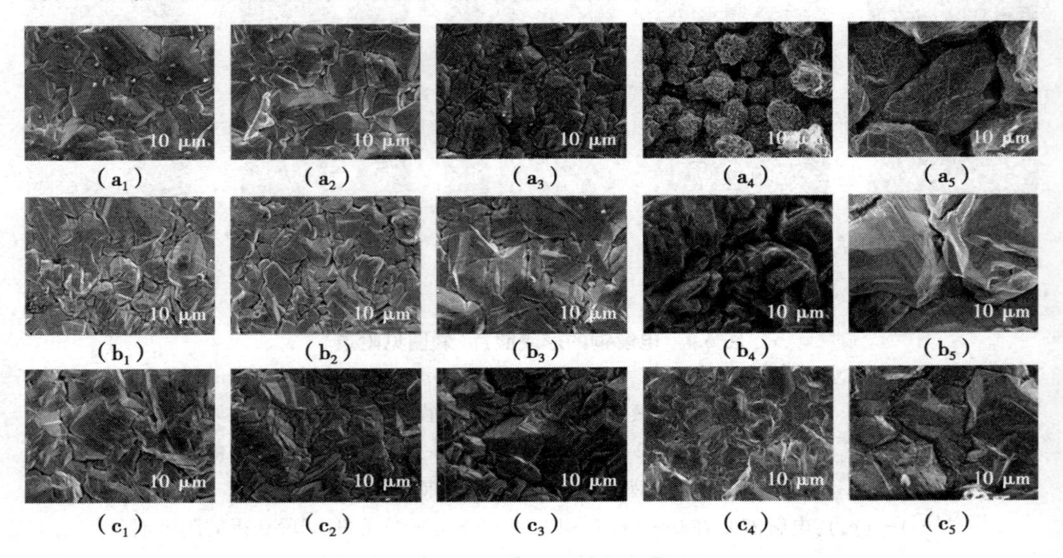

图 6.5　电解铜的 SEM 结果

(a_1)—(a_4):电解液 A 在 0—2 h、2—4 h、4—6 h、6—8 h 的时间段获得的阴极铜;
(a_5):电解液 A 连续电解 8 h 获得的阴极铜;
(b_1)—(b_4):电解液 B 在 0—2 h、2—4 h、4—6 h、6—8 h 的时间段获得的阴极铜;
(b_5):电解液 B 连续电解 8 h 获得的阴极铜;
(c_1)—(c_4):电解液 C 在 0—2 h、2—4 h、4—6 h、6—8 h 的时间段获得的阴极铜;
(c_5):电解液 C 连续电解 8 h 获得的阴极铜

6.3.5　电解铜的电流效率

上述实验采用电解液 A、B 和 C 在 0—2 h、2—4 h、4—6 h、6—8 h 的时间段获得的阴极铜的电流效率和连续电解 8 h 的平均电流效率如图 6.6 所示。由图 6.6 可知,采用新鲜电解液 A 的电流效率为 97.23%~92.75%。随着时间的增长,电流效率逐步下降。虽然所测的 8 h 电解的平均电流效率可达 95.74%,但是铜表面发黑,表面明显有氧化铜。

采用电解液 B 进行 8 h 实验,每 2 h 测得的电流效率在 94.58%~89.88%。而连续电解 8 h 平均电流效率为 94.85%。采用处理后的电解液 B 比新鲜的电解液 A 的电流效率都要低。分析表明,随着电解时间的延长,电解液 A 中的酸浓度大于电解液 B。此外,循环利用的电解液 B 中容易造成杂质累积。

采用电解液 C,连续进行 8 h 实验,每 2 h 测得的电流效率在 97.63%~94.9%。而连续电解 8 h 的平均电流效率为 96.33%。因此,通过对比电解液 A、B 和 C 电流效率可知,通过补加氧化铜维持铜离子浓度的方法确实可以实现电解 8 h 电流效率稳定在 94.9%及其以上。

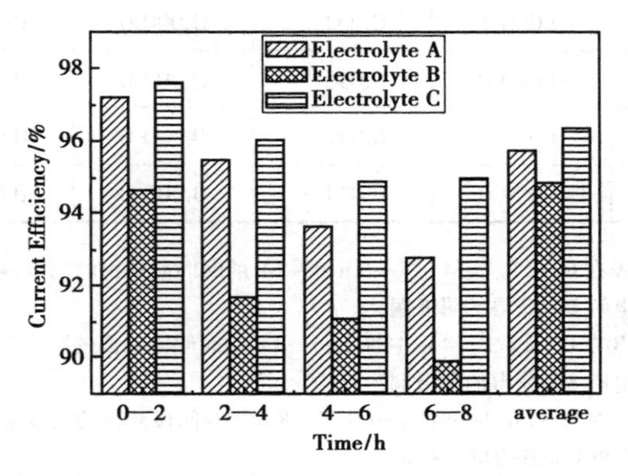

图 6.6　电解铜的电流效率

6.3.6　阴极铜的纯度

对如图 6.3 所示阴极铜片的纯度进行分析,结果见表 6.3。电解时间为 0—2 h 和 2—4 h 时,用电解液 A 制备的阴极铜片中 Ni 的质量分数超过了标准 1 号铜的质量分数。因此,它只符合 2 号标准铜的标准。电解超过 4 h 后,阴极铜片中 S 和 Ni 的比例严重超标,故已经不满足阴极铜的标准了。然而,用电解液 C 制备的阴极铜片纯度超过 99.95%,但其中的 Ni 质量分数都超过了 1 号标准铜的 Ni 质量分数,故满足 2 号标准铜的标准。

表 6.3　电解铜的纯度分析结果(质量分数/%)

样品	Cu	S	Ni	Fe	Zn	其他
a_1	99.989 4	0.002 8	0.007 7	0.000 0	0.000 0	0.000 1
a_2	99.983 1	0.001 1	0.015 7	0.000 0	0.000 0	0.000 1
a_3	99.748 4	0.242 4	0.009 2	0.000 0	0.000 0	0.000 0
a_4	98.752 4	1.218 8	0.028 4	0.000 4	0.000 0	0.000 0
a_5	98.007 8	1.941 2	0.029 7	0.021 3	0.000 0	0.000 0
b_1	99.738 9	0.229 8	0.031 3	0.000 0	0.000 0	0.000 0
b_2	99.784 1	0.180 5	0.035 4	0.000 0	0.000 0	0.000 0

续表

样品	Cu	S	Ni	Fe	Zn	其他
b_3	99.717 0	0.245 2	0.037 8	0.000 0	0.000 0	0.000 0
b_4	99.099 2	0.854 0	0.040 5	0.006 3	0.000 0	0.000 0
b_5	99.296 4	0.689 2	0.014 4	0.000 0	0.000 0	0.000 0
c_1	99.967 4	0.003 1	0.029 4	0.000 0	0.000 0	0.000 1
c_2	99.968 7	0.000 1	0.031 2	0.000 0	0.000 0	0.000 0
c_3	99.984 2	0.000 0	0.015 8	0.000 0	0.000 0	0.000 0
c_4	99.987 1	0.000 0	0.012 9	0.000 0	0.000 0	0.000 0
c_5	99.988 9	0.000 0	0.011 1	0.000 0	0.000 0	0.000 0

注：(a_1)—(a_4)：电解液 A 在 0—2 h、2—4 h、4—6 h、6—8 h 的时间段获得的阴极铜；
(a_5)：电解液 A 连续电解 8 h 获得的阴极铜；
(b_1)—(b_4)：电解液 B 在 0—2 h、2—4 h、4—6 h、6—8 h 的时间段获得的阴极铜；
(b_5)：电解液 B 连续电解 8 h 获得的阴极铜；
(c_1)—(c_4)：电解液 C 在 0—2 h、2—4 h、4—6 h、6—8 h 的时间段获得的阴极铜；
(c_5)：电解液 C 连续电解 8 h 获得的阴极铜。

6.3.7 电解铜的 XRD 结果

图 6.7 为图 6.3 得到的电解阴极铜片的 X 射线衍射图谱。将结果与粉末衍射标准联合委员会(JCPDS)中给出的预期值进行比较。从电解液 A 获得的阴极铜的衍射图[图6.7(a)]表明存在 Cu(JCPDS 85-1326)、Cu_2O(JCPDS 78-2076)和 CuO(JCPDS 89-2530)。使用电解液 B[图 6.7(b)]，中心位于 29.6°、36.4°、42.3°和 61.4°的峰值分别与(110)、(111)、(200)和(220)的立方 Cu_2O 面有关，这与 JCPDS 78-2076 中的报告值相匹配。其他衍射峰的 2θ 位置基本不变，只是衍射峰的高低有所变动，所以样品的其他组成物质不变，只是组成的含量有变动。用电解液 B 获得的阴极铜的衍射图显示了 Cu 和 CuO 的存在[图 6.7(b)]。然而，从电解液 C 得到的阴极铜的衍射图[图 6.7(c)]表明主要存在 Cu。电解液为 C 的阴极铜的铜纯度最高，阴极铜片中含有的主要物质为铜。以 38.9°、61.4°和 66.1°为中心的峰分别位于(200)、(−113)和(−311)的 CuO 平面上，与 JCPDS 89-2530 报告的值相匹配。以 43.3°、50.4°、74.1°和 89.9°为中心的峰分别与(111)、(200)、(220)和(311)的面心立方(fcc)铜平面有关，这与 JCPDS 85-1326 中的报告值相匹配。而采用电解液 A 的在 6—8 h 和连续 8 h 电解铜明显有 Cu_2O 和 CuO 物相存在，故阴极铜的颜色发

黑。因此,XRD 的结论与电解铜的宏观形貌分析结果一致。上述阴极铜纯度分析结果中未考虑氧的比例;故该测试方法不包含电解铜中的被氧化发黑的 Cu_2O 和 CuO 中的氧含量。

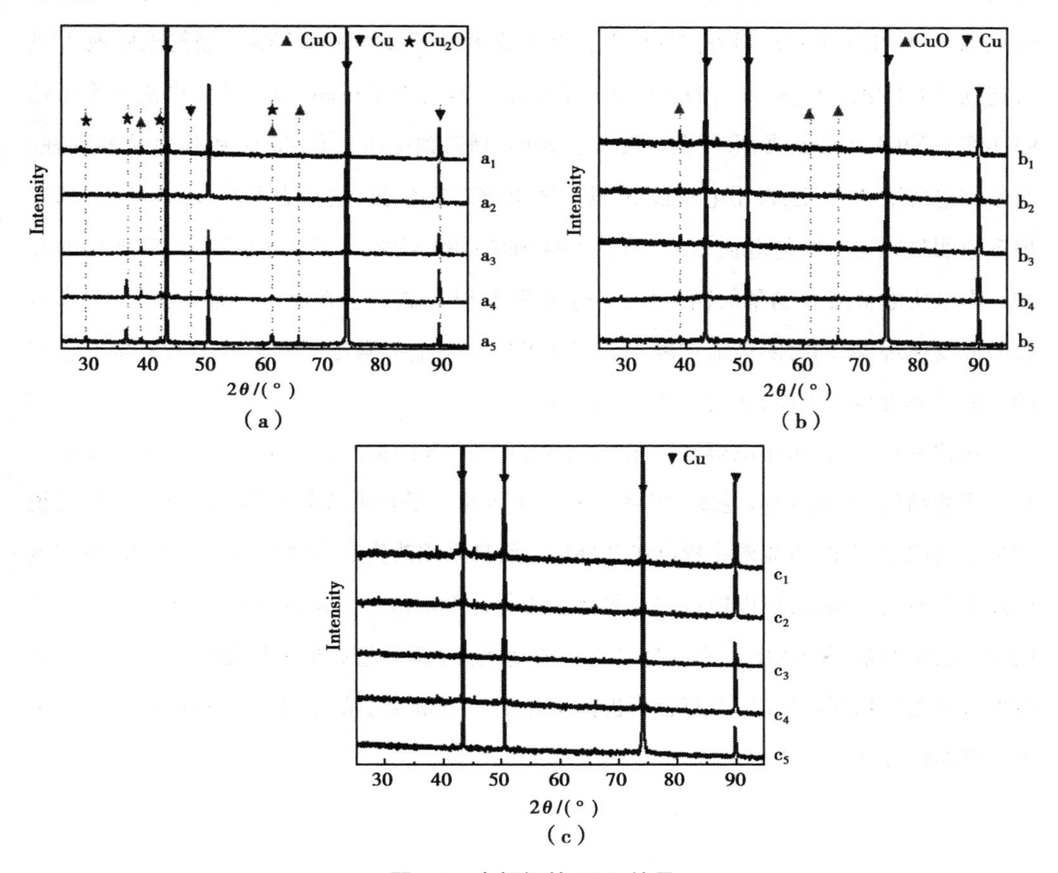

图 6.7　电解铜的 XRD 结果

(a):(a_1)—(a_4)电解液 A 在 0—2 h、2—4 h、4—6 h、6—8 h 的时间段获得的阴极铜,(a_5)电解液 A 连续电解 8 h 获得的阴极铜;

(b):(b_1)—(b_4)电解液 B 在 0—2 h、2—4 h、4—6 h、6—8 h 的时间段获得的阴极铜,(b_5)电解液 B 连续电解 8 h 获得的阴极铜;

(c):(c_1)—(c_4)电解液 C 在 0—2 h、2—4 h、4—6 h、6—8 h 的时间段获得的阴极铜,(c_5)电解液 C 连续电解 8 h 获得的阴极铜

6.4　本章小结

目前,在铜的工业电解精炼过程中,粗铜作为阳极,连续电解 8 h 后,电流效率为 93.75%,阴极铜边缘出现明显枝晶颗粒。为了提高阴极铜的质量和电解铜的电流效率,采用了非溶解型二氧化铅作阳极和一个改进的电解槽。本章分析比较了 3 种电解液对宏

观形貌、微观结构、电流效率、纯度和晶体组成的影响。

在新制备的电解液 A 下,电解前 4 h 的阴极铜片表面平整致密,颜色呈红橙色,带有金属光泽,符合 2 号标准铜的标准。后 4 h 电解铜表面观察到树枝状颗粒,颜色部分为砖红色和黑色,纯度不满足阴极铜的标准且电流效率在 97.23%~92.75%。新鲜电解液 A 进行连续性 8 h 电解实验,获得的阴极铜片表面疏松且有大量枝晶。8 h 平均电流效率可达 95.74%。XRD 结果证明,采用电解液 A 长时间电解,铜中明显有 Cu_2O 和 CuO 物相存在。与采用电解液 A 相比,采用电解液 B,发现随电解时间延长,铜片表面粗糙、疏松、局部发黑现象明显减弱。但是电流效率降低为 94.58%~89.88%,且产品均不满足阴极铜的标准。而采用电解液 C 制备的铜,相比于电解液 A 和 B 的铜层表面最平整致密,且均未有枝晶或发黑现象,同时阴极铜纯度都超过了 99.95%,也都满足 2 号标准铜的要求。它们的电流效率也显著提高,达到了 97.63%~94.9%。

对比分析发现,采用电解液 C,在电解 8 h 中每 2 h 的铜产品和平均连续电解 8 h 的产品在形貌结构、电流效率、纯度方面都合格。而 8 h 的平均电流效率为 96.33%,这比传统的铜溶解阳极相比,电流效率提高了 2.58%。而且采用改进后的电解液和工艺后,电解液可以循环使用。同时,可以通过添加氧化铜来保证电解液中二价铜的浓度,这与传统工艺用火法冶炼的铜阳极板溶解来维持二价铜浓度相比,新工艺对整个铜湿法冶金工业生产更加节省能耗物耗。同时,本章也为提高工业生产电解金属的电流效率和产品质量提供了一种新的方法。

第二部分

电镀铜合金体系

第7章　乙二胺四乙酸二钠体系电镀玫瑰金 Cu-Zn-Sn 合金的工艺与理论

7.1　引言

电镀是合金电镀层最常用的制备方法之一。在电镀工业中，当铜的含量为75%，锌和锡的含量为25%时，可获得 Cu-Zn-Sn 合金层，该合金层具有良好的整平性、光亮度、平滑性和耐腐蚀性。成本较低廉，孔隙率小，色泽好，装饰效果好，广泛应用于金属镀层工业。

无氰电镀体系包括酒石酸盐、碱性山梨醇镀液、焦磷酸盐、1-羟基乙叉-1，1-二膦酸、柠檬酸、乙二胺四乙酸二钠（EDTA）、三乙醇胺、谷氨酸等。目前工业使用的是 EDTA 体系，该体系可用于各种工业。EDTA 能和金属离子形成稳定的水溶性配合物，具有良好的溶解性和络合效果。电镀液组成简单稳定，镀层均匀细致。因此，EDTA 可以被认为是一种环境友好型络合剂的代表。它对 Cu、CuZn、FeSe、SnAgCu 和 ZnCuIn 的电镀均有影响。它不仅细化了条纹，而且增强了镀液的稳定性。

到目前为止，虽然已经报道了许多不同的无氰化物电镀体系，但只描述了它们的作用效果，没有详细阐述它们的作用机理，这限制了合金电镀层的进一步研究。本章采用 EDTA 体系研究了不同镀液对无氰 Cu-Zn-Sn 合金电镀过程中镀层性能的影响，并探讨了无氰电镀 Cu-Zn-Sn 合金的机理。用循环伏安法（CV）研究了电极反应。用 X 射线衍射（XRD）、能谱仪（EDS）和扫描电镜（SEM）对合金层的结构和表面形貌进行了表征。用紫外-可见光谱和红外光谱对电镀液的性能进行了分析。最后，对电镀液中各物质的作用机理进行了分析。

7.2　实验部分

7.2.1　电镀液配制

电镀液的配制顺序很重要。在 30 mL 蒸馏水中加入 15.00 g 氢氧化钠（≥96.0%，天津市北辰方正试剂厂），搅拌至完全溶解，冷却成溶液 A。4.37 g $CuSO_4 \cdot 5H_2O$（≥99.0%，天津致远化学试剂有限公司)和 2.16 g 固体 $ZnSO_4 \cdot 7H_2O$(≥99.5%,天津北辰方正试剂厂)加入 60 mL 蒸馏水中搅拌。将它们全部溶解均匀,形成溶液 B。12.78 g EDTA · 2Na(≥99.5%,天津光福科技发展有限公司)在搅拌的同时逐渐加入溶液 B 中。然后,将溶液均匀混合,形成溶液 C。将溶液 A 滴加到溶液 C 中,同时搅拌,直到溶液变成清澈透明的蓝色,形成溶液 D。最后,在溶液 D 中加入 1.07 g $Na_2SnO_3 \cdot 3H_2O$(≥98%,天津广福精细化工研究院)直至完全溶解。溶液 D 的体积达到 100 mL,形成电镀液 BR。$Na_2SnO_3 \cdot 3H_2O$ 难溶于水,易溶于碱性溶液,因此,溶解时应将其加入碱性溶液中。电镀实验应使用新鲜溶液进行,当电镀液放置超过 48 h 时,溶液底部会形成沉淀,使用该溶液进行电镀,电镀层的颜色为黑色。使用水净化系统(美国 PALL Cascada Ⅱ Ⅰ 30)净化水。所有试剂均为分析纯。

7.2.2 电镀实验

电解体系由电镀液、阴极板和阳极板组成。电镀液的有效体积为 100 mL。阴极由 30 mm×70 mm×1.0 mm 的不锈钢板制成,单面有效面积为 12.0 cm^2。阳极由 30 mm×70 mm×1.0 mm 的 $Cu_{0.7}Zn_{0.3}$ 合金制成,单面有效面积为 12.0 cm^2。在电沉积过程中,温度、电压和电解时间分别保持在 25 ℃、1.45 V 和 15 min。电解电源采用直流恒压电源(WJY-30 V/10 A)。

7.2.3 电化学测试

电化学测试使用 PARSTAT PMC1 000 电化学工作站。采用三电极体系;参比电极为 Hg|HgO电极;工作电极(WE,Φ = 10 mm,面积 = 78.5 mm^2)由不锈钢制成;对电极(CE,Φ = 10 mm,面积 = 78.5 mm^2),由 $Cn_{0.7}Zn_{0.3}$ 合金制成。WE 和 CE 是电镀实验中常用的材料。所有的电极都经过了精细的抛光和清洗。为了防止测试过程中电极面积的波动,除电极的有效面积外,其余电极用绝缘聚合物密封。循环伏安法的扫描速度为 20 mV/s。

7.2.4 表征

电镀液 BR 由 0.175 mol/L $CuSO_4 \cdot 5H_2O$、0.075 mol/L $ZnSO_4 \cdot 7H_2O$、0.04 mol/L $Na_2SnO_3 \cdot 3H_2O$、0.343 3 mol/L EDTA · 2Na 和 3.75 mol/L NaOH 组成。其镀层可表示为 Cu-Zn-Sn。Cu、Zn、Sn、Cu-Zn、Cu-Sn 和 Zn-Sn 层表明,镀液中的主盐分别为 $CuSO_4 \cdot 5H_2O$、$ZnSO_4 \cdot 7H_2O$、$Na_2SnO_3 \cdot 3H_2O$、$CuSO_4 \cdot 5H_2O$ 和 $ZnSO_4 \cdot 7H_2O$、$CuSO_4 \cdot 5H_2O$ 和 $Na_2SnO_3 \cdot 3H_2O$ 以及 $ZnSO_4 \cdot 7H_2O$ 和 $Na_2SnO_3 \cdot 3H_2O$。这些物质的浓度与 BR 电解液中的浓度相同。两者均含有 0.343 3 mol/L EDTA · 2Na 和 3.75 mol/L NaOH。$CuSO_4 \cdot 5H_2O$、$ZnSO_4 \cdot 7H_2O$、$Na_2SnO_3 \cdot 3H_2O$、EDTA · 2Na 和 NaOH 的参考值代表了电镀液中变化的摩

尔浓度。未提及的物质浓度与电解质 BR 的浓度相同。

去掉阴极板后，用光学相机（佳能 A590 IS）记录各层的宏观形貌。采用日立 SU8010 场发射环境扫描电子显微镜（SEM-EDS）进行表面观察和特征检测。在 20 kV 加速电压下采集图像和光谱。用日本 Rigaku 公司的 SmartLab X 射线衍射仪对不同条件下电解的金属铜进行了物相分析。紫外-可见光谱是在 TU-1901 紫外-可见分光光度计（中国北京普析）上记录的。傅里叶变换红外光谱（FTIR）由 Magna 550Ⅱ 红外光谱仪（美国 Nicolet）记录。核磁共振（NMR）由 Avance Ⅲ 400M（德国 Bruker）记录。

7.3　结果与讨论

7.3.1　电镀液对电镀层颜色的影响

恒压电镀后，用不同的电镀液处理 15 min，分析电镀液中各组分对 BR 的影响。照片是用光学相机拍摄的，以记录干燥后各层的宏观外貌，如图 7.1 所示。

首先分析了各主盐对电镀层的影响。Cu、Zn、Sn、Cu-Zn、Cu-Sn 和 Zn-Sn 代表含有单一或两种主盐的电镀层。如图 7.1 所示，在电镀液中只含有 $CuSO_4 \cdot 5H_2O$ 的电镀层（Cu）呈紫红色，即铜色。只含 $Na_2SnO_3 \cdot 3H_2O$ 的电镀层（Sn）明显呈现金黄色。只含 $ZnSO_4 \cdot 7H_2O$ 的电镀层（Zn）呈明显的深灰色。含 $ZnSO_4 \cdot 7H_2O$ 和 $Na_2SnO_3 \cdot 3H_2O$ 的 Zn-Sn 镀层呈明显的深蓝色，镀层色泽不均匀。添加 $CuSO_4 \cdot 5H_2O$ 和 $Na_2SnO_3 \cdot 3H_2O$ 的电镀层（Cu-Sn）呈紫红色，但比添加 $CuSO_4 \cdot 5H_2O$ 和 $ZnSO_4 \cdot 7H_2O$ 的电镀层（Cu-Zn）颜色深。

其次，研究了主盐浓度对电镀层的影响。$CuSO_4 \cdot 5H_2O$、$ZnSO_4 \cdot 7H_2O$、$Na_2SnO_3 \cdot 3H_2O$、EDTA · 2Na 和 NaOH 表示变化的摩尔浓度，未提及的物质与电解质 Br 相同，如图 7.1 所示。当镀液中 $CuSO_4 \cdot 5H_2O$ 的加入量从 0 增加到 0.125 mol/L 时，镀层颜色由深蓝色变为棕红色，表面部分脱落，当 $CuSO_4 \cdot 5H_2O$ 的加入量连续增加到 0.15 mol/L 时，镀层呈金黄色，当 $CuSO_4 \cdot 5H_2O$ 的加入量为 0.175 mol/L 时，膜为玫瑰金色，当 $CuSO_4 \cdot 5H_2O$ 的加入量连续增加到 0.225 mol/L 时，镀层呈深紫红色。当镀液中 $ZnSO_4 \cdot 7H_2O$ 的加入量从 0 增加到 0.05 mol/L 时，镀层平整，呈淡紫红色，当 $ZnSO_4 \cdot 7H_2O$ 的加入量连续增加到 0.075 mol/L 时，镀层呈玫瑰金色，当 $ZnSO_4 \cdot 7H_2O$ 的加入量连续增加到0.125 mol/L 时，镀层呈深紫红色。当镀液中 $Na_2SnO_3 \cdot 3H_2O$ 的加入量从 0 增加到 0.02 mol/L 时，镀层平整，呈浅粉红色，当 $Na_2SnO_3 \cdot 3H_2O$ 的加入量连续增加到 0.04 mol/L 时，镀层呈玫瑰金色，当镀液中 $Na_2SnO_3 \cdot 3H_2O$ 的加入量从 0.06 mol/L 增加到 0.08 mol/L 时，镀层呈深金黄色，当 $Na_2SnO_3 \cdot 3H_2O$ 的加入量增加到 0.1 mol/L 时，膜层局部色泽不均匀，呈棕红色。

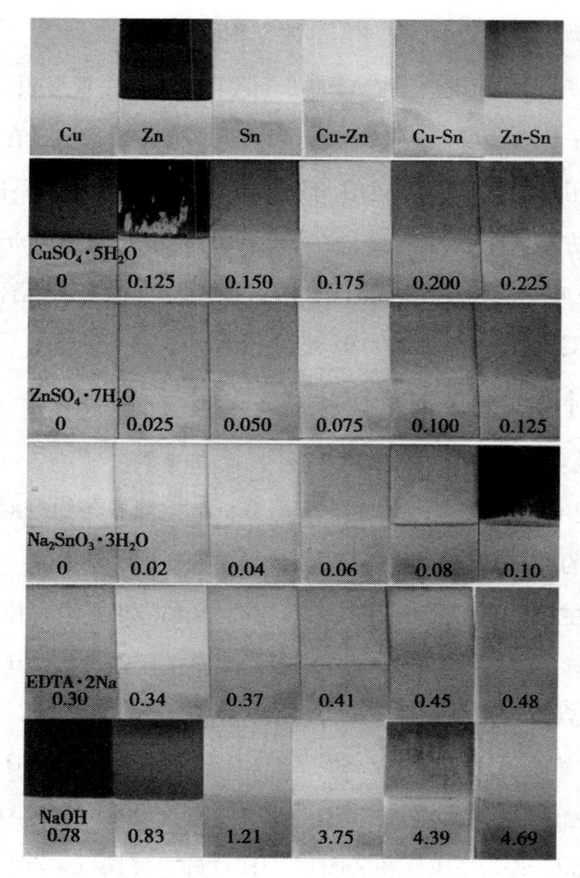

图 7.1　乙二胺四乙酸二钠体系电镀液对电镀层颜色的影响(彩图见附录)

注:不锈钢板的宽度为 30.0 mm。

最后,研究了络合剂和缓冲剂对电镀层的影响。当镀液中 EDTA · 2Na 的加入量为 0.30 mol/L 时,镀层色泽不均匀,呈淡玫瑰金色,当浓度增加到 0.34 mol/L 时,膜层呈闪亮的玫瑰金色,并逐渐加深,当乙二胺四乙酸二钠(EDTA · 2Na)的加入量从 0.37 mol/L 增加到 0.48 mol/L 时,膜层变平,颜色呈金黄色并逐渐加深。当镀液中 NaOH 含量为 0.78 mol/L时,镀层为深蓝色,在电镀液中发生络合反应后,OH^-浓度为 0.1 mol/L,当 NaOH 的加入量连续增加到 0.83 mol/L 时,膜层呈浅灰色,当浓度为 1.21 mol/L 和 3.75 mol/L 时,膜层分别为淡紫色和玫瑰金色,当 NaOH 的加入量连续增加到 4.39 mol/L 时,镀层呈深紫红色,色泽不均匀,当浓度为 4.69 mol/L 时,膜层呈紫色。因此,NaOH 在电镀液的络合过程中起着很大的作用。电镀液中 OH^-浓度的调节要求极高。

7.3.2　主盐对电镀层微观形貌的影响

在上述实验中,研究了含有不同主盐的电镀液对镀层色泽的影响,比较了不同主盐对镀层表面形貌、成分等质量的影响。在含有不同主盐的电镀液中电镀后，拍摄了不同倍数的镀层的 SEM 图像（图 7.2）。

当电镀液中只有 0.175 mol/L $CuSO_4 \cdot 5H_2O$ 作为主盐时，镀层表面由 50～150 nm 的颗粒组成［图 7.2(a)］。当电镀液中只含有 0.075 mol/L $ZnSO_4 \cdot 7H_2O$ 时，镀层由 100～200 nm的颗粒团聚组成［图 7.2(b)］，表面疏松不平。当镀液中只含有 0.04 mol/L $Na_2SnO_3 \cdot 3H_2O$ 时，镀层由 30～50 nm 的均匀颗粒组成［图 7.2(c)］，表面较为平整致密。对 3 种单一主盐的扫描电镜对比表明，含 $ZnSO_4 \cdot 7H_2O$ 的电镀液中镀层颗粒最大且疏松。

进一步分析了两种主盐组合对镀层的影响。电镀液为 0.175 mol/L $CuSO_4 \cdot 5H_2O$ 和 0.075 mol/L $ZnSO_4 \cdot 7H_2O$［图 7.2(d)］，$CuSO_4 \cdot 5H_2O$ 和 0.04 mol/L $Na_2SnO_3 \cdot 3H_2O$［图 7.2(e)］组成时，其镀层由 100～200 nm 的颗粒组成，整体致密。当电镀液中含有 0.075 mol/L $ZnSO_4 \cdot 7H_2O$ 和 0.04 mol/L $Na_2SnO_3 \cdot 3H_2O$ 为主盐时，镀层由 0.5～1.0 μm 颗粒组成［图 7.2(f)］。用 3 种主盐［BR 电镀液，图 7.2(g)］获得的镀层主要由规则的 50～100 nm颗粒组成，偶尔也有大约 200 nm 的大颗粒。

EDS 分析揭示了由每种电镀液形成的电镀层的组成（表 7.1）。在该体系中，由于电镀阳极板由 $Cu_{0.7}Zn_{0.3}$ 合金组成，所以无论溶液中是否含有铜或锌盐，镀层中都含有铜和锌，因此，铜和锌离子不可避免地溶解在电镀液中。根据文献，纯铜呈紫红色，锌和锡层呈银色。通过控制这 3 种元素的比例，可以得到玫瑰色的金黄色薄膜。值得注意的是，由 Cu-Zn-Sn（BR）得到的镀层中 Cu、Zn 和 Sn 的质量百分含量分别为 98.81、0.77 和 0.42。

表 7.1　乙二胺四乙酸二钠体系中主盐对电镀层 EDS 的影响（质量分数/%）

样品	Cu	Sn	Zn
Cu	99.95	0.05	0.00
Zn	0.16	0.11	99.73
Sn	60.34	8.22	31.44
Cu-Zn	98.80	0.21	0.99
Cu-Sn	99.30	0.29	0.41
Zn-Sn	4.68	0.19	95.13
Cu-Zn-Sn	98.81	0.42	0.77

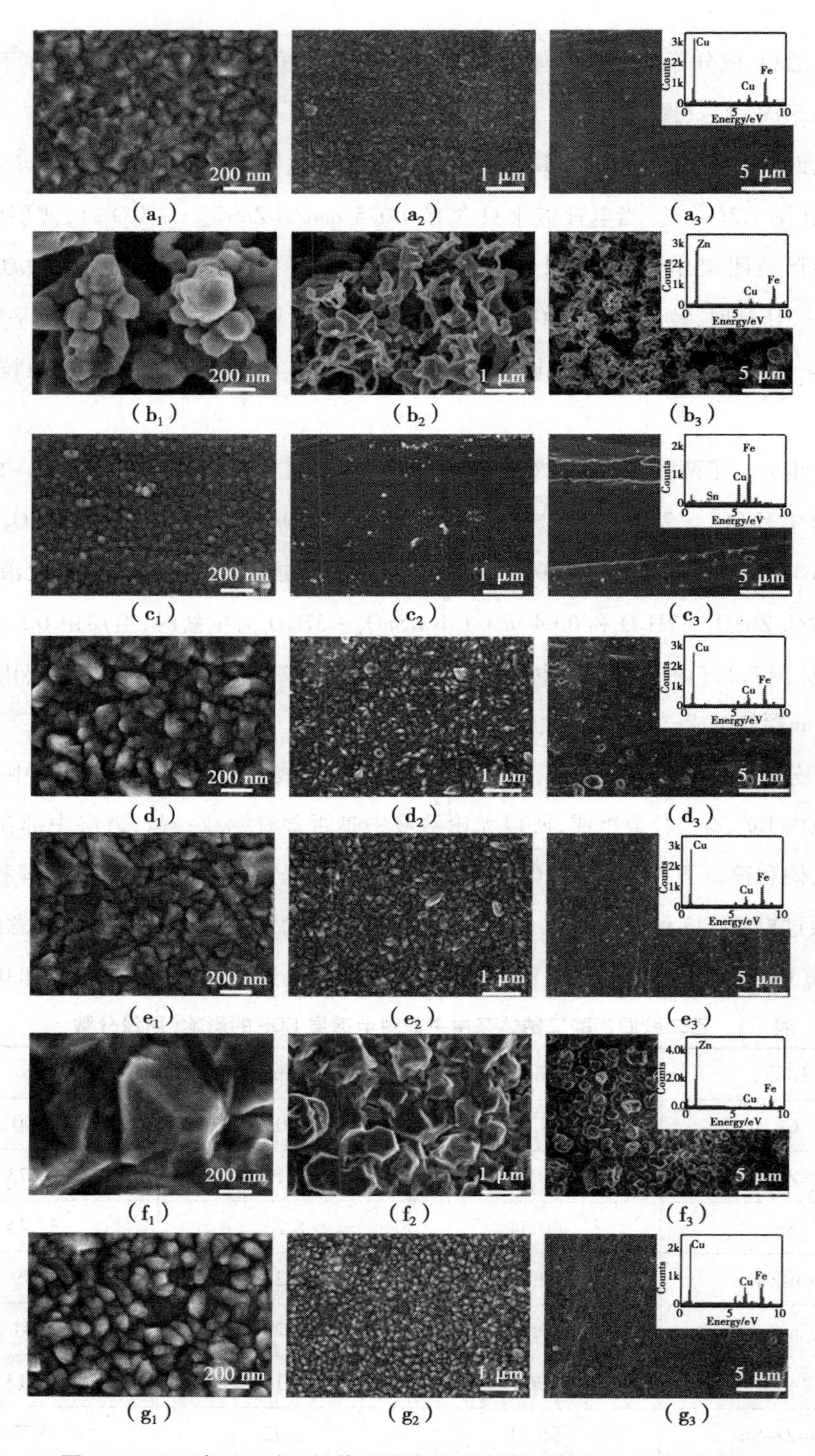

图 7.2　乙二胺四乙酸二钠体系中主盐对电镀层 SEM 和 EDS 的影响

(a_1)—(a_3):Cu;(b_1)—(b_3):Zn;(c_1)—(c_3):Sn;(d_1)—(d_3):Cu-Zn;

(e_1)—(e_3):Cu-Sn;(f_1)—(f_3):Zn-Sn;(g_1)—(g_3):Cu-Zn-Sn

在含 0.175 mol/L $CuSO_4 \cdot 5H_2O$ 的电镀液中，镀层中铜含量在 98%以上，镀层均有不同程度的紫红色趋势。当电镀液中只有 0.175 mol/L $CuSO_4 \cdot 5H_2O$ 作为主盐时，镀层由 99.95%的 Cu 组成，因此，这一层是紫红色的，这与前一层的颜色一致。当电镀液由 0.175 mol/L $CuSO_4 \cdot 5H_2O$、0.075 mol/L $ZnSO_4 \cdot 7H_2O$，$CuSO_4 \cdot 5H_2O$ 和 0.04 mol/L $Na_2SnO_3 \cdot 3H_2O$ 组成时，镀层中 Cu、Zn、Sn 的含量有微弱的波动，镀层颜色也略有变化。Cu-Zn 的 Cu 含量最低，为 98.80%，因此，镀层呈现最浅的紫红色。与 Cu-Zn-Sn 样品相比，Cu-Zn 的 Cu 含量基本相同，但 Sn 含量降低了一半，其紫红色偏浅。仅含 $Na_2SnO_3 \cdot 3H_2O$ 的镀层中 Sn 含量高达 8.22%，Cu 含量为 60.34%，Zn 含量为 31.44%，与原来的金黄色一致。只含 $ZnSO_4 \cdot 7H_2O$ 的镀液含锌量高达 99.73%，其中 $ZnSO_4 \cdot 7H_2O$ 和 $Na_2SnO_3 \cdot 3H_2O$ 的含锌量高达 95.13%。用上述数据分析铜、锌、锡的变化。因此，去除了其他元素，并对数据进行了归一化处理。实际测试结果表明，两种镀片的含氧量都极高。因此，其氧化物的含量较高，颜色变化较大，这与以前的结果是一致的。

7.3.3　电镀液对电镀层相结构的影响

图 7.3 显示了用不同电镀溶液获得的电镀层的 XRD 图谱。结果与粉末衍射标准委员会（JCPDS）提供的预期图案进行了比较。从 BR 电镀液（图 7.4）获得的电镀层的衍射图表明，存在 Cu（JCPDS 85-1326）、Cu_5Zn_8（JCPDS 71-0397）、$Cu_{10}Sn_3$（JCPDS 71-0339）、Zn（JCPDS 87-0713）和 ZnO（JCPDS 77-0191）相。

如图 7.3（a）所示，Fe 曲线是不锈钢基底的测试曲线，由 Fe 组成，其 43°衍射峰明显较弱。Cu 镀层由 Cu 组成，其衍射峰的 2θ 分别为 43.316°（111）、50.448°（200）和 74.124°（220）。Zn 镀层由 Zn 组成，其衍射峰的 2θ 位置为 36.289°（002）、38.993°（100）、43.220°（101）、54.349°（102）、70.630°（110）和 77.046°（004）。其次含有 ZnO，其衍射峰的 2θ 位置为 36.326°（111）、42.193°（200）和 77.136°（222）。Sn 镀层中含有 $Cu_{10}Sn_3$，其衍射峰的 2θ 位置为 44.293°（301）、49.713°（200）和 74.467°（233）。其次是 Cu 或 Cu_5Zn_8，因为 Cu_5Zn_8 衍射峰的 2θ 位置为 43.197°（330）、50.308°（422）和 73.899°（444）。因此，Cu 和 Cu_5Zn_8 的主要衍射峰非常接近，只能结合 EDS 结果进行综合分析。Cu-Zn、Cu-Sn 和 Cu-Zn-Sn 镀层由 Cu 和 Cu_5Zn_8 组成。

图 7.3（b）—（d）中，研究了改变单一主盐 $CuSO_4 \cdot 5H_2O$、$ZnSO_4 \cdot 7H_2O$ 或 $Na_2SnO_3 \cdot 3H_2O$ 的浓度时的镀层，三元合金镀层由 Cu、Cu_5Zn_8 和 $Cu_{10}Sn_3$ 相组成。随着浓度的变化，衍射峰的面积和位置不变。因此，电镀层的成分几乎没有变化。

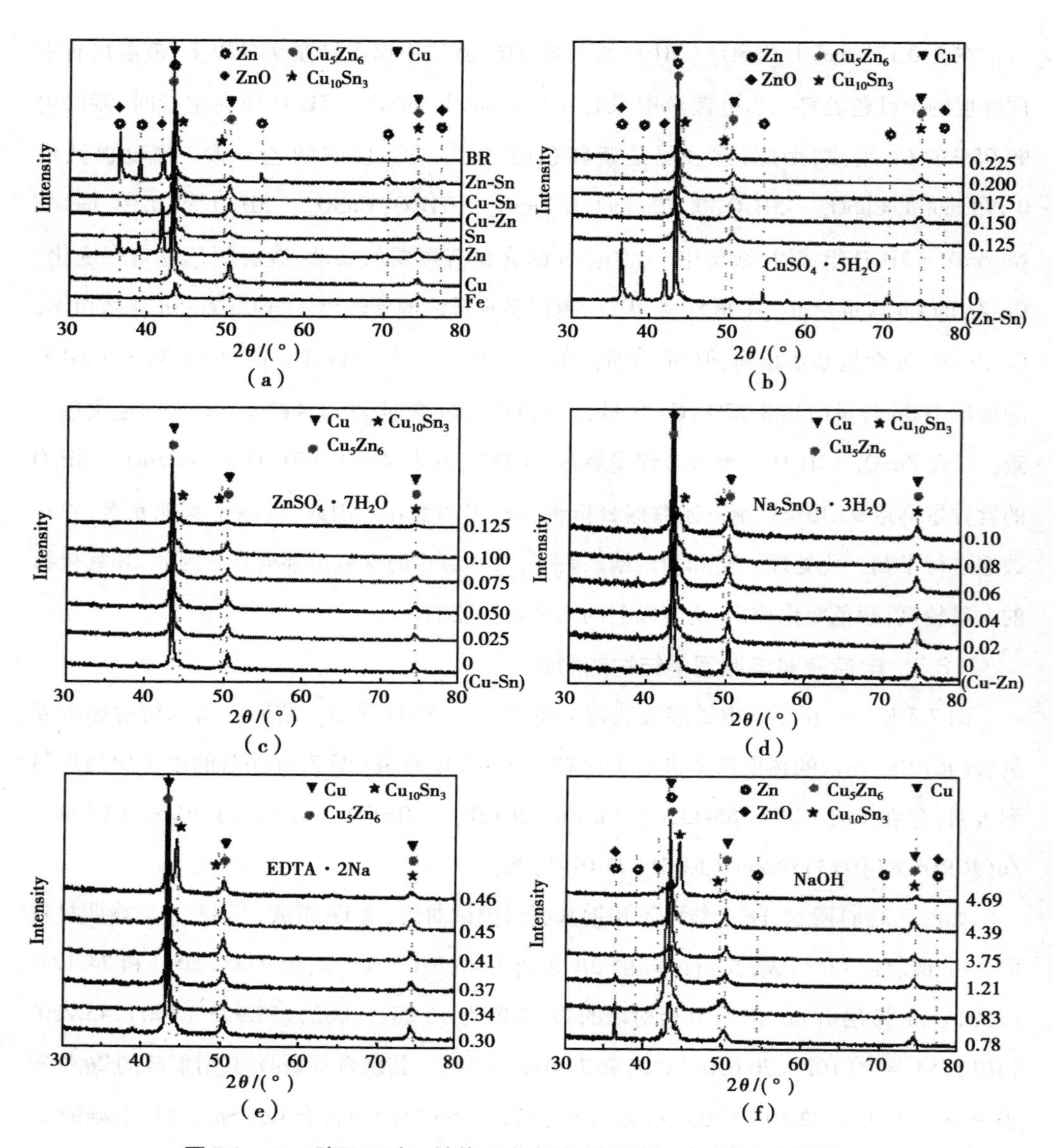

图 7.3　乙二胺四乙酸二钠体系中电镀液对镀层 X 射线衍射的影响

(a):Fe 表示不锈钢基底,各主盐对镀层的影响;(b)—(f):$CuSO_4 \cdot 5H_2O$、$ZnSO_4 \cdot 7H_2O$、$Na_2SnO_3 \cdot 3H_2O$、EDTA · 2Na、NaOH 分别表示其变化的摩尔浓度,其中未提及的物质均和电镀液 BR 一样

进一步研究了络合剂和缓冲剂对镀层的影响,如图 7.3(e)所示。随络合剂 EDTA · 2Na 浓度从 0.30 mol/L 增加到 0.48 mol/L,镀层的衍射峰位置不变,但峰面积变化较大,因此,主要成分的含量变化很大。缓冲剂 NaOH 对镀层成分的影响非常明显,如图 7.3(f)所示。当 NaOH 浓度从 0.78 mol/L 增加到 4.69 mol/L 时,镀层衍射峰的位置和峰面积发生了较大的变化,因此,主要成分发生了很大变化。当 NaOH 浓度从 0.78 mol/L 增加到

1.21 mol/L时，镀层的衍射峰中出现了明显的锌相和氧化锌相。当 NaOH 浓度从3.75 mol/L 增加到 4.39 mol/L Zn 时，镀层的衍射峰只有 Cu 和 Cu_5Zn_8 的衍射峰。当 NaOH 浓度为 4.69 mol/L 时，镀层的衍射峰出现 $Cu_{10}Sn_3$ 峰。

7.3.4　电镀液对电极界面的影响

通过图 7.4 中的 CV 曲线分析了电镀液对电极界面的影响。如图 7.4(a)所示，黑线是在正向扫描中从低电位到高电位获得的。此外，位于-0.26 V 和 0.0 V 的 B 和 C 峰分别表示阳极材料的溶解。当电压继续增加到 0.5 V 时，电极附近出现了大量的气泡，这是析出的氧气。负向扫描时从高电位到低电位获得红线，-1.22 V 处的峰 A 表示阴极材料的沉积。当电压继续降低到-1.4 V 时，电极附近出现了大量的氢气泡。这一结果表明，电沉积过程中 Cu-Zn-Sn 的还原反应总是与析氢反应同时进行。

通过图 7.4(b)中的 CV 曲线分析了单一主盐对电极界面的影响。在只含 0.175 mol/L $CuSO_4 \cdot 5H_2O$ 的电镀液中，Cu CV 曲线在阴极峰 A 附近有两个沉淀峰，分别位于-1.29 V 和-1.14 V。在只含 0.075 mol/L $ZnSO_4 \cdot 7H_2O$ 的电镀液中测得的 Zn CV 曲线中，-1.27 V 处的阴极沉积峰很小，甚至没有。在仅含 0.04 mol/L $Na_2SnO_3 \cdot 3H_2O$ 的电镀液中测得的 Sn CV 曲线在-1.27 V 几乎没有阴极沉积峰。与 3 种单一主盐的循环伏安曲线比较表明，以 $CuSO_4 \cdot 5H_2O$ 为主盐的溶液在-1.27 V 时有最大的阴极沉积峰 A 和最大的阳极溶出峰 B 和 C。

通过图 7.4(c)中的 CV 曲线分析了 2 种主盐对电极界面的影响。在含有 0.175 mol/L $CuSO_4 \cdot 5H_2O$ 和 0.075 mol/L $ZnSO_4 \cdot 7H_2O$ 的电镀液中，Cu-Zn CV 曲线在-1.27 V的阴极峰 A 处只有 1 个沉积峰。在含有 0.175 mol/L $CuSO_4 \cdot 5H_2O$ 和 0.04 mol/L $Na_2SnO_3 \cdot 3H_2O$ 2 种主盐的电镀液中，Cu-Sn CV 曲线在阴极峰 A 附近发现两个沉积峰，分别位于-1.29 V 和-1.14 V。这一结果与单一铜盐的 CV 曲线一致。在以 0.075 mol/L $ZnSO_4 \cdot 7H_2O$ 和 0.04 mol/L $Na_2SnO_3 \cdot 3H_2O$ 为主盐的电镀液中，Zn-Sn CV 曲线上，-1.27 V 处的阴极沉积峰很小，甚至没有。与图 7.4(a)—(c)相比，Cu-Zn 曲线的沉积峰 A 尖锐，与 Cu 或 Zn 曲线相差较大，但与 Cu-Zn-Sn 曲线接近。Cu-Zn 曲线的溶出峰 B 和 C 与 Cu 或 Zn 曲线的溶出峰 B 和 C 有较大差异，但与 Cu-Zn-Sn 曲线的溶出峰电位和峰形相近。

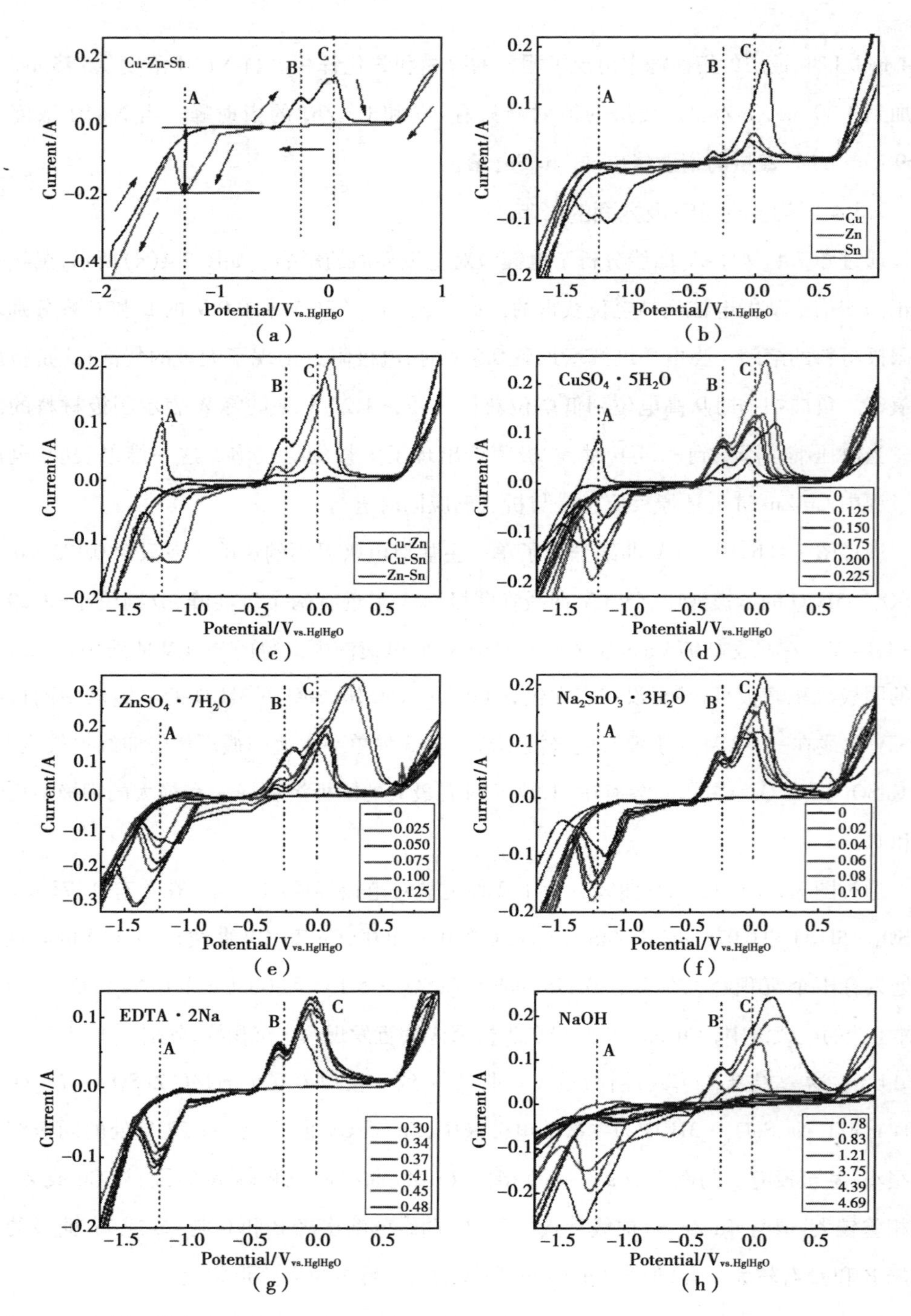

图 7.4 用循环伏安法测定乙二胺四乙酸二钠体系中电镀液对电极界面的影响(彩图见附录)

(a):BR;(b):溶液只有 1 种主盐;(c):溶液有 2 种主盐;(d):BR 和 $CuSO_4 \cdot 5H_2O$($CuSO_4 \cdot 5H_2O$ 分别为 0,0.125,0.150,0.175,0.200,0.225 mol/L);(e):BR 和 $ZnSO_4 \cdot 7H_2O$($ZnSO_4 \cdot 7H_2O$ 分别为 0,0.025,0.050,0.075,0.100,0.125 mol/L);(f):BR 和 $Na_2SnO_3 \cdot 3H_2O$($Na_2SnO_3 \cdot 3H_2O$ 分别为 0,0.02,0.04,0.06,0.08,0.10 mol/L);(g):BR 和 EDTA · 2Na(EDTA · 2Na 分别为 0.30,0.34,0.37,0.41,0.45,0.48 mol/L);(h):BR 和 NaOH(NaOH 分别为 0.78,0.83,0.37,1.21,3.75,4.39,4.69 mol/L)

$CuSO_4 \cdot 5H_2O$ 浓度对 CV 曲线的影响如图 7.4(d)所示。当 $CuSO_4 \cdot 5H_2O$ 的浓度从 0 增加到 0.200 mol/L 时，A、B 和 C 峰的电位几乎不变。溶出峰 A 的峰高先增大后减小，溶出峰 B 和 C 的峰高先缓慢增大后迅速减小。当 $CuSO_4 \cdot 5H_2O$ 的浓度为 0.175 mol/L 时，A 峰达到最大值，表明沉积物质量最大。当 $CuSO_4 \cdot 5H_2O$ 的浓度为 0.225 mol/L 时，A、C 峰的电位值发生了较大的偏移，表明反应发生了变化。

$ZnSO_4 \cdot 7H_2O$ 浓度对 CV 曲线的影响如图 7.4(e)所示。当 $ZnSO_4.7H_2O$ 的浓度从 0.025 mol/L 增加到 0.075 mol/L 时，A、B 和 C 峰的电位几乎不变。但是，A 峰的高度一直在增加。当 $ZnSO_4 \cdot 7H_2O$ 的浓度为 0.100 mol/L 时，A、C 峰的电位值明显偏移，表明反应发生了变化。

$Na_2SnO_3 \cdot 3H_2O$ 浓度对 CV 曲线的影响如图 7.4(f)所示。当 $Na_2SnO_3 \cdot 3H_2O$ 的浓度从 0 增加到 0.10 mol/L 时，A 峰的峰高先增大后迅速降低，而 B 峰的峰高基本不变，C 峰的峰高减小。当 $Na_2SnO_3 \cdot 3H_2O$ 的浓度为 0.02 mol/L 时，A 峰达到最大值，表明沉积物质量最大。而 C 峰的电位偏移了 0.07 V，表明反应发生了变化。当 $Na_2SnO_3 \cdot 3H_2O$ 浓度为 0.04 mol/L 时，C 峰电位恢复到 0 V。

EDTA · 2Na 浓度对 CV 曲线的影响如图 7.4(g)所示。当 EDTA · 2Na 的浓度从 0.30 mol/L增加到 0.48 mol/L 时，峰 A 和 B 的高度几乎保持不变；但是，峰值 C 的峰值下降。当 EDTA · 2Na 浓度达到 0.34 mol/L 时，C 峰高度最高，表明阳极的质量最大。在图 7.4(h)中，NaOH 浓度对 CV 曲线的影响很明显。当 $Na_2SnO_3 \cdot 3H_2O$ 的浓度从 0.78 mol/L 增加到 1.21 mol/L 时，A、B 和 C 峰的电位几乎没有峰，几乎没有反应。当 $Na_2SnO_3 \cdot 3H_2O$ 浓度达到 3.75 mol/L 时，在 A、B、C 峰电位处出现一个明显的峰。当 $Na_2SnO_3 \cdot 3H_2O$ 浓度增加到 4.39 mol/L 或 4.69 mol/L 时，峰 A 和 C 分别向-1.33 V 和 0.17 V 移动，表明反应发生了变化。

7.3.5　电镀液对 UV-Vis 和 FTIR 的影响

比较了加入各组分后镀液的 UV-Vis、FTIR 和 NMR 光谱特性，探讨了各组分的络合反应机理。首先，研究了电镀液中各组分对紫外可见光谱峰的影响。如图 7.5(a)和图 7.5(c)所示，用电镀液 BR 在 225 nm 处观察到一个吸收峰。与 BR 相比，当镀液中只含有单一主盐 Cu、Zn 或 Sn 时，其吸收峰分别由 225 nm 蓝移至 224 nm、223 nm 和 224 nm。加入 2 种主盐后，Cu-Sn 电镀液的吸收峰仍位于 225 nm 处，Cu-Zn 和 Zn-Sn 电镀液的吸收峰蓝移至 224 nm。因此，含有 3 种主盐的电镀液的吸收峰比含有 2 种或单一主盐的电镀液的吸收峰大。

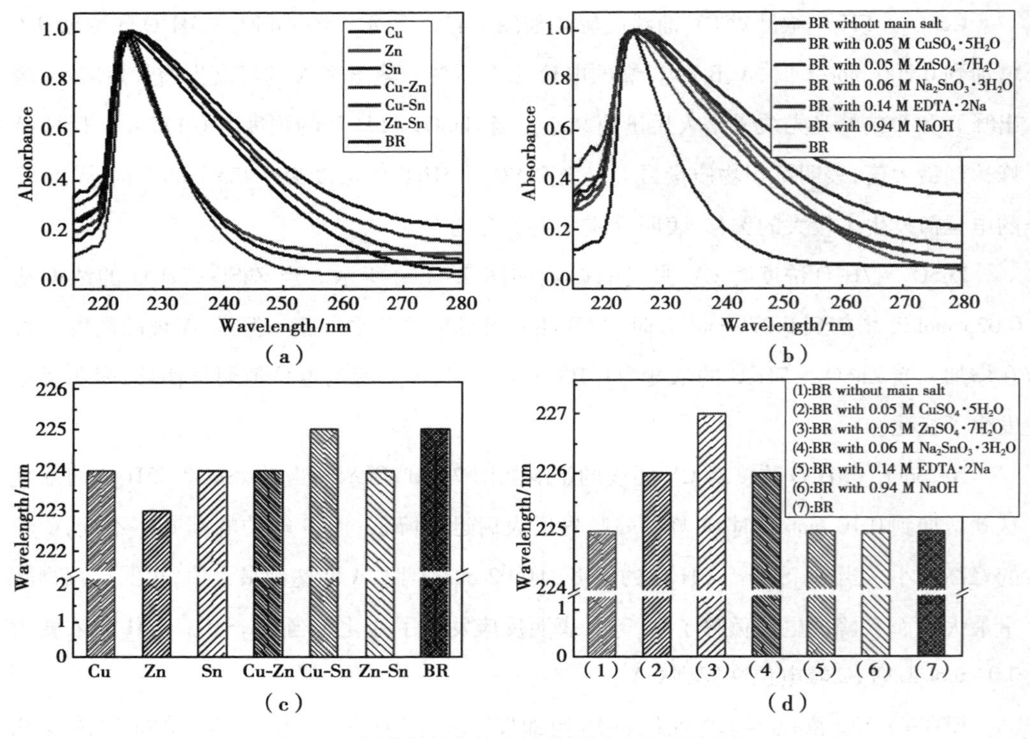

图 7.5　电镀液对紫外光谱的影响(彩图见附录)

(a):含不同主盐的电镀液的 UV-Vis;(b):BR 中各组分最大浓度的 UV-Vis;
(c):(a)中各电镀液的吸收峰的波长汇总;(d):(b)中各电镀液的吸收峰的波长汇总

如图 7.5(b)和 7.5(d)所示,当电镀溶液不含任何主盐时,其吸收峰也位于 225 nm 处。此外,还研究了电镀液中各组分的浓度对吸收峰的影响。$CuSO_4 \cdot 5H_2O$、$Na_2SnO_3 \cdot 3H_2O$、$ZnSO_4 \cdot 7H_2O$、EDTA · 2Na 和 NaOH 的浓度均达到最大。随着 Cu、Zn、Sn 浓度的增加,吸收峰红移。随着 EDTA · 2Na 和 NaOH 浓度的增加,吸收峰几乎没有变化。因此,225 nm 处的吸收峰主要是碱性环境中 EDTA · 2Na 的吸收峰。此外,当浓度发生变化时,它不会发生变化。加入少量不同主盐后,吸收峰蓝移。随着各主盐浓度的增加,吸收峰明显红移。

如图 7.6 所示,1 580 cm^{-1}、1 405 cm^{-1}、1 326 cm^{-1}、1 261 cm^{-1}、1 283 cm^{-1}和 1 110 cm^{-1}处的谱带分别是由—COO—、C ═ O、C—H、C—C、C—N 和 C—O 伸缩振动吸收峰引起的。如图 7.6(a)所示,在 0.175 mol/L $CuSO_4 \cdot 5H_2O$、0.075 mol/L $ZnSO_4 \cdot 7H_2O$ 和 0.04 mol/L $Na_2SnO_3 \cdot 3H_2O$ 中,由于 Cu、Zn 和 Sn 作为溶液的主盐浓度不同,在 1 110 cm^{-1}处的峰强度不同。因此,各金属离子与 EDTA · 2Na 的络合比例不同。在图 7.6(b)中,与 BR 的 IR 和

不含主盐的 BR 的 IR 相比,含有主盐的电镀液在 1 110 cm^{-1}处的吸收峰强度要强得多。这一结果进一步证明了主盐金属离子与 EDTA · 2Na 络合,增加了 EDTA · 2Na 在1 110 cm^{-1}处的吸收峰强度。在 BR 溶液中,$CuSO_4 \cdot 5H_2O$、$Na_2SnO_3 \cdot 3H_2O$、$ZnSO_4 \cdot 7H_2O$ 和EDTA · 2Na 的浓度进一步提高,而镀液的吸收峰几乎没有变化。当 NaOH 浓度增加到 4.69 mol/L 时,1 110 cm^{-1}处的吸收峰强度减弱。碱强度的变化对络合作用有一定的影响。

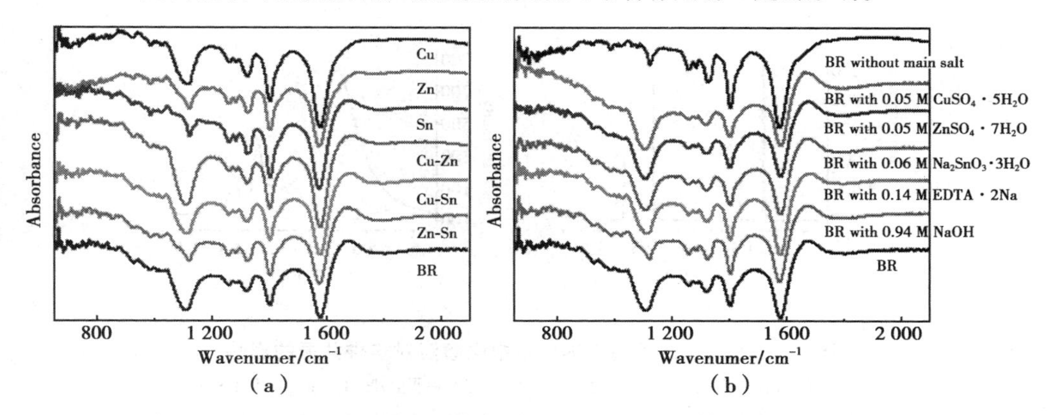

图 7.6　乙二胺四乙酸二钠体系中电镀液对傅里叶变换红外光谱的影响

(a):具有不同主盐的电镀液的 FTIR;(b):BR 中各组分最大浓度的 FTIR

7.3.6　电镀液对核磁共振的影响

为了研究电镀液对 NMR 的影响,用氘代试剂取代去离子水制备了电镀液,并测试了核磁共振的氢谱,如图 7.7 所示。表 7.2 总结了测试吸收峰的化学位移。当电镀液中只含有 EDTA · 2Na 和 NaOH 时,出现 3 个吸收峰。根据文献,化学位移为 4.82 ppm 的 1#峰是氘代试剂的吸收峰。EDTA 有两种化学环境不同的 H 的,其中 2#和 3#吸收峰的化学位移分别为 2.66 ppm 和 2.10 ppm,分别对应于—OOC—CH_2—N—基团中的 H 和—N—CH_2—CH_2—N—基团中的 H。在 EDTA · 2Na 分子中,前者有 8 个 Hs,后者有 4 个 Hs。因此,前者的 Hs 数量是后者的 2 倍。5 个核磁共振图谱中 2#和 3#吸收峰的峰面积比接近 2,实验结果也与理论分析一致。在镀液中加入 $Na_2SnO_3 \cdot 3H_2O$ 或 $ZnSO_4 \cdot 7H_2O$ 后,吸收峰 2#和 3#的化学位移略有增加。加入 $CuSO_4 \cdot 5H_2O$ 后,吸收峰 2#和 3#的化学位移明显增加。当 $CuSO_4 \cdot 5H_2O$、$Na_2SnO_3 \cdot 3H_2O$ 和 $ZnSO_4 \cdot 7H_2O$ 同时加入时,吸收峰 2#和 3#的化学位移也明显增加。但 2#和 3#吸收峰的化学位移比单独加入 $CuSO_4 \cdot 5H_2O$ 时要小。EDTA · 2Na在碱性环境中与金属离子形成螯合物,整体化学位移向左移动。

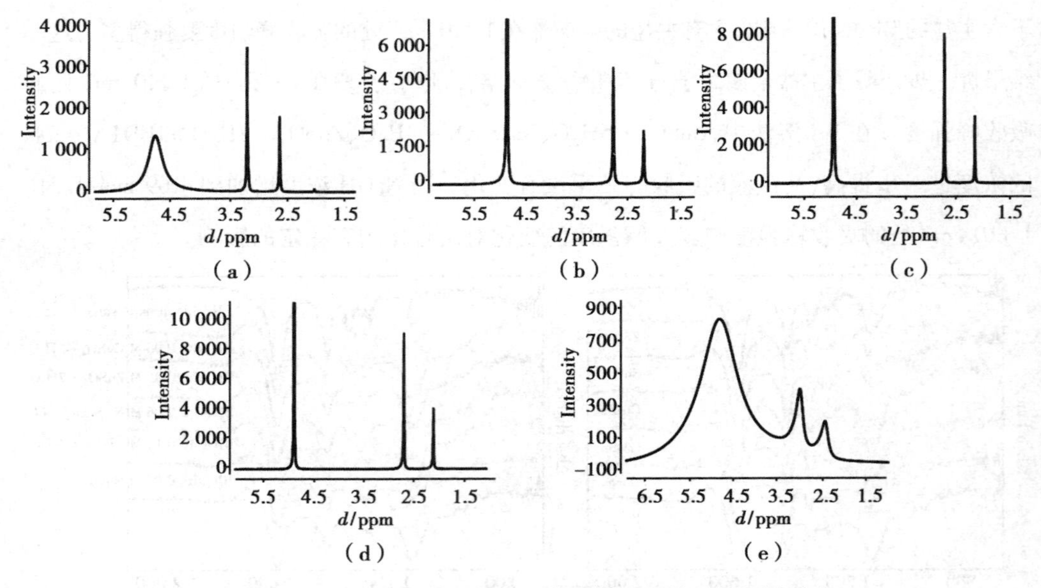

图 7.7　乙二胺四乙酸二钠体系中电镀液对核磁共振的影响

(a):EDTA · 2Na+NaOH;(b):EDTA · 2Na+NaOH+$CuSO_4$ · $5H_2O$;

(c):EDTA · 2Na+NaOH+$ZnSO_4$ · $7H_2O$;(d):EDTA · 2Na+NaOH+Na_2SnO_3 · $3H_2O$;

(e):EDTA · 2Na+NaOH+$CuSO_4$ · $5H_2O$+$ZnSO_4$ · $7H_2O$+Na_2SnO_3 · $3H_2O$

表 7.2　乙二胺四乙酸二钠体系中电镀液对核磁共振的影响

样品组成	化学位移/ppm		
	峰 1#	峰 2#	峰 3#
EDTA · 2Na+NaOH	4.82	2.66	2.10
EDTA · 2Na+NaOH+$CuSO_4$ · $5H_2O$	4.76	3.13	2.60
EDTA · 2Na+NaOH+$ZnSO_4$ · $7H_2O$	4.82	2.77	2.16
EDTA · 2Na+NaOH+Na_2SnO_3 · $3H_2O$	4.82	2.72	2.10
EDTA · 2Na+NaOH+$CuSO_4$ · $5H_2O$+$ZnSO_4$ · $7H_2O$+Na_2SnO_3 · $3H_2O$	4.85	3.04	2.48

7.3.7　电镀的反应机理

EDTA · 2Na(Na_2H_2Y · $2H_2O$)是一种以氨基二乙酸为基团的有机络合剂。6 个原子可以与金属离子形成配位键(2 个氨基氮原子和 4 个羧基氧原子;氮和氧原子有一对孤电子对,可以与金属离子形成配位键)。EDTA · 2Na(Na_2H_2Y · $2H_2O$)能与中心离子形成五元环螯合物,是一种高度螯合剂。该络合剂具有较强的络合能力,可与 Cu^{2+} 或 Zn^{2+} 以 1∶1 的比例定量络合形成螯合物。此外,锡(Ⅳ)离子与络合剂以 2∶1的比例络合。该反应可表示为:

$$Na_2H_2Y \cdot 2H_2O \longrightarrow Na_2H_2Y + 2H_2O \tag{7.1}$$

$$Na_2H_2Y + Cu^{2+} \longrightarrow Na_2CuY + 2H^+ \tag{7.2}$$

$$Na_2H_2Y + Zn^{2+} \longrightarrow Na_2ZnY + 2H^+ \tag{7.3}$$

$$2Na_2H_2Y + Sn(\text{IV}) \longrightarrow Na_4SnY_2 + 4H^+ \tag{7.4}$$

络合物的稳定度与离子半径的大小和金属离子的价态有关。金属离子价态越高,离子半径越小,络合物越稳定。同时,随着 NaOH 浓度的增加,羟基络合物变得越来越稳定。OH^-是很难从 Na_2CuY 络合物中将 Cu^{2+}沉淀出来的,因此溶液不沉淀。NaOH 溶液的用量不宜过大或过快,否则会出现黄色沉淀。将发生如下反应:$Cu^{2+}+2OH^- \longrightarrow Cu(OH)_2$。虽然混浊的电镀液经过静置过滤后可以使用,但降低了镀液中 Cu^{2+}的浓度,从而降低了镀覆能力,这与以往的电镀结果是一致的。此外,如果 NaOH 首先与铜和锌盐溶液混合,则铜和锌离子最初与氢氧化物离子反应形成沉淀,从而使溶液浑浊。这一结果也反映了溶液配制过程中顺序的重要性。

7.4　本章小结

本章研究了以 0.175 mol/L $CuSO_4 \cdot 5H_2O$、0.075 mol/L $ZnSO_4 \cdot 7H_2O$ 和 0.04 mol/L $Na_2SnO_3 \cdot 3H_2O$ 为主盐,以 0.343 3 mol/L EDTA · 2Na 为络合剂,3.75 mol/L NaOH 为缓冲剂的 Cu-Zn-Sn 合金电镀层。通过照片分析、扫描电镜(SEM)、能谱分析(EDS)和 X 射线衍射(XRD)分析了不同镀液对镀层的光泽、微观形貌、组成和物相结构的影响。通过电化学分析、紫外光谱、红外光谱和核磁共振对不同电镀液进行了分析比较。用该电镀液获得的镀层为玫瑰金色的 Cu-Zn-Sn 合金,合金组成为 98.81%Cu、0.77%Zn、0.42%Sn。该层由规则的 50~100 nm 颗粒组成。三元合金镀层由 Cu、Cu_5Zn_8 和 $Cu_{10}Sn_3$ 组成。同时,通过对电镀液的电化学分析,阴极物质仅在-1.22 V 处有一个沉积峰。UV、IR 和 NMR 分析表明,在碱性条件下,络合剂与 Cu^{2+}或 Zn^{2+}以 1∶1的比例定量络合。此外,锡(Ⅳ)离子与络合剂以 2∶1的比例络合。因此,可以在相同的电压下将螯合物一起还原沉积出 Cu、Zn、Sn 金属及其合金。络合剂和缓冲剂的用量对镀液的影响很大,因此对镀层的影响也很大。这些结果为电沉积 Cu-Zn-Sn 合金提供了一种新的工艺和理论依据。

第 8 章　柠檬酸体系电镀仿金 Cu-Zn-Sn 合金的工艺与理论

8.1　引言

仿金电镀是工业上最广泛的电镀铜锡(Cu-Sn)合金的方法,其氰化物电镀体系最早被工业化。电镀液稳定且易于维护。但是,有毒的氰化物会污染环境并危害操作人员。随着人们环保意识的逐渐增强,电镀 Cu-Sn 合金已逐渐进入无氰时代。近年来,行业中的无氰电镀体系主要包括磷酸盐、葡萄糖酸盐、山梨醇和柠檬酸盐体系。每个体系各有特征。在焦磷酸盐溶液体系中,Meng 等人通过 DC、PC 和 PRC 的电沉积方法从焦磷酸盐基电解质中沉积 Cu-Sn 合金镀层。频率和占空比显著影响电沉积过程中的氢渗透行为,电沉积过程中的平均沉积电流密度越高,氢的渗透程度越高。在葡萄糖酸盐溶液体系中,Survila 等人解释了络合剂与金属离子的反应机理并分析了机理,并通过电镀液的电化学测试来确定阴极反应过程的动力学。Barbano 等人研究了在酸性条件下 EDTA 体系实现 Cu-Sn 共沉积的工艺条件。电化学分析和其他方法被用来比较不同卤素对金属离子还原的影响,获得了具有不同金属含量的 Cu-Sn 沉积物。Almeida 等研究了山梨醇体系的电镀合金,发现镀层的颜色受主盐比例和络合剂含量的影响。Volov 等研究了在酸性硫酸铜和硫酸锡电解质中电沉积 Cu-Sn 合金薄膜的方法,发现 Cu-Sn 镀层中 Sn 的含量是所施加电流密度,转速和 Sn 离子浓度的函数。柠檬酸体系是最环保的镀液,其成本低。柠檬酸体系中的电镀液简单,稳定且易于维护。该药无毒,过程简单。因此,在仿金电镀中,柠檬酸体系具有广阔的应用前景。Heidari 等发现在不同的 pH 值下铜和锡离子与柠檬酸形成络合物,并通过使用硼酸和十六烷基三甲基溴化铵作为添加剂实现 Cu-Sn 合金的共沉积。Gougaud 等比较了柠檬酸钠和酒石酸作为络合剂在弱酸性体系中电镀低锡 Cu-Zn-Sn 合金的方法。Meudre 等发现在酸性的 Cu-Sn 电解质中,明胶的存在会影响 Cu-Sn 沉积物的晶体大小和形态。在明胶存在下,在裸露的 Pt 上具有更佳形态的 Cu 和 Sn 沉积电位更近,从而促进了 Cu 和 Sn 的共沉积,特别是树枝状晶体的生长少得多。

迄今为止,尽管已经报道了许多不同的无氰化物电镀体系及其改进措施,但仅说明了效果。作用机理尚未阐明,这限制了仿金电镀研究的进一步发展。在本章中,柠檬酸体系用于研究在 Cu-Sn 合金的无氰电镀过程中不同电镀液对镀层性能和机理的影响。通过循环伏安法(CV)研究电极反应。用 XRD、EDS 和 SEM 对合金层的结构和表面形貌进行了表征。电镀液的特性通过紫外可见光谱和红外光谱分析。最后,对电镀液中每种物质的作用机理进行了分析。结果不仅为在柠檬酸体系中电镀 Cu-Sn 合金提供了指导,也为其他电镀合金体系提供了参考。

8.2　实验部分

8.2.1　电镀液配制

物质在电镀液中的溶解顺序很重要。将总计 17.5 g 的 $C_6H_8O_7 \cdot H_2O$(≥99.5%,天津致远化学试剂有限公司)溶解在 60 mL 去离子水中,搅拌溶解后,溶液无色。将 $C_6H_8O_7 \cdot H_2O$(17.5 g)溶解在 60 mL 去离子水中,充分搅拌后,观察到溶液为无色。向其中加入 $CuSO_4 \cdot 5H_2O$(0.15 mol,≥99.0%,天津致远化学试剂有限公司)并搅拌直至其完全溶解,溶液呈浅蓝色。另外,向溶液中加入 10 g NaOH(≥96.0%,天津市北辰方正试剂厂),并且随着 NaOH 添加量的增加,蓝色逐渐加深。完全溶解并冷却后,加入 0.3 mL H_3PO_4(≥85%,天津市北辰方正试剂厂),并将混合物充分搅拌以形成蓝色溶液 A。然后,将 0.08 mol 的 $Na_2SnO_3 \cdot 3H_2O$(≥98%,天津光复精细化工研究院)加入 15 mL 去离子水中直至其完全溶解。加入 H_2O_2(0.06 mL,≥30%,天津市北辰方正试剂厂),形成无色溶液 B。将溶液 B 缓慢添加到溶液 A 中,直到混合溶液变为透明的蓝色。将溶液添加至接近 100 mL,并用固体 NaOH 将溶液的 pH 调节至 9.5。最后,将体积增加至 100 mL,以形成深蓝色电镀溶液 BR。电镀液 BR 主要成分:0.15 mol/L $CuSO_4 \cdot 5H_2O$、0.08 mol/L $Na_2SnO_3 \cdot 3H_2O$、0.83 mol/L $C_6H_8O_7 \cdot H_2O$、3.0 mL/L H_3PO_4、0.6 mL/L H_2O_2和 2.5 mol/L NaOH。$Na_2SnO_3 \cdot 3H_2O$几乎不溶于水,但易溶于碱性溶液,因此,溶解时应添加到碱性溶液中。溶液 BR 非常稳定,放置半个月后没有沉淀。然而,长时间后,在溶液的底部形成了一些沉淀物,并且通过电镀获得的层显示出黑色。使用水净化系统(美国 PALL Cascada II I 30)净化水。所有试剂均为分析纯。

8.2.2　电化学测试

电化学测试是使用 PARSTAT PMC1000 电化学工作站进行的。采用三电极体系,Hg | HgO电极作为参比电极,由 304 不锈钢制成工作电极(WE)(Φ = 10 mm,面积 = 78.5 mm^2)和对电极(CE)(Φ=10 mm,面积=78.5 mm^2),由 $Cu_{0.999}$制成。WE 和 CE 的材料通常

用于电镀实验中。所有电极都经过精细抛光和清洗。为了防止测试期间电极面积的波动,除了电极的有效面积外,其余部分均用绝缘聚合物密封。循环伏安法的扫描速度为 50 mV/s。

8.2.3 电镀实验

电解体系由电镀液,阴极板和阳极板组成。电镀液的有效体积为 100 mL。阴极由尺寸为 30 mm×70 mm×1.0 mm 的 304 不锈钢板制成,其单侧有效面积为 12.0 cm^2。阳极由尺寸为 30 mm×70 mm×1.0 mm 的 $Cu_{0.999}$ 制成,其单面有效面积为 12.0 cm^2。在电沉积过程中,温度保持在 20~30 ℃;阴极电流密度和电解时间分别为 0.4 A/dm^2 和 5 min。智能恒流直流电源(WJY-30 V/10 A)被用作电解电源。

8.2.4 表征

使用日立 SU8010 场发射环境 SEM-EDS 进行表面调查和特征检测。在 20 kV 加速电压下收集图像和光谱。镀层的相分析是通过 Bruker D2 Phaser X 射线衍射仪(XRD)(日本 Rigaku)进行的。在 TU-1901 紫外可见分光光度计(中国北京普析)上记录了紫外可见(UV-Vis)光谱。使用 Magna 550 Ⅱ 红外光谱仪(美国 Nicolet)记录傅里叶变换红外光谱(FTIR)。用 Avance Ⅲ 400M(德国 Bruker)记录核磁共振(NMR)。用光学照相机(Canon A590 IS)记录镀层的宏观形态。

8.3 结果与讨论

8.3.1 对不同成分及含量的镀液进行电化学分析

对各成分不同浓度的电镀液进行电化学分析测试,结果如图 8.1 所示。图 8.1(a)中黑线为从低电位扫描至高电位,其中峰 B(0.6 $V_{vs.Hg|HgO}$)为阳极溶解峰。红线为高电位扫描至低电位,其中峰 A(−1.3 $V_{vs.Hg|HgO}$)为阴极沉积峰,代表铜锡合金的共沉积。

图 8.1(b)是研究 $Na_2SnO_3 \cdot 3H_2O$ 浓度对电化学的影响。随着 $Na_2SnO_3 \cdot 3H_2O$ 浓度不断增大,阴极沉积峰 A 的电位基本不变,仅有峰值高低变化。$Na_2SnO_3 \cdot 3H_2O$ 的浓度为 0.08 mol/L 时,沉积峰 B 峰值达到最大,说明此时阴极沉积物质的量达到最大。而在此过程中溶解峰 B 电位发生变化,且峰值有所变动。说明 $Na_2SnO_3 \cdot 3H_2O$ 的浓度对阳极物质的溶解产生影响。

图 8.1(c)是研究 $CuSO_4 \cdot 5H_2O$ 浓度对电化学的影响。随着 $CuSO_4 \cdot 5H_2O$ 浓度增大,在−1.3 $V_{vs.Hg|HgO}$ 处的阴极沉积峰 A 的高度逐渐增大。说明硫酸铜浓度增大,阴极沉积物质的量增多。而溶解峰 B 随着硫酸铜浓度增大电位逐渐变小,峰值逐渐增高,说明硫酸铜浓度越大,阳极物质溶解速率越大。

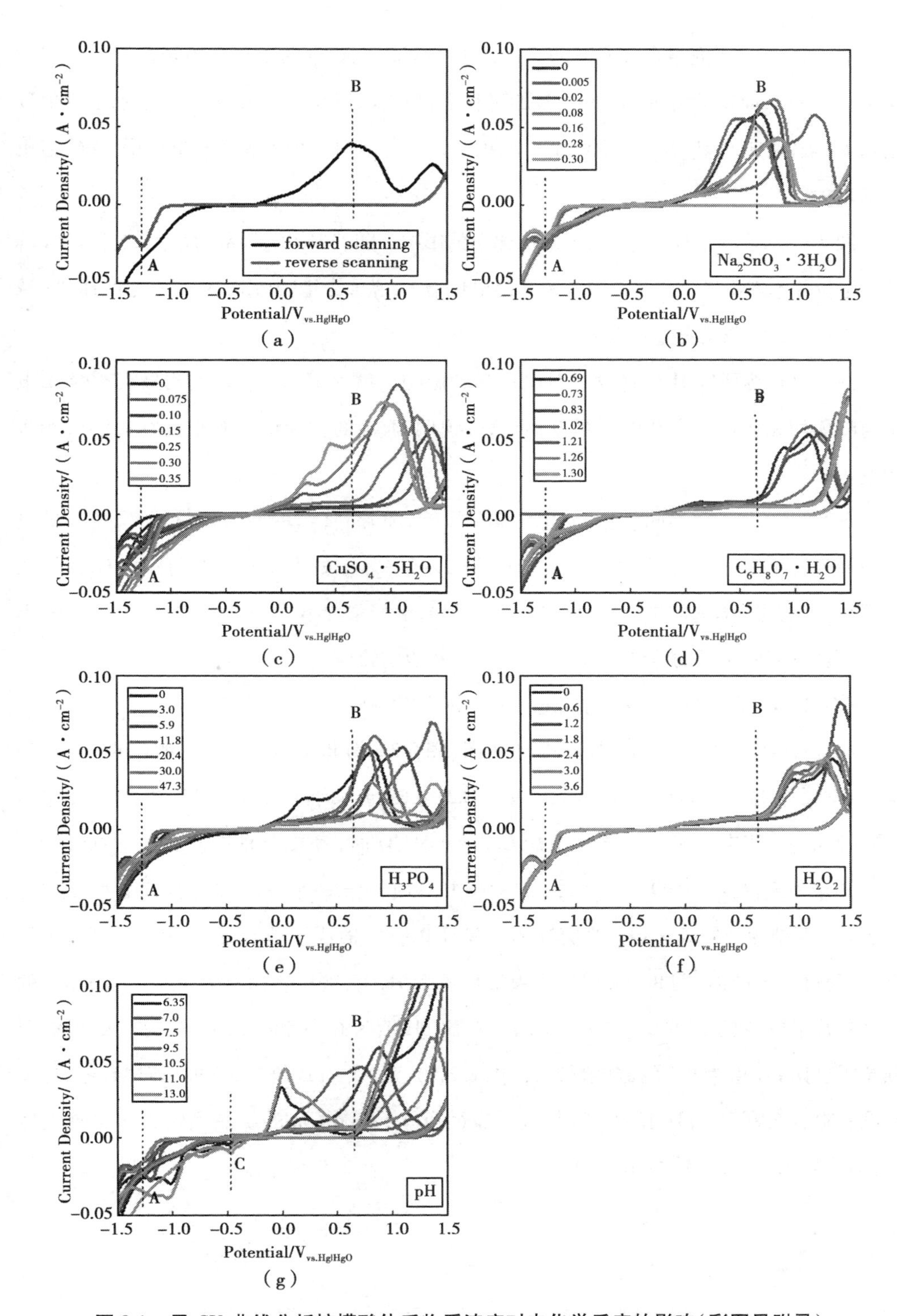

图 8.1　用 CV 曲线分析柠檬酸体系物质浓度对电化学反应的影响(彩图见附录)

(a):BR; (b):$Na_2SnO_3 \cdot 3H_2O$;(c):$CuSO_4 \cdot 5H_2O$;(d):$C_6H_8O_7 \cdot H_2O$;(e):H_3PO_4; (f):H_2O_2;(g):pH

图 8.1(d)是研究络合剂 $C_6H_8O_7 \cdot H_2O$ 的含量对电化学的影响。随着 $C_6H_8O_7 \cdot H_2O$ 含量从 0.69 mol/L 增大到 1.30 mol/L 的过程中,阴极沉积峰 A 的电位不发生变化,峰值逐渐增大。这说明 $C_6H_8O_7 \cdot H_2O$ 浓度对沉积反应没有影响。而溶解峰 B 电位增大,峰值也逐渐增大。

图 8.1(e)是研究 H_3PO_4 的含量对电化学的影响。随着 H_3PO_4 含量的增大,沉积峰 A 峰值与电位基本都不发生变化。溶解峰 B 的电位增大,峰值先增大后减小 。这说明 H_3PO_4 浓度并不对阴极沉积反应造成影响。

图 8.1(f)为研究 H_2O_2 的含量对电化学的影响。增大 H_2O_2 的含量,阴极沉积峰 A 电位与峰值均无变化。峰 B 的峰形发生变化,说明 H_2O_2 的含量增大对阳极物质溶解产生影响。

图 8.1(g)是研究不同 pH 值对电化学的影响,随着 pH 值的增大,阴极沉积峰 A 的电位与峰值发生变化。当 pH 值达到 13 时,在−1.3 $V_{vs.\ Hg|HgO}$ 处出现了新的阴极峰 C,这说明 pH 影响了电化学反应。在 pH 值不断增大时,溶解峰 B 电位先增大后减小。这说明 pH 不仅会影响阳极物质的溶解,对阴极物质的沉积也有影响。

8.3.2 不同成分及含量对镀层微观形貌的影响

通过对电镀片拍摄不同倍数下的 SEM 图(图 8.2),分析得出各组分对镀片的影响。当电镀液不含主盐 $Na_2SnO_3 \cdot 3H_2O$ 时,镀层由 0.2~0.5 μm 大小不等的颗粒组成,表面不平整[图 8.2(a)]。当电镀液中不含有主盐 $CuSO_4 \cdot 5H_2O$ 时,镀层表面几乎没有物质[图 8.2(b)]。当镀液仅含有 0.69 mol/L 的 $C_6H_8O_7 \cdot H_2O$ 时,镀层较平整,结晶较为致密,但是局部镀层有空洞结构[图 8.2(c)]。当镀液不含有 H_3PO_4 时,镀层结晶不平整,表层局部有少量颗粒,且有孔洞结构[图 8.2(d)]。当镀液中不含 H_2O_2,镀层表面有大量 0.5~0.8 μm 的结晶颗粒组成,镀层不平整[图 8.2(e)]。对比 pH 值为 6.35 和 9.5,pH 值为 6.35 的镀层颗粒明显比 pH 值为 9.5 的镀层颗粒大[图 8.2(f)、(g)]。pH 值为 9.5 时,镀层致密,且表面没有附着大颗粒。pH 值为 13 时,镀层表面由 0.2~0.4 μm 的结晶颗粒大多呈现类球型,结晶颗粒多且粗糙[图 8.2(h)]。

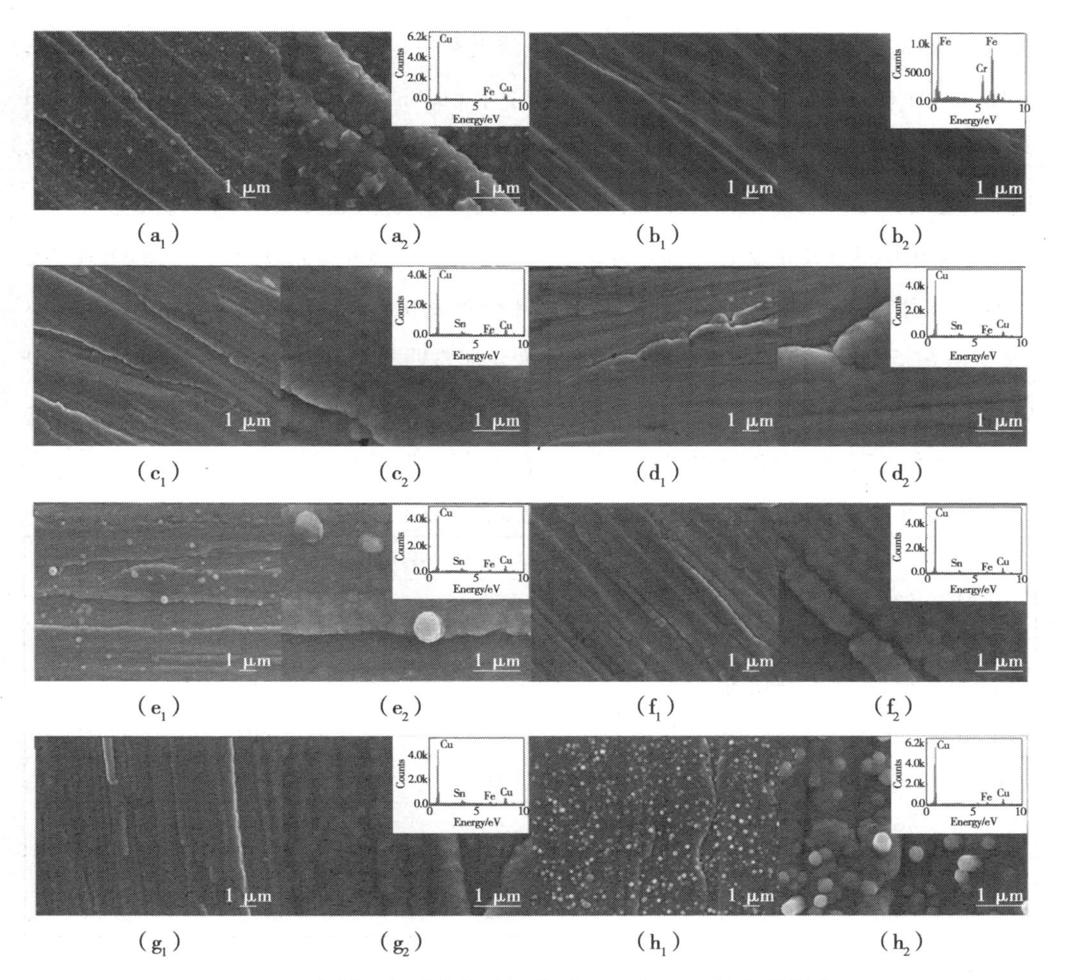

图 8.2　柠檬酸体系电镀液组分对 SEM 和 EDS 结果的影响

(a_1)—(a_2):[$Na_2SnO_3 \cdot 3H_2O$] = 0 mol/L;(b_1)—(b_2):[$CuSO_4 \cdot 5H_2O$] = 0 mol/L;
(c_1)—(c_2):[$C_6H_8O_7 \cdot H_2O$] = 0.69 mol/L;(d_1)—(d_2):[H_3PO_4] = 0 mol/L;
(e_1)—(e_2):[H_2O_2] = 0 mol/L;(f_1)—(f_2):pH=6.35;(g_1)—(g_2):pH=9.5(BR);
(h_1)—(h_2):pH=13.0

8.3.3　不同成分及含量对镀层合金含量的影响

EDS 测试可以分析出电镀液组分对镀层合金组成的影响。由表 8.1 可知,镀层主要由 Cu、Sn、Fe、C、O、Si、Cr 、Ni、Mn 组成,其中 Fe、C、O、Si、Cr、Ni、Mn 主要来自基底的成分。为了研究镀层中 Cu 和 Sn 的比例,汇总了 Cu/(Cu+Sn)、Sn/(Cu+Sn)(%)的数值。当电镀液不含 $Na_2SnO_3 \cdot 3H_2O$ 时,除去基底,镀层主要由 100.0% Cu/(Cu+Sn)组成。这与图 8.4 的紫红色镀层照片结果一致。当电镀液中不含有 $CuSO_4 \cdot 5H_2O$ 时,镀层几乎没有检测到任何 Cu 或 Sn 的沉积,因此镀层呈现不锈钢基底的底色。镀液中仅含 0.69 mol/L $C_6H_8O_7 \cdot H_2O$、不含 H_3PO_4或不含 H_2O_2时,镀层中 Cu/Sn 比近似为 87/13。因表 8.1 中 c,d 和 e 的电镀液均含有 0.15 mol/L $CuSO_4 \cdot 5H_2O$ 和 0.08 mol/L $Na_2SnO_3 \cdot 3H_2O$ 的成分,故其镀层合金均含有 Cu 和 Sn,且其合金中 Cu/Sn 比例几乎一样,这与图 8.4 中 $C_6H_8O_7 \cdot H_2O$、H_3PO_4和 H_2O_2这 3 组的金色镀层照片结果一致。结合图 8.4 得到,$C_6H_8O_7 \cdot H_2O$、H_3PO_4与 H_2O_2的用量对镀层组分影响不大,所以镀层颜色变化不大。而在表 8.2 中 f,g 和 h 中 pH 值从 6.35 变化到 13 时,镀层中 Cu/Sn 比变化非常明显。其中 pH 值为 9.5 时,镀层中 Cu 和 Sn 的含量分别为 86.28% 和 13.72%,此条件下 Sn 的含量达到最高,镀层应呈现金黄色。这和前面的金黄色镀层照片(图 8.4)颜色结论一致。

表 8.1　用 EDS 分析柠檬酸体系中电镀液组成对镀层成分的影响(质量分数/%)

样品	Cu	Sn	其他(Fe+C+O+Si+Cr+Ni+Mn)	Cu/(Cu+Sn)	Sn/(Cu+Sn)
a	83.67	0	16.33	100	0
b	0	0	100	0	0
c	72.03	10.78	17.2	86.98	13.02
d	73.2	11.01	15.8	86.93	13.07
e	76.25	11.87	11.89	86.53	13.47
f	76.39	10.65	12.95	87.76	12.24
g	77.05	12.25	10.71	86.28	13.72
h	78.67	2.58	18.74	96.82	3.18

注:上述 a~h 条件和图 8.2 的一致。

8.3.4　不同成分及含量对镀层物相组成的影响

图 8.3 为电镀液中各物质用量不同得到的 X 射线衍射图。与标准多晶衍射数据库(JCPDS)进行比较,表明存在 Cu(JCPDS 04-0836)、[Cu,Sn](JCPDS 44-1477)、Cu_6Sn_5(JCPDS 45-1488)、$Cu_{10}Sn_3$(JCPDS 26-0564)、Cu_4O_3(JCPDS 49-1380)等晶体结构 。

图 8.3(a)中 $Na_2SnO_3 \cdot 3H_2O$ 的浓度为 0 时,镀层中仅仅含有 Cu 的吸收峰。随着其浓度增加,镀层中含有 Cu、[Cu,Sn]、Cu_6Sn_5、$Cu_{10}Sn_3$所有类型的晶形。镀层主要为 Cu 晶相,其衍射峰的 2θ 位置主要为 43.297° (111)、50.433° (200)、74.130° (220)和 89.937° (311),其次含有[Cu,Sn],其衍射峰的 2θ 位置为 43.472°、50.077° (002)、73.195° (022)和 94.378°。Cu_6Sn_5晶相衍射峰的 2θ 位置为 42.972° (132)、44.782° (024)、48.243° (133)和

74.381° (-733)。$Cu_{10}Sn_3$的其衍射峰的 2θ 位置为 42.738° (300)、44.209° (212)、49.902° (220)、64.526° (115)、74.539° (323)、81.253° (421)。随着 $Na_2SnO_3 \cdot 3H_2O$ 浓度增加,衍射峰的位置不发生改变,但强度发生变化。所以,随着 $Na_2SnO_3 \cdot 3H_2O$ 浓度增加,镀层中各物质的含量有所变化。图 8.3(b)中 $CuSO_4 \cdot 5H_2O$ 的浓度为 0 时,表面几乎没有镀层。只有基底不锈钢的衍射峰,主要由 Fe 组成,其衍射峰明显很弱。在浓度为 0.075~0.35 mol/L,镀层中含有 Cu_3Sn、Cu、[Cu,Sn]、$Cu_{10}Sn_3$等衍射峰,且衍射峰的强度发生了变化,但衍射峰的位置没有变化。所以,随着 $CuSO_4 \cdot 5H_2O$ 浓度增加,镀层中各物质的含量有所变化。因此,图 8.3(a)和图 8.3(b)的结果也说明了前面电镀照片颜色会变化的原因。

在图 8.3(c)—(e)中分别是电镀液中 $C_6H_8O_7 \cdot H_2O$、H_3PO_4和 H_2O_2的浓度变化对镀层的影响。随着其含量的变化,衍射峰的峰形、位置基本不变,说明合金的组成成分变化不大。图 8.3(c)—(e)中均含有 Cu、[Cu,Sn]、Cu_6Sn_5相。但是随着 H_3PO_4含量的增加,镀层中增加了 $Cu_{10}Sn_3$的衍射峰,且衍射峰越来越明显,说明此时合金的组成成分发生了变化。

而在图 8.3(f)中,随着电镀液 pH 值的变化,衍射峰的峰形明显发生了变化,当 pH 值由 6.35 增大至 7.5 时,镀层中明显增加了 Cu、[Cu,Sn]、Cu_6Sn_5的衍射峰。而当电镀液的 pH 增大到 13 时,镀层中增加了 Cu_4O_3的衍射峰,衍射峰的 2θ 位置为 36.342° (004)、43.960° (220)和 75.513° (422)。说明合金的组成成分发生了变化。这与镀层发黑的照片图 8.4 结果是一致的。

8.3.5　不同成分及含量对镀层表面色泽的影响

为了分析电镀液中各组分及其浓度对镀片外观的影响,采用不同电镀液恒压电镀 5 min 后,用光学相机拍照记录刚出槽烘干后镀片的宏观外貌,如图 8.4 所示。电镀液中主盐 $Na_2SnO_3 \cdot 3H_2O$ 的用量为从 0.0 增加到 0.005 mol/L 时,镀层整体平整,色泽由紫红色变为玫瑰金色。当电镀液中 $Na_2SnO_3 \cdot 3H_2O$ 的用量为 0.02~0.28 mol/L 时,镀层依然呈现金黄色。继续增加 $Na_2SnO_3 \cdot 3H_2O$ 的用量到 0.30 mol/L 时,镀层发黑,有烧焦现象,镀层光亮度差。

主盐 $CuSO_4 \cdot 5H_2O$ 的用量为 0 时,不锈钢基底表面几乎没有镀层。增加其浓度到 0.075 mol/L时,镀层明显发黑,且此时表面镀层粗糙不均匀。当 $CuSO_4 \cdot 5H_2O$ 为 0.10~0.25 mol/L时,镀层呈现金黄色。继续增加 $CuSO_4 \cdot 5H_2O$ 的用量至 0.35 mol/L 时,镀层局部呈现紫红色,镀层色泽不均匀,且光亮度差。

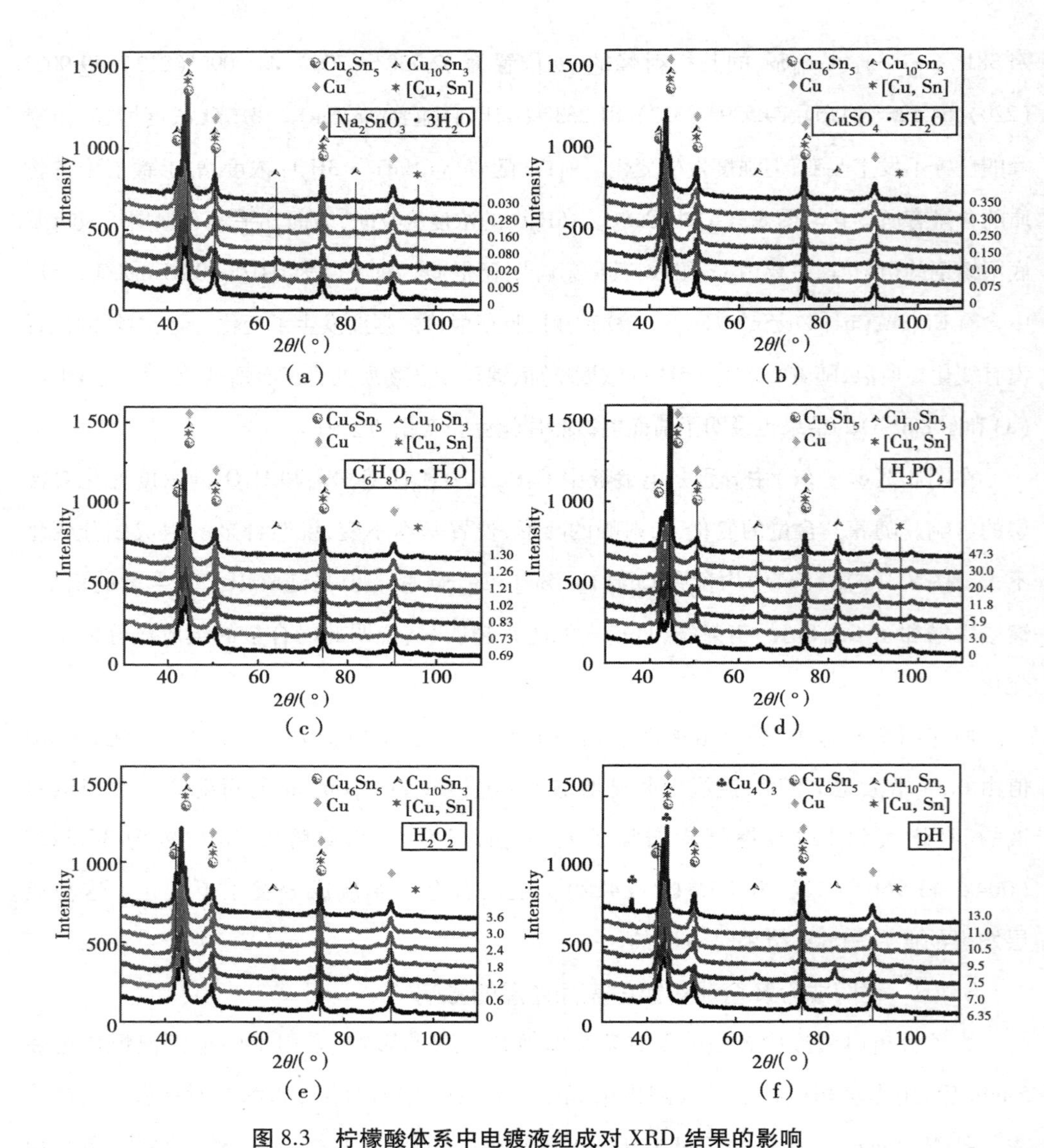

图 8.3　柠檬酸体系中电镀液组成对 XRD 结果的影响

(a):$Na_2SnO_3 \cdot 3H_2O$;(b):$CuSO_4 \cdot 5H_2O$;(c):$C_6H_8O_7 \cdot H_2O$;(d):H_3PO_4;(e):H_2O_2;(f):pH

注:未提及的物质浓度与电镀液 BR 中的一致。

络合剂 $C_6H_8O_7 \cdot H_2O$ 的用量为 0.69 mol/L 时,电镀液会有微量的黑色沉淀。但是镀层色泽均匀,呈现金黄色。浓度增大到 0.73 mol/L 时,镀液中的沉淀明显消失。$C_6H_8O_7 \cdot H_2O$ 为 0.73~1.26 mol/L 时,镀层呈现金黄色。$C_6H_8O_7 \cdot H_2O$ 增加到 1.30 mol/L 时,镀层整体平整,呈现金黄色,但色泽发暗。

H_3PO_4的含量为 0 时,镀层颜色为金黄色,但镀层不均匀。H_3PO_4含量为 3.0~30.0 mL/L 时,镀层均匀、光亮,呈现为金黄色。当 H_3PO_4为 47.3 mL/L 时,镀片表面的结晶不均匀,镀层表面凹凸不平。

H_2O_2的含量为 0 时，镀层颜色为金黄色，但是边缘会有发黑或烧焦的现象；加入 H_2O_2 为 0.6～3.6 mL/L 时的不断增加镀片颜色变化不大且镀层表面均匀平整。

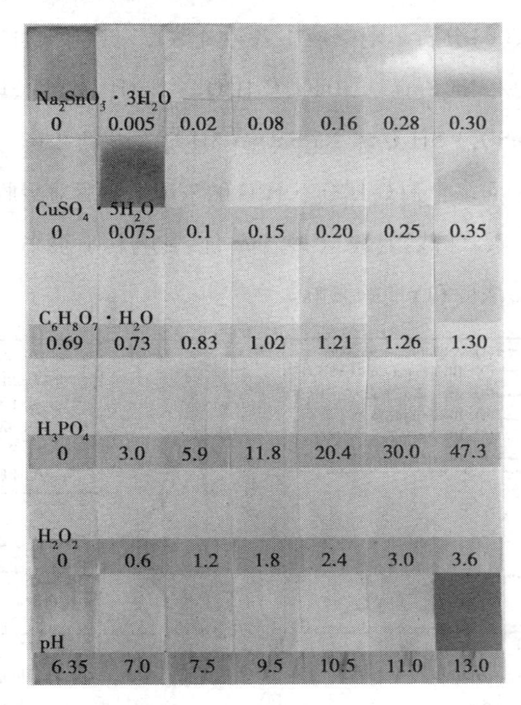

图 8.4　柠檬酸体系中电镀液中物质浓度对镀层色泽的影响(彩图见附录)

注：不锈钢板的宽度为 30.0 mm。未专门提及的镀液与电解液 BR 相同。

电镀液中加入微量氢氧化钠便于锡酸钠溶解，此时电镀液的 pH 值为 6.35。镀层颜色不均匀，部分偏紫红色，部分偏金黄色，且镀片边缘有烧焦现象。电镀液的 pH 值为 7.0 时，镀层较平整，但颜色不均匀；当 pH 值在 7.5～10.5 时，镀层平整且细致，光亮度好，颜色为金黄色；pH 值为 11，是镀层颜色偏玫瑰金色。当 pH 值大于 13 时，镀层发黑，表面有烧焦现象。

8.3.6　对不同成分及含量的电镀液进行紫外和红外光谱分析

为了考察实验中各组分的络合反应机理，对不同组分的电镀液进行红外和紫外分析。首先研究镀液中各组分对紫外吸收峰的影响。由图 8.5(a)、(c) 中可以看出，电镀液不含任何主盐时在 194 nm 处有吸收峰。电镀液中不含 $CuSO_4 \cdot 5H_2O$ 时，吸收峰在199 nm 处。电镀液不含 $Na_2SnO_3 \cdot 3H_2O$ 时吸收峰在 192 nm 处。电镀液 BR 中 2 种主盐都含有时在 196 nm 处有吸收峰。所以电镀液中单独含有 $Na_2SnO_3 \cdot 3H_2O$、$CuSO_4 \cdot 5H_2O$ 分别对紫外吸收峰有红移、蓝移的作用。此外,对比电镀液在 pH 值为 6.35、9.5、13.0 对吸收峰的影响。研究发现,随着 pH 值的增大,吸收峰发生红移,pH 值达到 13 时,红移非常明显。

其次由图 8.5(b)、(d)分析了电镀液中各组分浓度对吸收峰的影响。分别在 BR 的基础上将 $CuSO_4 \cdot 5H_2O$、$Na_2SnO_3 \cdot 3H_2O$、$C_6H_8O_7 \cdot H_2O$、H_3PO_4、H_2O_2的浓度添加到最大。分析发现,增大 $CuSO_4 \cdot 5H_2O$ 和 $Na_2SnO_3 \cdot 3H_2O$ 主盐的浓度,其混合后的共同效果都是会让吸收峰蓝移。而络合剂 $C_6H_8O_7 \cdot H_2O$ 的浓度增大后对吸收峰没有影响。H_3PO_4 和 H_2O_2的浓度增加后,吸收峰均蓝移至 195 nm 处,影响几乎很小。综上所述,分析认为紫外吸收峰主要受主盐浓度和 pH 的影响。

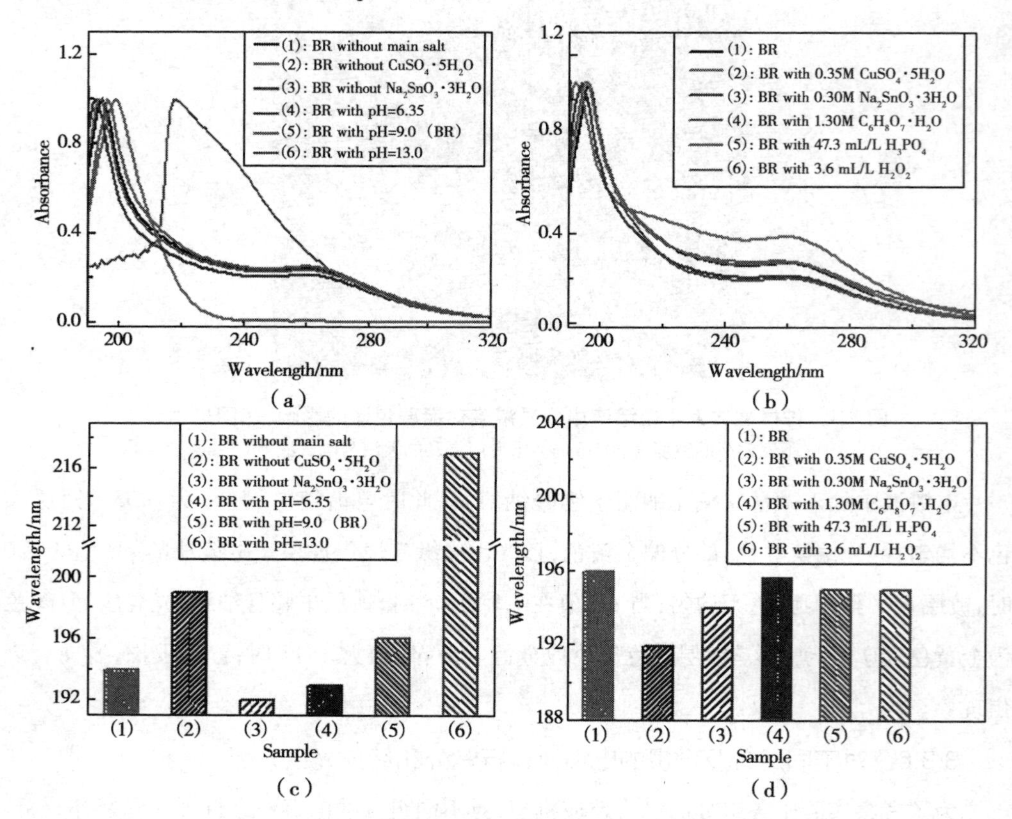

图 8.5 柠檬酸体系中电镀液的 UV-Vis 结果(彩图见附录)

(a)、(b):电镀液的 UV 光谱 ;(c)、(d):(a)、(b)的峰的波长偏移

查阅参考文献可知,图 8.6(a)中 800 cm^{-1}处的弱峰是 PO_4^{3-} 的面内弯曲振动峰。850 cm^{-1}处的峰是亚甲基中 C—H 键的变形振动峰。960 cm^{-1}处的弱峰是 PO_4^{3-} 的对称伸缩振动峰。在图 8.6(b)中,H_3PO_4的含量达到最大时,该处峰强度增大。而 1 150 cm^{-1}处

的吸收峰为柠檬酸中的碳链中与叔醇—OH 连接的 C—O 键的伸缩振动峰。在溶液成分不同时,该处的吸收峰强度有所不同。不含 $CuSO_4 \cdot 5H_2O$ 在 1 150 cm^{-1}处的吸收峰比不含主盐的吸收峰弱,不含 $Na_2SnO_3 \cdot 3H_2O$ 在 1 150 cm^{-1}处的吸收峰比不含主盐的吸收峰强。而 BR 溶液在该处的吸收峰比不含主盐的吸收峰弱,这说明柠檬酸是 Cu^{2+}的优良络合剂,溶液成分不同时的络合情况有所不同。

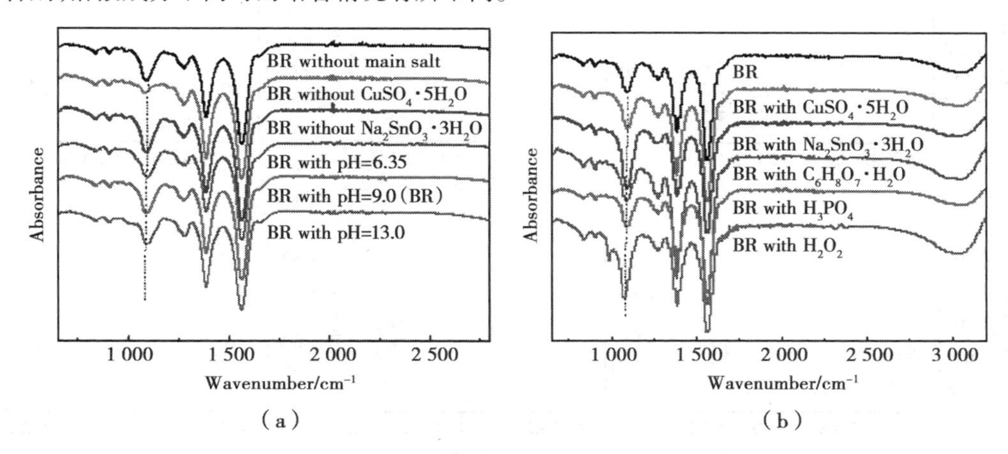

图 8.6　柠檬酸体系中电镀液对 FTIR 的影响

(a):含不同主盐的电镀液的 FTIR,它们的组成是 BR、含 0.20 mol/L $CuSO_4 \cdot 5H_2O$ 的 BR、含0.22 mol/L $Na_2SnO_3 \cdot 3H_2O$ 的 BR、含 0.47 mol/L $C_6H_8O_7 \cdot H_2O$ 的 BR、含 44.3 mL/L H_3PO_4的 BR、含 3.0 mL/L H_2O_2的 BR;

(b):BR 中每种组分为最大浓度时的 FTIR

在镀液 pH 值为 6.35、9.0 和 13.0 时,1 150 cm^{-1}处的吸收峰强度有所减小,说明溶液碱性强度增强,促进柠檬酸在溶液中水解,络合情况有所不同。在图 8.6(b)中,与 BR 相比,当 $CuSO_4 \cdot 5H_2O$、$Na_2SnO_3 \cdot 3H_2O$ 的浓度达到最大时,其在 1 150 cm^{-1}处吸收峰的强度均有所增强。其中在 $CuSO_4 \cdot 5H_2O$ 浓度最大时,1 150 cm^{-1}处吸收峰强度达到最大。说明主盐的浓度对络合反应有影响,各成分的浓度对络合也会产生影响。当 $C_6H_8O_7 \cdot H_2O$、H_2O_2的浓度达到最大时,1 150 cm^{-1}处吸收峰强度基本不发生变化。说明这二者的浓度对络合反应几乎无影响,而增大 H_3PO_4浓度对络合影响也很大。

1 250 cm^{-1}处是柠檬酸中 C—C 的伸缩振动峰,在图 8.6(b)中 $C_6H_8O_7 \cdot H_2O$ 的含量达到最大时,该处的峰强度也最大。1 375 cm^{-1}处是 COO^- 中 C—O 键的对称伸缩振动峰。而 1 610 cm^{-1}处是羧酸根离子的 C—O 键的不对称伸缩振动峰。这两个吸收峰几乎不受任何电镀液组分的影响。

8.3.7 对不同成分及含量的电镀液进行核磁共振分析

为了考察本实验中各组分的络合反应机理,用氘代试剂代替去离子水配制电镀液,并测试了其核磁共振的 H 谱,如图 8.7 所示。将其测试吸收峰的化学位移汇总在表 8.2 中。查阅资料可知,其中化学位移 4.72 ppm 的峰 1#是氘代试剂的 H 谱吸收峰。

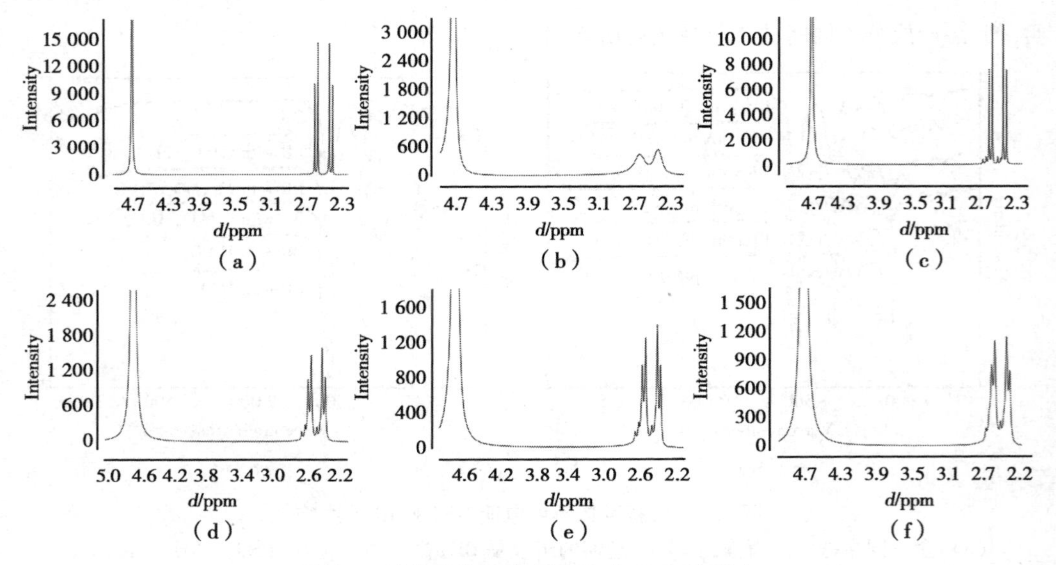

图 8.7 柠檬酸体系中电镀液对 NMR 的影响

(a):0.83mol/L $C_6H_8O_7 \cdot H_2O$,pH=9.5;(b):(a)+0.15 mol/L $CuSO_4 \cdot 5H_2O$;
(c):(a)+0.08 mol/L $Na_2SnO_3 \cdot 3H_2O$;(d):(c)+0.15 mol/L $CuSO_4 \cdot 5H_2O$;
(e):(d)+3.0 mol/L H_3PO_4;(f):(e)+0.6 mol/L H_2O_2

表 8.2 柠檬酸体系中电镀液对 NMR 影响的结果汇总

序号	电镀液组成	化学位移/ppm	
		峰 1#	峰 2#
a	$C_6H_8O_7 \cdot H_2O$+NaOH	4.72	2.59,2.55,2.42,2.38
b	$C_6H_8O_7 \cdot H_2O$+NaOH+$CuSO_4 \cdot 5H_2O$	4.72	2.70,2.50
c	$C_6H_8O_7 \cdot H_2O$+NaOH+$Na_2SnO_3 \cdot 3H_2O$	4.72	2.60,2.56,2.43,2.39
d	$C_6H_8O_7 \cdot H_2O$+NaOH+$CuSO_4 \cdot 5H_2O$+$Na_2SnO_3 \cdot 3H_2O$	4.72	2.59,2.55,2.42,2.38
e	$C_6H_8O_7 \cdot H_2O$+NaOH+$CuSO_4 \cdot 5H_2O$+$Na_2SnO_3 \cdot 3H_2O$+H_3PO_4	4.72	2.59,2.55,2.42,2.38
f	$C_6H_8O_7 \cdot H_2O$+NaOH+$CuSO_4 \cdot 5H_2O$+$Na_2SnO_3 \cdot 3H_2O$+H_3PO_4+H_2O_2	4.72	2.58,2.55,2.41,2.37

注:上述 a—h 的条件与图 8.6 的一致。

图 8.7(a)是将 0.83 mol/L $C_6H_8O_7 \cdot H_2O$ 溶解在氘代试剂中，在 pH=9.5 时，$C_6H_8O_7$ 中存在 4 种化学环境不同的 H，结晶水 H_2O 中的 H、HOOC—基团中的 H、HO—C—基团中的 H 和—CH_2—基团中的 H。其中结晶水 H_2O、HOOC—基团、HO—C—基团中的 H 会和 D_2O 的 D 交换，故几乎不单独出峰，主要归为 4.72 ppm 的吸收峰。理论上两—CH_2—基团应该出一个峰。但由于是磁不等价，因而一个 C 上的两个 H 化学位移不同，因而有两个峰。同时这两个峰各自又被不同碳的另一个 H 再列分成两个。故表现为 ABAB 峰，正好与化学位移 2.59，2.55，2.42，2.38 ppm 处的吸收峰 2#对应。图 8.7(b)中是在图 8.7(a)的溶液中加入 0.15 mol/L $CuSO_4 \cdot 5H_2O$ 后，明显发生了 Cu 和 $C_6H_8O_7$的络合，引起—CH_2—不能自由转动，使吸收峰变宽且变低。分子自身转动频率越慢，峰就越钝。图 8.7(c)中是又在图 8.7(a)的溶液中加入 0.08 mol/L $Na_2SnO_3 \cdot 3H_2O$ 后，明显 Sn 和 $C_6H_8O_7$几乎没有发生络合。图 8.7(d)中是又在图 8.7(a)的溶液中加入 0.15 mol/L $CuSO_4 \cdot 5H_2O$ 后，分析明显吸收峰都变宽了，进一步证明铜离子和 $C_6H_8O_7$的络合。同时相比于图 8.7(b)，图 8.7(d)电镀液中加了 $Na_2SnO_3 \cdot 3H_2O$ 后，锡酸钠会减弱铜离子和柠檬酸的络合程度，帮助柠檬酸解离出一部分，故有部分—CH_2—能自由转动，使吸收峰变高。图 8.7(e)、图 8.7(f)是又在图 8.7(d)的溶液中依次再加入 3.0 mL/L H_3PO_4和 0.6 mL/L H_2O_2后，峰 2#的化学位移、峰形几乎没变化。

8.3.8　该工艺体系的络合机理

在 pH 大于 7.5 时，柠檬酸(简写为 H_3Cit)主要以 Cit^{3-}的形式存在。所以本电镀液中，柠檬酸盐与硫酸铜反应生成的络合离子形式可能较多，查阅文献可以推测本体系中主要的柠檬酸和铜离子的络合离子形式可能有：CuCitH、$Cu_2Cit_2^{2-}$、$Cu_2Cit_2H_{-1}^{3-}$、$Cu_2Cit_2H_{-2}^{4-}$。但是本电镀液中 pH>8.0 时，$[Cu_2Cit_2H_{-2}^{4-}] >> [CuCit^-] > [Cu^{2+}]$，且反应式(8.4)的反应速率常数是 1.55×10^{-16} mol/($m^2 \cdot s$)。故本体系中铜离子和柠檬酸络合离子主要是以 $Cu_2Cit_2H_{-2}^{4-}$的形式存在。故本体系中铜离子及其络离子所发生的阴极电化学反应如下：

$$Cu^{2+} + 2e^- \longrightarrow Cu \tag{8.1}$$

$$CuCit^- + 2e^- \longrightarrow Cu + Cit^{3-} \tag{8.2}$$

$$Cu_2Cit_2H_{-2}^{4-} + 2e^- \longrightarrow Cu_2Cit_2H_{-2(ads)}^{6-} \tag{8.3}$$

$$Cu_2Cit_2H_{-2(ads)}^{6-} + 2e^- + 2H_2O \longrightarrow 2Cu + 2Cit^{3-} + 2OH^- \tag{8.4}$$

查阅文献可以推测本体系中锡酸钠主要和氢氧化钠形成络合离子。本电镀液中 pH>8.0 时，主要以 SnO_3^{2-} 的形式存在。SnO_3^{2-} 会在强碱中水解形成 $Sn(OH)_6^{2-}$，进而其锡络离子所发生的阴极电化学反应如下：

$$SnO_3^{2-} + 3H_2O \rightleftharpoons Sn(OH)_6^{2-} \longleftrightarrow Sn(OH)_4 + 2OH^- \tag{8.5}$$

$$Sn(OH)_6^{2-} + 2e^- \longrightarrow HSnO_2^- + 3OH^- + H_2O \tag{8.6}$$

$$HSnO_2^- + H_2O + 2e^- \longrightarrow Sn + 3OH^- \tag{8.7}$$

$$Sn(OH)_6^{2-} + 4e^- \longrightarrow Sn + 6OH^- \tag{8.8}$$

上述络合沉积机理分析认为,本电镀液中,pH=9.5 时,铜离子主要和柠檬酸发生络合反应,其络合离子主要是以 $Cu_2Cit_2H_{-2}^{4-}$的形式存在。而锡酸钠主要和氢氧化钠形成络合离子,以 $Sn(OH)_6^{2-}$ 的形式存在。这也与之前的核磁分析结果一致。

8.4 本章小结

本章实验探究了柠檬酸体系电镀铜锡合金的工艺,电镀液的成分有 0.15 mol/L $CuSO_4 \cdot 5H_2O$、0.08 mol/L $Na_2SnO_3 \cdot 3H_2O$、0.83 mol/L $C_6H_8O_7 \cdot H_2O$、3.0 ml/L H_3PO_4和 pH=9.5。采用温度 20~30 ℃、阴极电流密度 0.4 A/dm^2、施镀时间 5 min。通过研究不同电镀液组成对镀层宏观色泽、微观形貌、组成、物相结构的影响,研究不同成分及含量的电镀液进行电化学分析、UV、IR 和核磁共振。研究发现,采用上述电镀液,镀片为金黄色的 Cu-Sn 合金,合金的组成为 86.28%Cu 和 13.72%Sn。其镀层致密,且表面没有附着大颗粒。二元合金镀层的晶相组成分别主要是 Cu、[Cu,Sn]、Cu_6Sn_5、$Cu_{10}Sn_3$。同时,对电解液的电化学分析发现,在-1.2 $V_{vs.\ Hg|HgO}$处有唯一的阴极沉积峰。通过红外、紫外和核磁共振分析,发现 pH=9.5 时,铜离子主要和柠檬酸发生络合反应,其络合离子主要是以 $Cu_2Cit_2H_{-2}^{4-}$的形式存在。而锡酸钠主要和氢氧化钠形成络合离子,以 $Sn(OH)_6^{2-}$ 的形式存在。因此形成的螯合物可以在相同电压下一起被还原沉积出 Cu 金属和 Cu-Sn 合金。同时各主盐的用量和 pH 值对电镀液影响非常大,所以对电镀层的影响也非常大。

第9章　EDTA-酒石酸双络合体系电镀仿金 Cu-Sn 合金的工艺与理论

9.1　引言

Cu-Sn 合金镀层用于装饰目的，因为它们的外观类似于黄金。这些镀层已广泛用于工业的许多类型的应用，由于它们具有更广泛的性能，如良好的适应性、更高的硬度、耐腐蚀性和机械抗性。通过电沉积技术获得 Cu-Sn 合金镀层。两种或多种不同金属的电共沉积只有在还原电位相似时才能实现。Cu-Sn 合金中 Cu 和 Sn 的标准还原电位有明显差异。根据能斯特方程，可以通过改变溶液中阳离子的活性来改变还原电位。因此，在这种情况下，通常添加络合剂来降低 Cu^{2+} 的活性，实现两种金属共沉积。

在商业上，Cu-Sn 合金在氰化物电镀溶液中的电沉积产生高质量的镀层。电镀液含有大量剧毒氰化物，电解液稳定性差；电镀产生的废水和废气危害操作者的健康，污染环境。然而，该溶液具有良好的分散和覆盖能力，并且电解质组成简单且易于维护。因此，从同一电解液中共沉积铜和锡金属离子以获得所需的镀层成分是可能的。

最近，用环境友好的无氰电镀体系代替有毒的氰化物电镀体系已经成为电镀工业中极其重要的问题，致力于保护环境和减少污染。Kamysheva 介绍了一种以草酸铵为电解质制备耐腐蚀镀层的方法，并揭示了合金组成比对镀层的耐蚀性和组织以及电镀动力学参数的影响。以草酸盐为络合剂的电镀液，稳定性好，长期存放后无结晶或沉淀现象，得到了不同金属含量的 Cu-Sn 镀层。

在某些情况下，单一的无氰电镀体系存在几个问题，例如异常的颜色、差的电流效率、配体的高成本和不可再现的结果，这是由难以实现高过电压的单一络合剂引起的。因此，需要加入另一种络合剂来形成双络合剂体系，以提高络合物的阴极极化性能，从而改善镀层性能。EDTA 和酒石酸盐能与金属离子形成稳定的水溶性络合物，电镀液组成简单；从该电镀体系获得的结晶镀层是均匀和精细的。因此，它们可能是环境友好的络合剂体系。在本章中，乙二胺四乙酸-酒石酸盐双络合剂体系用于无氰电镀体系。

到目前为止，虽然已经研究了许多不同类型的电镀体系，但只解释了其效果；主盐和络合剂之间的络合机理尚未解释，这制约了络合剂在仿金电镀中应用的研究发展。鉴于此，本章的目的是探索络合机理且为了评估电镀液中存在的不同浓度的 Cu^{2+}、Sn^{4+}、EDTA·2Na 和 $C_4H_4O_6KNa$ 如何影响镀层的特性，如表面微观形貌、成分和相结构。用循环伏安法研究电沉积过程。扫描电镜(SEM)、能量色散 X 射线光谱(EDS)和 X 射线衍射(XRD)分别测定了表面微观形貌、成分和相结构。用扫描电镜图像分析了 Cu-Sn 镀层的平均晶粒尺寸。用红外光谱和核磁共振研究了电镀液的络合机理(图 9.1)。研究结果不仅对 Cu-Sn 合金的电沉积具有一定的指导作用，而且对其他合金镀层的电沉积也具有应用价值。

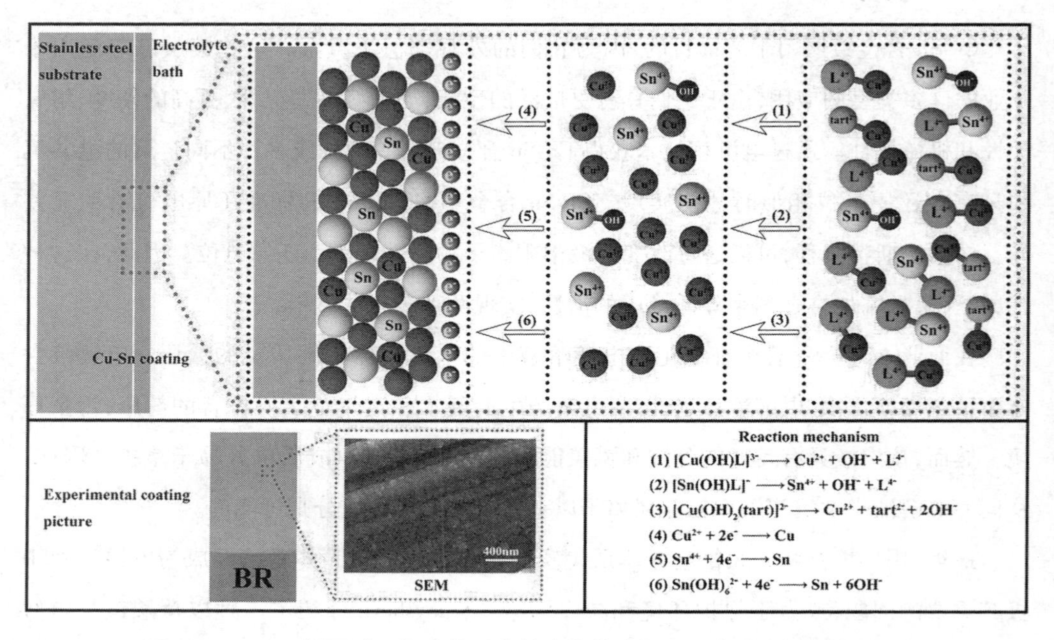

图 9.1 EDTA-酒石酸双络合体系电镀合金络合机理示意图(彩图见附录)

9.2 实验部分

所有试剂均为分析纯，使用水净化系统对水进行净化(美国 PALL Cascada Ⅱ Ⅰ 30)。电镀实验在含有不同 pH 值、不同摩尔浓度比以及不同 $CuSO_4$ 和 Na_2SnO_3，EDTA·2Na和 $C_4H_4O_6KNa$的总和的新鲜镀液中进行。空白溶液(BR)的主要成分为 0.112 mol/L $CuSO_4 \cdot 5H_2O$、0.038 mol/L $Na_2SnO_3 \cdot 3H_2O$，0.20 mol/L EDTA·2Na 和 0.20 mol/L $C_4H_4O_6KNa \cdot 4H_2O$，pH 值为 12.7。电镀槽的有效容积为 100 mL。电镀体系的阴极是 30 mm ×70 mm ×1.0 mm 的不锈钢板，单面有效面积为 15.0 cm^2。阳极由 30 mm ×70 mm ×1.0 mm $Cu_{0.999}$组成，单面有效面积为 15.0 cm^2。温度保持在 25 ℃，电流密度和电镀时间分别为 50.0 A/dm^2 和 10 min。

电化学测试由 PARSTAT PMC1000 电化学工作站进行。在电化学研究中使用了三电极体系。工作电极(WE)是一个圆盘(Φ=10 mm ,面积=78.5 mm^2),由不锈钢制成。对电极(CE)是铂片(30 mm×30 mm)。参比电极是 (RE)Hg|HgO电极。在将 WE 和 CE 浸入测试溶液之前,它们的表面用 2 000 级砂纸抛光,用蒸馏水彻底清洗,用热空气干燥。为了防止测试期间电极面积的波动,除了电极的有效面积外,用绝缘聚合物密封测试。所有电化学测量在 25 ℃的温度下进行。循环伏安法的扫描速度为 50 mV/s。

移除阴极板后,用光学照相机(Canon A590 IS)记录镀层的宏观形态。用 SEM-EDS 仪器检查镀层的表面微观形貌,以检查镀层的表面微观结构和合金元素含量。设备型号为 A SU8010,图像和光谱是在 20 kV 加速电压下收集的。使用 Bruker D2 Phaser X 射线衍射仪(XRD)分析晶体结构。用 Magna 550Ⅱ 红外光谱仪(美国 Nicolet)记录傅里叶变换红外(FTIR)光谱。核磁共振(NMR)数据是通过 AvanceⅢ400M(德国 Bruker)获得的。

9.3 结果与讨论

9.3.1 电镀液对电极电化学反应的影响

图 9.2(a)是空白电镀液的 CV 曲线。图 9.2(a)中黑线是在正向扫描中从低电位到高电位扫描得到的,峰 C(0 $V_{vs.\,Hg|HgO}$)和 D(0.36 $V_{vs.Hg\,|\,HgO}$)是两个阳极峰,表示阳极物质的溶解。当在正向扫描期间电势超过 0.6 V 时,由于在电极附近观察到氧气气泡的形成,所以产生的峰归因于水的氧化($2H_2O \longrightarrow O_2+4H^++4e^-$)。红线是在反向扫描中从高电位到低电位扫描得到的,峰 A(−0.95 $V_{vs.Hg\,|\,HgO}$)和 B(−0.36 $V_{vs.Hg\,|\,HgO}$)是两个阴极峰,表示阴极金属的沉积。当在反向扫描期间电势降低到−1.3 V 以下时,所得峰与氢离子的还原有关($2H^++2e^- \longrightarrow H_2$)。这一事实通过在反向扫描期间观察工作电极的表面可以清楚地确认,因为当电势达到−1.3 V 时开始形成氢气气泡。这表明在 Cu-Sn 的还原过程中,电沉积总是伴随析氢反应。

图 9.2(b)是不同摩尔浓度比主盐电镀液的 CV 曲线。BR 曲线是主盐含有 0.117 mol/L $CuSO_4 \cdot 5H_2O$ 和 0.039 mol/L $Na_2SnO_3 \cdot 3H_2O$ 的空白电镀液测试的 CV 曲线,其阴极沉积峰是 A 和 B。Cu 曲线代表上述空白电镀液中主盐只含有 0.117 mol/L $CuSO_4 \cdot 5H_2O$ 的电镀液测试的 CV 曲线,其阴极沉积峰是 A 和 B。Sn 曲线代表上述空白电镀液中主盐只含有 0.039 mol/L $Na_2SnO_3 \cdot 3H_2O$ 的电镀液测试的 CV 曲线,其阴极沉积峰是 A。分析认为,在 BR、Cu 和 Sn 3 条曲线中,只有 BR 和 Cu 曲线具有阴极沉积峰 B,所以峰 B 主要是由于 Cu 或含 Cu 化合物的沉积析出。同时,BR、Cu 和 Sn 3 条曲线分别具有阴极沉积峰 A,所以峰 A 可能归因于 Cu 和 Sn 的共沉积。

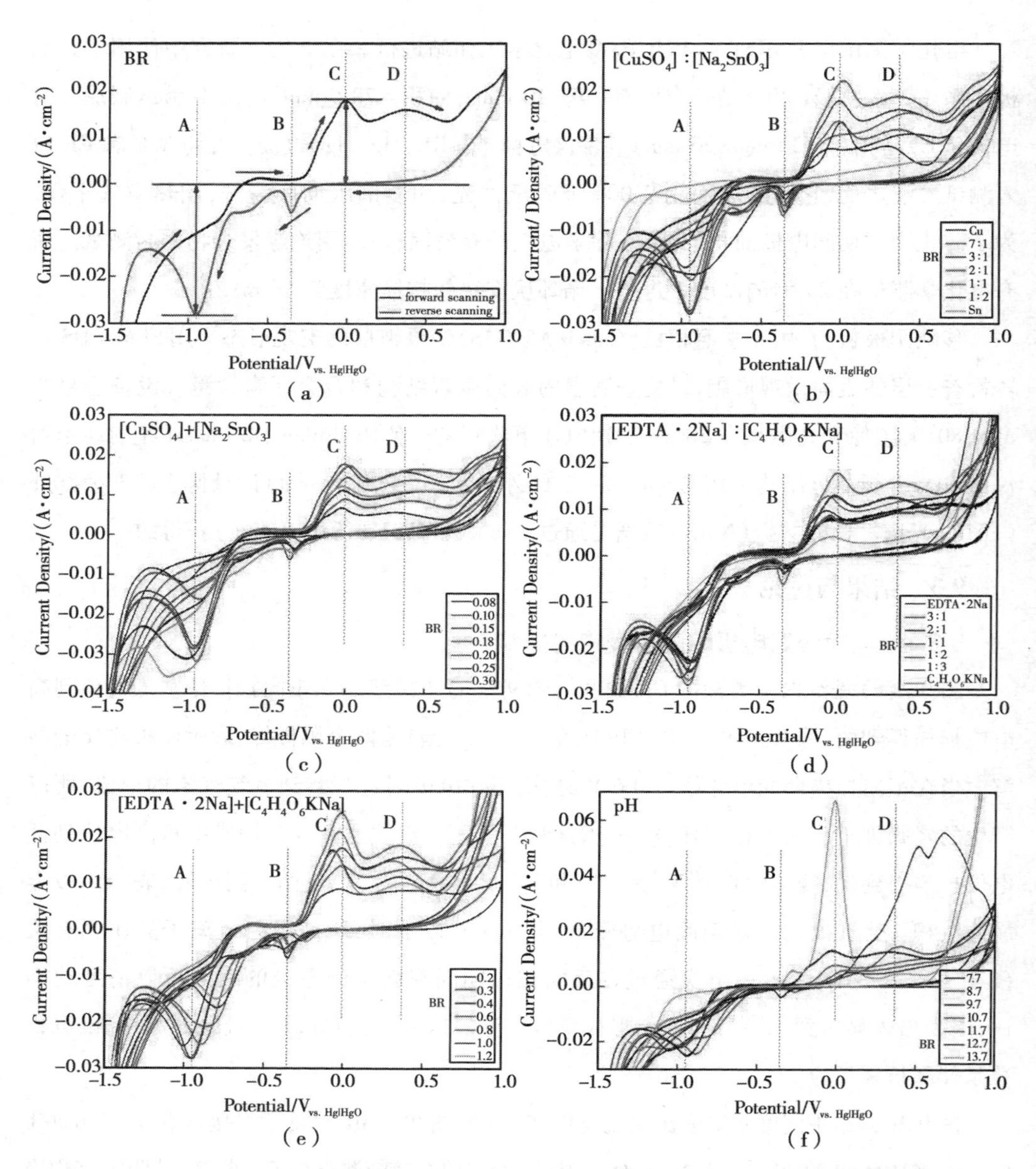

图 9.2　用 CV 分析 EDTA-酒石酸双络合体系中不同电镀液对电化学反应的影响(彩图见附录)

(a):BR;(b):$CuSO_4$和 Na_2SnO_3的摩尔浓度比;(c):$CuSO_4$和 Na_2SnO_3的摩尔浓度总和;
(d):EDTA · 2Na 和 $C_4H_4O_6KNa$ 的摩尔浓度比;(e):EDTA · 2Na 和 $C_4H_4O_6KNa$ 的摩尔浓度总和;
(f):电镀液的 pH 值

随着 $CuSO_4$和 Na_2SnO_3的摩尔浓度比从 7∶1到 1∶2,其峰 A、B、C 和 D 的电位几乎不变。阴极峰 A 的峰高先增大后减小,且其在 $CuSO_4$和 Na_2SnO_3的摩尔浓度比为 3∶1时达到最大值,最大值为-0.028 0 A/cm^2,说明此时出现了 Cu-Sn 的共沉积,且阴极沉积的物质量最大。从主盐中只含有 $CuSO_4$ 到 $CuSO_4$ 和 Na_2SnO_3 的摩尔浓度比为 7∶1,阴极峰 A 突然增大,归因于从单一 Cu 沉积到 Cu-Sn 共沉积的转变。$CuSO_4$ 和 Na_2SnO_3 的摩尔浓度比在(7∶1)~(2∶1)时,阴极峰 A 高度相近,说明这个范围内的浓度比对于 Cu-Sn 共沉积的促进作用相似。这与前面电镀实验中此条件下镀层均呈现仿金色的结论一致。阴极峰 B 的峰高也是先增大后减小,且在 $CuSO_4$ 和 Na_2SnO_3 的摩尔浓度比为 2∶1时达到最大值,最大值为-0.006 8 A/cm^2,说明此时最有利于 Cu 的沉积。阳极峰 C 和 D 的峰高也是先增大后减小,且其均在 $CuSO_4$ 和 Na_2SnO_3 的摩尔浓度比为 2∶1时达到最大值,最大值分别为 0.022 1和 0.018 8 A/cm^2,说明此时阳极溶解的物质量最大。当 $CuSO_4$ 和 Na_2SnO_3 的摩尔浓度比从 2∶1 到 1∶1,阳极峰 C 和 D 的峰高突然变得很小,说明此时阳极溶解的物质量突然减小,不能及时补充阴极损耗的离子,这也进一步导致了阴极 Cu-Sn 共沉积的减小,体现在阴极峰 A 在此时的突然减小。综上可得,主盐 $CuSO_4$ 和 Na_2SnO_3 的摩尔浓度比在(7∶1)~(2∶1)时,均对 Cu-Sn 共沉积有较大的促进作用。

图 9.2(c)是不同摩尔浓度和主盐电镀液的 CV 曲线。随着 $CuSO_4$ 和 Na_2SnO_3 的摩尔浓度和从 0.08 增大到 0.30 mol/L,其峰 B、C 和 D 的电位几乎不变。但在 $CuSO_4$ 和 Na_2SnO_3 的摩尔浓度和为 0.08,0.25,0.30 mol/L 时,阴极峰 A 的电位分别偏移到-1.04,-1.03,-1.13 V,结合电镀实验中在此条件下镀层发黑和色泽偏灰,说明这些 $CuSO_4$ 和 Na_2SnO_3 的摩尔浓度和不利于 Cu-Sn 的共沉积。除了上述 3 个偏移电位外,阴极峰 A 的峰高先增大后减小,且其在 $CuSO_4$ 和 Na_2SnO_3 的摩尔浓度和为 0.18 mol/L 时达到最大值,最大值为-0.031 7 A/cm^2,说明此时阴极沉积的物质量最大。但 $CuSO_4$ 和 Na_2SnO_3 的摩尔浓度和在 0.15~0.20 mol/L时,阴极峰 A 的高度相近。这点也可以从前面电镀实验中镀层的色泽变化中体现出来。阴极峰 B 的峰高也是先增大后减小,且其在 $CuSO_4$ 和 Na_2SnO_3 的摩尔浓度和为 0.15 mol/L 时达到最大值,最大值为-0.006 1 A/cm^2,说明此时最有利于 Cu 的沉积。阳极峰 C 和 D 的峰高也是先增大后减小,且其分别在 $CuSO_4$ 和 Na_2SnO_3 的摩尔浓度和为 0.15 mol/L 和 0.18 mol/L 时达到最大值,最大值分别为 0.017 9 A/cm^2 和 0.016 3 A/cm^2,说明此时阳极溶解的物质量最大。综上可得,主盐 $CuSO_4$ 和 Na_2SnO_3 的摩尔浓度和在 0.15~0.20 mol/L 时,均对阴极金属的沉积和阳极物质的溶解有较大的促进作用,从而有利于 Cu-Sn 二元合金的形成。

图 9.2(d)是不同摩尔浓度比络合剂电镀液的 CV 曲线。随着 EDTA・2Na 和 $C_4H_4O_6KNa$ 的摩尔浓度比从 3∶1到 1∶3,其峰 A、B、C 和 D 的电位几乎不变。但在络合剂只含有

$C_4H_4O_6KNa$时，阴极峰 A 的电位偏移到了-1.19 V，且阴极峰 A、B 和阳极峰 C、D 的峰高均变得很小，峰高分别为-0.010 7，-0.001 7，0.004 4，0.003 7 A/cm^2。说明使用单一$C_4H_4O_6KNa$络合剂来形成 Cu-Sn 二元合金的效果不甚理想。当络合剂只含有 EDTA · 2Na 时，相对应的峰高分别为-0.022 8，-0.002 1，0.008 2，0.010 2 A/cm^2。分析可得，单 EDTA · 2Na络合剂相对应的峰的峰高均高于单 $C_4H_4O_6KNa$ 络合剂相对应峰的峰高，即单 EDTA · 2Na 络合剂比单 $C_4H_4O_6KNa$ 络合剂更有利于 Cu-Sn 共沉积。两种络合剂同时使用时，随着 EDTA · 2Na 和 $C_4H_4O_6KNa$ 的浓度比从 3∶1到 1∶3，阴极峰 A 和 B 的峰高均是先增大后减小，且其均在络合剂的浓度比在 1∶1时达到最大值，最大值分别为-0.028 0 A/cm^{2}和-0.006 1 A/cm^2。即双络合剂体系中阴极峰 A 和 B 的峰高均高于单络合剂体系相对应峰的峰高。阳极峰 C 和 D 的峰高也是先增大后减小，且其均在络合剂的浓度比在1∶1时达到最大值，最大值分别为-0.017 9 A/cm^{2}和-0.016 0 A/cm^2，说明此时阳极溶解的物质量最大。综上可得，在本体系中，EDTA · 2Na 可以作为主络合剂单独使用，$C_4H_4O_6KNa$ 只能作为一种辅助络合剂，两者以(3∶1)~(1∶1)的浓度比共同使用可以达到更好的络合效果。

图 9.2(e)是不同摩尔浓度和络合剂电镀液的 CV 曲线。随着 EDTA · 2Na 和 $C_4H_4O_6KNa$的摩尔浓度和从 0.2 mol/L 增大到 1.2 mol/L，阴极峰 A 和 B 的峰高均是先增大后减小，且其均在络合剂的摩尔浓度和在 0.4 mol/L 时达到最大值，最大值分别为-0.028 0 A/cm^{2}和-0.006 1 A/cm^2。说明此时阴极沉积的物质的量最大，最有利于 Cu-Sn 的共沉积。阳极峰 C 和 D 的峰高也是先增大后减小，且其均在络合剂的摩尔浓度和在 0.6 mol/L时达到最大值，最大值分别为 0.018 5 A/cm^{2}和 0.025 3 A/cm^2，说明此时阳极溶解的物质量最大。但在 EDTA · 2Na 和 $C_4H_4O_6KNa$ 的摩尔浓度和为 0.8，1.0，1.2 mol/L 时，阴极峰 A 和 B 的电位均向右偏移，并且摩尔浓度和越大，电位偏移越大。正是由于阴极峰电位偏移和峰高减小的综合作用，才导致前面电镀实验中此时镀层表面不均匀，有部分镀层偏黑。综上可得，EDTA · 2Na 和 $C_4H_4O_6KNa$ 的摩尔浓度和在 0.3~0.6 mol/L 时，最有利于加速阴极金属的沉积和促进阳极物质的溶解，从而有利于 Cu-Sn 二元合金的形成。

图 9.2(f)是不同 pH 值电镀液的 CV 曲线。pH 值在 7.7~9.7 时，阴极峰 A 均消失，又因为峰 A 是 Cu-Sn 的共沉积峰，所以表明镀层中没有 Cu-Sn 二元合金的形成，只含有单金属 Cu。这也进一步揭示了电镀实验中该 pH 下镀层呈现紫红色的原因。pH 值在 10.7~12.7 时，其峰 A、B、C 和 D 的峰高均是逐渐增大，且均在 pH 值为 12.7 时达到最大值，最大

值分别为-0.028 0,-0.006 1,-0.017 9,-0.016 0 A/cm^2,说明此时最有利于 Cu-Sn 二元合金的形成。这与电镀实验中在该 pH 范围之内镀层由浅黄色渐变为金黄色的结论相似。尤其当 pH 值为 10.7 时,在电位为-0.85 V 处产生了杂峰,这可能是电镀实验中该 pH 下镀层色泽偏暗的原因。pH 值在 13.7 时,阴极峰 A 的电位偏移到-1.23 V,且阳极峰 C 变得很大。这说明由于氢氧根离子浓度的增大,使电极反应出现了变化,在金属界面有新的反应($Cu+Cu^{2+} \longrightarrow 2Cu^+$;$2Cu^+ + 2OH^- \longrightarrow Cu_2O+H_2O$)发生。这也对应于电镀实验中此条件下镀层色泽的变化。综上可得,该电镀工艺电镀液的 pH 值为 12.7 时,最有利于 Cu-Sn 二元合金的形成,从而得到性能优异的镀层。

9.3.2　电镀液对镀层微观形貌的影响

在不同的电镀溶液中获得的镀层的 SEM 图像如图 9.3 所示。与沉积之前的衬底的 SEM 图像相比(图 9.2),当电镀液中主盐只含有 $CuSO_4$时,镀层表面由0.3~0.6 μm 大小的颗粒组成[图 9.3(a)],其中以 0.3 μm 颗粒居多,有部分 0.5 μm 和少量 0.6 μm 颗粒,镀层颗粒大小不均匀,结构疏松,表面不平整。当电镀液中主盐只含有Na_2SnO_3时,镀层表面由 0.1 μm 左右大小的颗粒组成 [图 9.3(b)],镀层颗粒粒径均匀,但表面不平整,甚至有部分裂纹出现。当电镀液中络合剂只含有 EDTA · 2Na 时,镀层表面由0.4 μm左右大小的颗粒组成 [图 9.3(c)]。当电镀液中络合剂只含有 $C_4H_4O_6KNa$ 时,镀层表面由 0.3 μm 左右大小的颗粒组成 [图 9.3(d)]。分析可得,主要含有 Cu 元素的镀层颗粒大小不均匀,且结构疏松。而含有大量 Sn 元素的镀层颗粒粒径小且均匀,排列致密。所以在主盐同时含有 $CuSO_4$和 Na_2SnO_3的单络合剂电镀液中,Cu-Sn 二元合金镀层颗粒粒径大小在上述两者粒径范围之间,且均匀,排列致密,这也体现了二元合金在性能方面的优势。

当电镀液的 pH 值为 7.7 时,镀层表面由 0.3~0.4 μm 大小的颗粒组成[图 9.3(e)],镀层颗粒大小不均匀。这是由于此时的镀层中没有形成 Cu-Sn 二元合金,只含有单金属 Cu,从而导致镀层的形貌接近于 Cu 镀层。当电镀液的 pH 值为 12.7 时,镀层表面由 0.2 μm左右大小的颗粒组成[图 9.3(f)],镀层有部分裂纹出现,但结晶致密。与单络合剂体系对比,双络合剂电镀液得到的镀层拥有更小的粒径范围,这与前面电镀实验中双络合剂镀层色泽的优势和电化学分析中双络合剂阴极峰 A 的峰高优势得到的结论一致。当电镀液的 pH 值为 13.7 时,镀层表面由 0.1 μm 左右大小的颗粒组成[图 9.3(g)],镀层颗粒粒径均匀,表面平整。综上可得,随着电镀液 pH 值的增大,镀层颗粒粒径范围均有所减小,且渐至均匀。

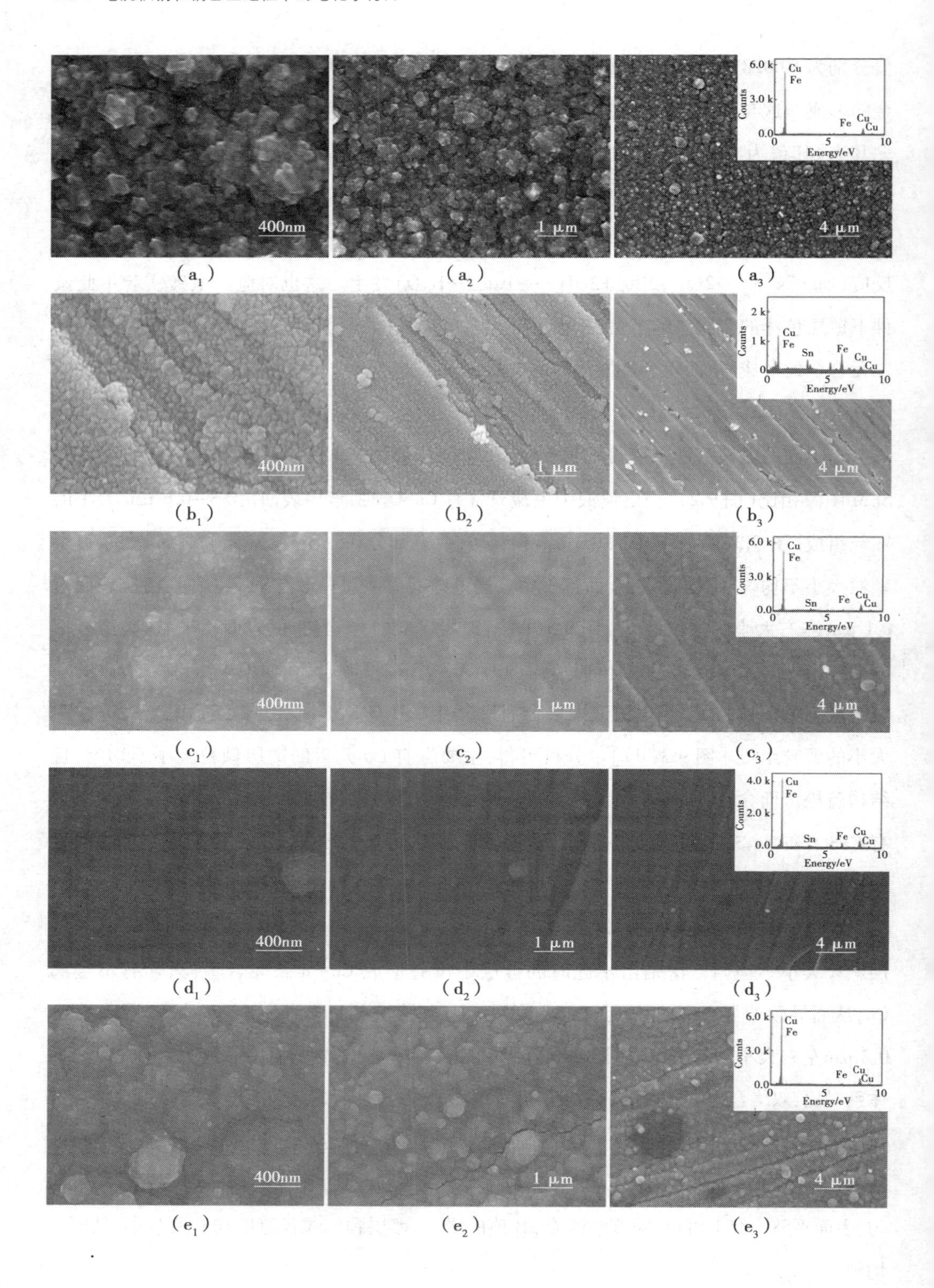
400nm
1 μm
4 μm
6.0 k
3.0 k
0.0
Counts
Cu
Fe
Fe
Cu
Cu
0
5
10
Energy/eV
(a1)
(a2)
(a3)
2 k
1 k
0
Sn
(b1)
(b2)
(b3)
(c1)
(c2)
(c3)
4.0 k
2.0 k
(d1)
(d2)
(d3)
(e1)
(e2)
(e3)

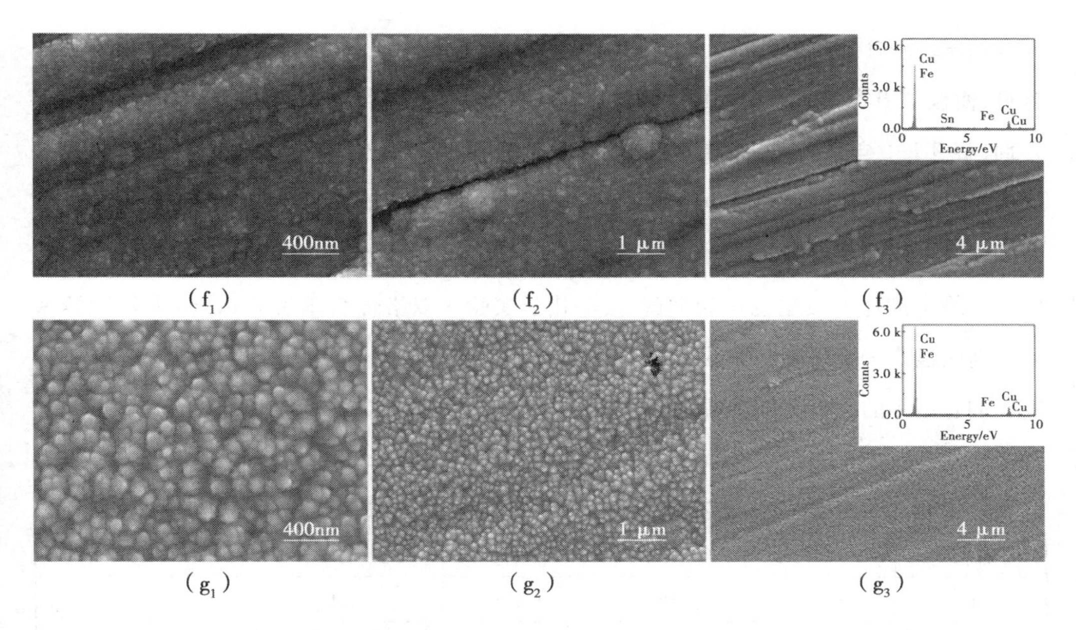

图 9.3　EDTA-酒石酸双络合体系中不同电镀液对 SEM 和 EDS 结果的影响

(a_1)—(a_3)：不含 Na_2SnO_3的 BR；(b_1)—(b_3)：不含 $CuSO_4$的 BR；

(c_1)—(c_3)：不含 $C_4H_4O_6KNa$ 的 BR；(d_1)—(d_3)：不含 EDTA · 2Na 的 BR；

(e_1)—(e_3)：pH = 7.7 的 BR；(f_1)—(f_3)：pH = 12.7 的 BR；(g_1)—(g_3)：pH = 13.7 的 BR

EDS 分析显示了分别用不同电镀液获得的镀层的组分含量见表 9.1。镀层主要由铜、锡、铁等元素组成，其中铁和其他成分主要来自基底。为了研究镀层中铜和锡的比例，汇总了 Cu/(Cu+Sn)、Sn/(Cu+Sn)的百分比数值。当电镀液中主盐只含有 $CuSO_4$时，铜含量为 87.99%，其他元素含量为 12.01%，没有锡的存在；Cu/(Cu+Sn)为 100%。这更好地解释了此条件下得到的镀层呈现紫红色的原因。因为当镀层为纯铜时，呈现明显的紫红色。当电镀液中主盐只含有 Na_2SnO_3时，铜含量为 21.65%，锡含量为 16.20%，其他元素含量为 62.15%；Cu/(Cu+Sn)为 57.2%，Sn/(Cu+Sn)为42.8%。此镀层中含有铜，这是由于电镀实验中阳极由 $Cu_{0.999}$组成。尽管镀层中铜和锡都有，但由于其他元素占的比例过大导致镀层发黑。所以一般不单独选择Na_2SnO_3作为主盐进行电镀实验。

与使用单一 $C_4H_4O_6KNa$ 络合剂（表 9.1 中样品 d）得到的镀层相比，使用单一 EDTA · 2Na络合剂（表 9.1 中样品 c）得到的镀层中铜的含量从 70.88%增加到85.62%，锡的含量从 4.34%增加到 8.30%，其他元素的含量从 24.78%减小到 6.08%。表明单一 EDTA · 2Na络合剂比单一 $C_4H_4O_6KNa$ 络合剂更有利于 Cu-Sn 二元合金的形成。这点在前文中被多次验证，且 Sn/(Cu+Sn)从 5.8%增加到 8.8%，表明后者得到的镀层中

Sn/(Cu+Sn)的比例更大,而镀层为纯锡时,呈现明显的浅黄色,所以通过调控二者的比例含量,使镀层更容易达到金黄色。当电镀液中同时使用 EDTA・2Na 和$C_4H_4O_6KNa$作为络合剂(表 9.1 中样品 f)时,镀层中其他元素的含量达到最低值 5.79%,即铜和锡的含量和达到了最大值。铜和锡两者也达到了一个实现金黄色镀层的合适比例。表明两种络合剂共同使用可以达到最好的络合效果,最有利于 Cu-Sn 二元合金的形成。结合前面电镀实验中双络合剂体系镀层色泽为金黄色;电化学实验中双络合剂体系中 Cu-Sn 共沉积峰 A 的峰高明显高于单络合剂体系相对应峰的峰高;以及 SEM 分析中双络合剂电镀液得到的镀层拥有更小的粒径范围。所以 EDS 的结论与电镀实验结果、电化学分析、SEM 分析得到的结论一致。

表 9.1 用 EDS 分析 EDTA-酒石酸双络合体系中不同电镀液对镀层组分的影响(质量分数%)

样品	Cu	Sn	其他	Cu/(Cu+Sn)	Sn/(Cu+Sn)
a	87.99	0	12.01	100	0
b	21.65	16.20	62.15	57.2	42.8
c	85.62	8.30	6.08	91.2	8.8
d	70.88	4.34	24.78	94.2	5.8
e	90.82	0	9.18	100	0
f	87.46	6.75	5.79	92.8	7.2
g	90.83	0	9.17	100	0

注:以上 a~g 条件与图 9.3 相同。

当电镀液的 pH 值为 7.7 和 13.7 时,得到的镀层中都没有锡的存在,铜含量较大且相似。结合前面的电化学分析,Cu-Sn 的共沉积峰 A 在 pH 值为 7.7 时消失了,在 pH 值为 13.7 时电位有了较大的偏移,这都不利于 Cu-Sn 二元合金的形成,从而使镀层中没有锡的存在。再结合前面的电镀实验的结果,pH 值为 7.7 和 13.7,镀层均为紫红色,分析主要是铜的色泽。所以 EDS 结论更好地解释了 pH 对电化学实验中阴极峰峰高变化和电镀实验中镀层色泽的变化的影响。

9.3.3 EDTA-酒石酸双络合体系中仿金镀层物相结构的探究

图 9.4 显示了分别用不同电镀液获得的镀层的 XRD 图。将测试结果与粉末衍射标准联合委员会(JCPDS)给出的预期值进行比较。从 BR 电镀液[图 9.4(a)]获得的镀层的衍射图表明存在 Cu (JCPDS 85-1326)、Cu_6Sn_5(JCPDS 45-1488)、[Cu,Sn] (JCPDS 44-

1477)和 $Cu_{10}Sn_3$(JCPDS 26-0564)晶相 。Cu 相衍射峰的 2θ 位置主要为 43.316°、50.448°、74.124° 和 89.935°。Cu_6Sn_5 相衍射峰的 2θ 位置主要为 42.972°、44.782°、63.426° 和 74.381°。[Cu,Sn]相衍射峰的 2θ 位置主要为 43.472°、50.077° 和 73.195°。$Cu_{10}Sn_3$ 相衍射峰的 2θ 位置主要为 42.738°、44.209°、49.902°、64.526°、74.539°、81.253° 和 74.705°。

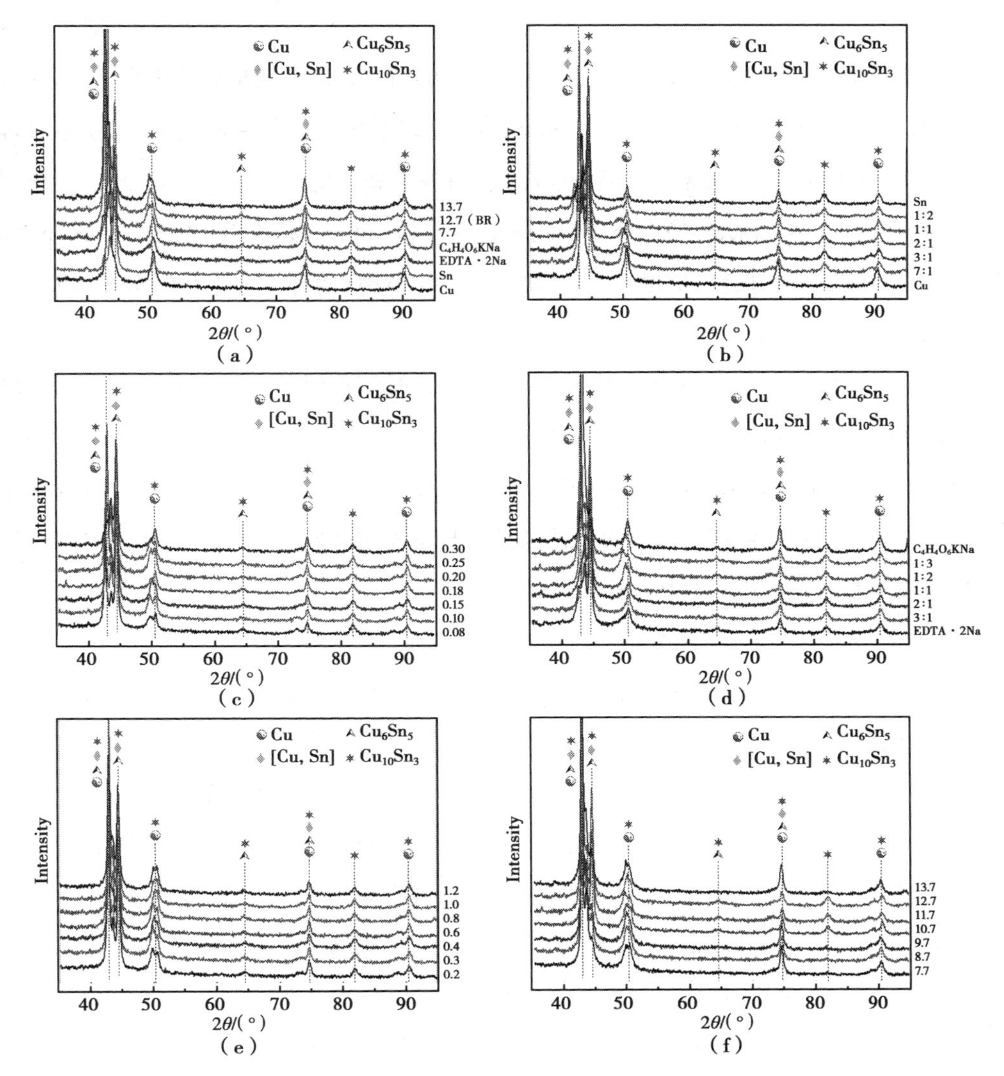

图 9.4 EDTA-酒石酸双络合体系中不同电镀液对镀层 XRD 结果的影响

(a):BR,仅含一种主盐的 BR,仅含一种络合剂的 BR 和不同 pH 值的 BR;

(b):$CuSO_4$ 和 Na_2SnO_3的摩尔浓度比;

(c):$CuSO_4$和 Na_2SnO_3的摩尔浓度总和;(d):EDTA · 2Na 和 $C_4H_4O_6KNa$ 的摩尔浓度比;

(e):EDTA · 2Na 和 $C_4H_4O_6KNa$ 的摩尔浓度总和;(f):电镀液的 pH 值

在图 9.4(b)—(f),大多数电镀液中得到的镀层都有 Cu 和 Cu-Sn 晶相(Cu_6Sn_5、[Cu, Sn]和 $Cu_{10}Sn_3$)。正如前面电化学分析所示,峰 B 是 Cu 或含 Cu 化合物的单独沉积峰,即有单独存在的 Cu 相;峰 A 是 Cu、Sn 的共沉积峰,产生 Cu-Sn 二元合金,即只有 Cu-Sn 相,而没有单独存在的 Sn 相。但当电镀液中主盐只含有 $CuSO_4$或者电镀液的 pH 值为 7.7、8.7、9.7 和 13.7 时,新得到的镀层只在 2θ 为 43.316°、50.448°、74.124° 和 89.935°时出现衍射峰,该衍射峰主要代表 Cu 相。而在 2θ 为 44.5°、64°和 82°时的衍射峰都消失了,这些衍射峰主要代表 Cu_6Sn_5、[Cu, Sn] 和 $Cu_{10}Sn_3$晶相。这表明在这些条件下得到的镀层中只含有 Cu 晶相,而不含有 Cu-Sn 晶相。结合前面的电化学分析中此时阴极峰 A 均消失,镀层中没有 Cu-Sn 二元合金的形成;EDS 分析中此时镀层中 Cu/(Cu+Sn)为 100%、Sn/(Cu+Sn)为 0;以及电镀实验中此时镀层呈现 Cu 的紫红色。所以 XRD 的结论与电化学分析、EDS 分析、电镀实验结果都相吻合。

除上述条件之外,衍射峰的 2θ 位置几乎不变,只是衍射峰的高低有所变动。所有情况都表明形成了 Cu-Sn 二元合金,且 $CuSO_4$ 和 Na_2SnO_3 的摩尔浓度比和摩尔浓度和,EDTA·2Na和 $C_4H_4O_6KNa$ 的摩尔浓度比和摩尔浓度和仅影响 Cu-Sn 二元合金的组成含量,几乎不影响它们的组成物相。相反,镀液的 pH 值不仅影响 Cu-Sn 二元合金的组成含量,同时也影响它们的组成物相。

9.3.4 电镀液对镀层表面颜色的影响

为了分析电镀溶液中每种成分及其浓度对镀层表面颜色的影响,用光学照相机记录镀层的表面形态,如图 9.5 所示。当电镀液中的主盐仅为 $CuSO_4$时,镀层呈现紫红色,主要是铜的颜色。当 $CuSO_4$与 Na_2SnO_3的摩尔浓度比为(7∶1)~(2∶1)时,镀层呈仿金状,表面均匀致密,亮度好。随着锡离子摩尔浓度的增加,当 $CuSO_4$与 Na_2SnO_3的摩尔浓度比为(1∶1)~(1∶2)(达到主盐仅为 Na_2SnO_3的程度)时,镀层呈黑色,亮度较差。

当电镀液中 $CuSO_4$和 Na_2SnO_3的摩尔浓度之和为 0.08 mol/L 时,镀层呈黑色,表面粗糙不平。当 $CuSO_4$ 和 SnO_2 的摩尔浓度之和为 0.10~0.20 mol/L 时,镀层呈仿金色,表面均匀致密,亮度好。当 $CuSO_4$ 和 Na_2SnO_3的摩尔浓度之和为 0.25~0.30 mol/L 时,主盐浓度的增加导致阴极极化降低,镀层晶体变得粗糙,电镀液的分散能力降低;因此,镀层的颜色变暗了。

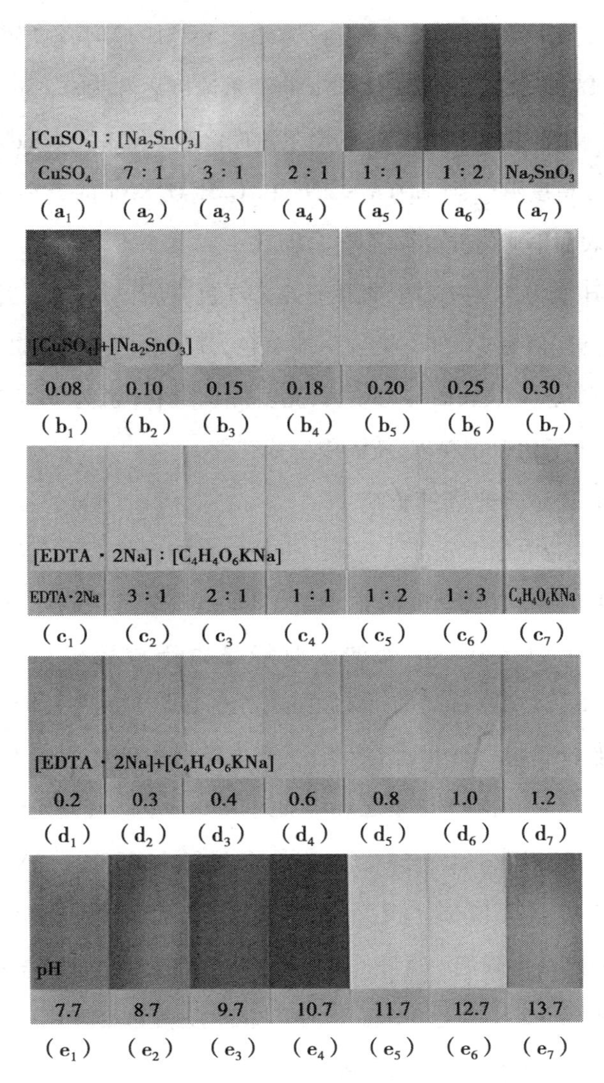

图 9.5 EDTA-酒石酸双络合体系中不同电镀液对镀层色泽的影响(彩图见附录)

(a_1)—(a_7):$CuSO_4$和 Na_2SnO_3的摩尔浓度比，仅含 $CuSO_4$,7:1,3:1,2:1,1:1,1:2,仅含 Na_2SnO_3;

(b_1)—(b_7):$CuSO_4$和 Na_2SnO_3的摩尔总浓度,0.08,0.10,0.15,0.18,0.20,0.25,0.30 mol/L;

(c_1)—(c_7):EDTA · 2Na 和 $C_4H_4O_6KNa$ 的摩尔浓度比,仅含 EDTA · 2Na,3:1,2:1,1:1,1:2,1:3,仅含 $C_4H_4O_6KNa$;

(d_1)—(d_7):EDTA · 2Na 和 $C_4H_4O_6KNa$ 的摩尔总浓度,0.2,0.3,0.4,0.6,0.8,1.0,1.2 mol/L;

(e_1)—(e_7):电镀液的 pH 值,7.7,8.7, 9.7,10.7,11.7,12.7,13.7

当电镀液中的络合剂仅为 EDTA · 2Na 或 $C_4H_4O_6KNa$ 时,镀层呈仿金状;然而,表面不均匀,一些镀层是黑色的。络合剂 EDTA · 2Na 和 $C_4H_4O_6KNa$ 同时使用时,镀层呈仿金状,表面均匀致密。结果表明,双络合剂体系更有利于 Cu-Sn 二元合金的共沉积。特别是当 EDTA · 2Na 与 $C_4H_4O_6KNa$ 的摩尔浓度比为(3∶1)~(1∶1)时,镀层性能最佳。

当电镀液中 EDTA · 2Na 和 $C_4H_4O_6KNa$ 的摩尔浓度之和为 0.2 mol/L 时,镀层略暗,亮度差。当 EDTA · 2Na 和 $C_4H_4O_6KNa$ 的摩尔浓度之和为 0.3~0.6 mol/L 时,镀层呈仿金状,表面均匀致密,亮度好。当 EDTA · 2Na 和 $C_4H_4O_6KNa$ 的摩尔浓度之和为 0.8~1.2 mol/L时,镀层表面不均匀并变得轻微变黑。

当电镀液的 pH 值为 7.7~9.7 时,镀层呈现紫红色,表面不均匀。当 pH 值为 10.7 时,镀层呈现黑色。当 pH 值为 11.7 时,镀层呈淡黄色,开始形成 Cu-Sn 二元合金。当 pH 值为 12.7 时,镀层呈现仿金色,表面均匀致密,亮度好。当 pH 值为 13.7 时,OH^-浓度较高,阴极上吸附一种红色氧化亚铜粉末,使镀层呈紫红色。

9.3.5 电镀液对红外光谱的影响

为了研究本章实验中各组分对络合反应机理的影响,比较了含有不同组分的电镀液的红外光谱,如图 9.6 所示。图 9.6(a)显示了 3 302 cm^{-1}处的吸收峰,这归因于自由和相关的—OH 拉伸振动。1 640 cm^{-1} 处的吸收峰是由于羧酸根离子的不对称振动。1 580 cm^{-1}、1 430 cm^{-1}、1 330 cm^{-1}和 1 280 cm^{-1}处的带分别由—COO—、C—C、C—N 和 C—O 拉伸振动吸收峰引起。与 BR 溶液相比,当电镀液中的主盐仅为 $CuSO_4$或 Na_2SnO_3时,即使 $CuSO_4$和 Na_2SnO_3的摩尔浓度之和增加到 0.30 mol/L,红外光谱也几乎保持不变。结果表明,主盐对红外吸收峰影响不大。当络合剂仅为 EDTA · 2Na 时,1 580 cm^{-1}和 1 430 cm^{-1}处的吸收峰高度增加。相反,当络合剂仅为 $C_4H_4O_6KNa$ 时,1 580 cm^{-1}和 1 430 cm^{-1}处的吸收峰高度降低。这种差异归因于这些吸收峰是主络合剂 EDTA · 2Na 的特征峰。因此,随着 EDTA · 2Na 浓度的增加,相同吸收峰的强度自然增加,而只有 $C_4H_4O_6KNa$ 作为单一络合剂时,相应吸收峰的强度自然降低。当 EDTA · 2Na 和 $C_4H_4O_6KNa$ 的摩尔浓度之和增加到 1.2 mol/L 时,由于 EDTA · 2Na 的浓度进一步增加,上述两个吸收峰增强,间接证明了上述理论的合理性。

图 9.6(b)显示,随着电镀液的 pH 值从 7.7 增加到 13.7,在 1 580 cm^{-1}处的吸收峰的高度逐渐增加。这是因为 EDTA · 2Na 本身具有内酯结构,其羧基和氨基形成环状氢键,这使得这些基团的配位原子难以配位。但是,随着 pH 值的升高,H^+逐渐解离,配位原子数逐渐增加,并且与金属离子形成的螯合环的数目也增加,导致相应的吸收峰增加。总之,电镀液的红外光谱主要受络合剂和 pH 的影响。

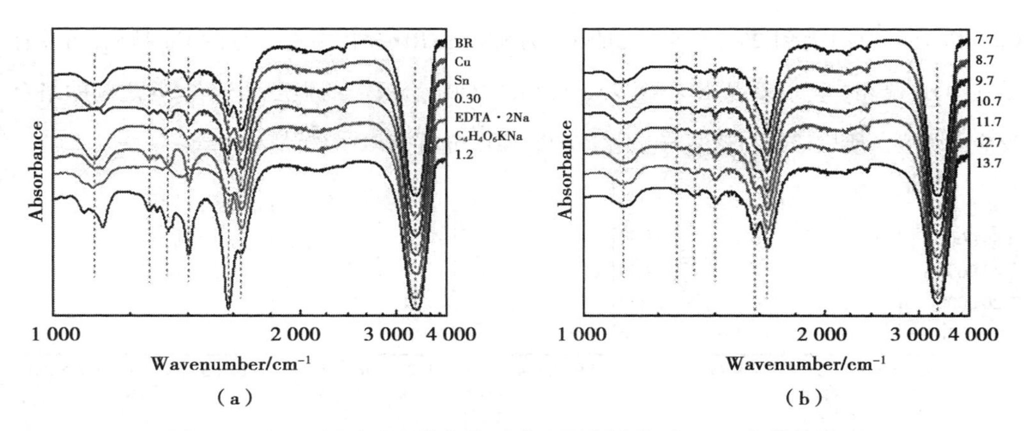

图 9.6　EDTA-酒石酸双络合体系中不同电镀液对 FTIR 光谱的影响

(a):BR、不含 Na_2SnO_3 的 BR、不含 $CuSO_4$ 的 BR、$CuSO_4$ 和 Na_2SnO_3 的摩尔浓度总和、不含 $C_4H_4O_6KNa$ 的 BR、不含 EDTA · 2Na 的 BR、EDTA · 2Na 和 $C_4H_4O_6KNa$ 的摩尔浓度比;
(b):不同 pH 值的电镀液

9.3.6　EDTA-酒石酸双络合体系中电镀液核磁共振的探究

为了研究此实验中络合反应的反应机理,使用氘代试剂制备了电镀液,并获得了 ^{1}H NMR谱图,如图 9.7 所示。表 9.2 总结了吸收峰的化学位移。根据参考文献,在 4.72 ppm 的化学位移处出现的峰 1#是氘代试剂的 H 吸收峰。当只有 EDTA · 2Na 溶解在氘代试剂中时[图 9.7(a)],其中存在 4 种化学环境不同的 H,分别为—C—CH_2—N—基团中的 H,—N—CH_2—COO—基团中的 H,HO—C—基团中的 H 和结晶水中的 H。在这些 H 环境中,HO—C—基团和结晶水中的 H 被 D_2O 中的 D 取代;因此,几乎没有单独形成峰,并且 H 峰主要归类为在 4.72 ppm 处的吸收峰。由—N—CH_2—COO—基团中的 H 形成的化学位移为 2.96 ppm 的峰 3#。在—C—CH_2—N—基团中 H 形成了化学位移为 2.39 ppm 的峰 4#。图 9.7(b)是在上述图 9.7(a)的溶液中再加入 $CuSO_4$,明显发生了 Cu^{2+} 和 EDTA · 2Na之间的络合反应,引起 EDTA · 2Na 中—C—CH_2—N—和—N—CH_2—COO—基团不能自由转动,使吸收峰变低。图 9.7(c)是在上述图 9.7(a)的溶液中再加入 Na_2SnO_3,明显发生了 Sn^{4+} 和 EDTA · 2Na 之间的络合反应。但与图 9.7(b)相比,峰 3#和 4#的峰高更高。这说明 EDTA · 2Na 与 Cu^{2+} 之间络合反应的强度更大。图 9.7(d)是在上述图 9.7(a)的溶液中同时加入 $CuSO_4$ 和 Na_2SnO_3,峰 3#和 4#的峰高达到最小。综上可得,络合剂EDTA · 2Na同时对 Cu^{2+} 和 Sn^{4+} 进行络合,但与 Cu^{2+} 之间络合反应的强度更大。且在使用单一 EDTA · 2Na 络合剂的条件下,结合前面的电化学分析中此时 Cu 有单独的沉积峰,而 Sn 只有一个 Cu-Sn 共沉积峰,没有单独的 Sn 沉积峰;EDS 分析中此时镀层中

Cu/(Cu+Sn)(%)为91.2%,而Sn/(Cu+Sn)为8.8%;XRD分析中有单独的Cu晶相,而没有单独的Sn晶相。可以发现,EDTA·2Na与Cu之间络合反应的强度大于与Sn之间的络合反应的强度。所以核磁的结论与电化学分析、EDS分析、XRD分析都相吻合。

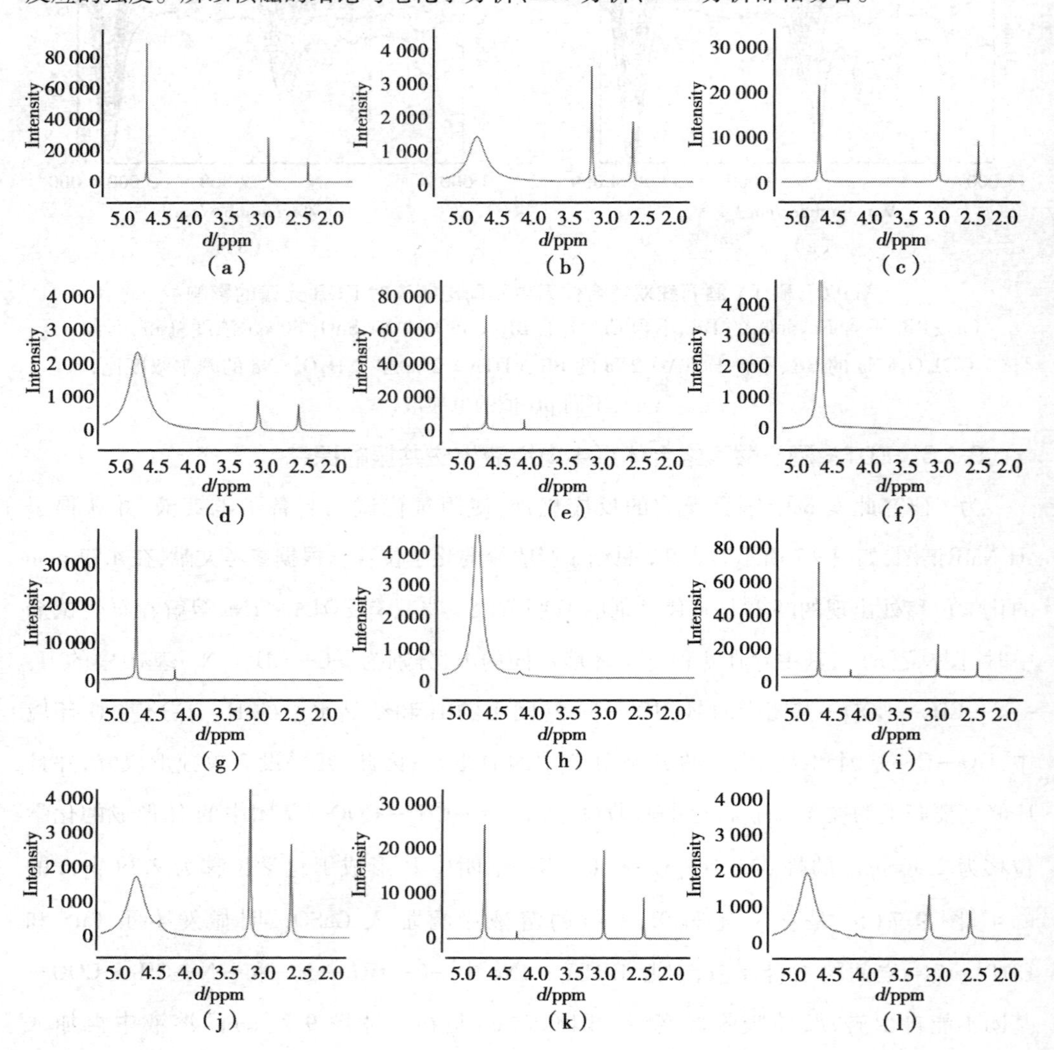

图9.7 EDTA-酒石酸双络合体系中不同电镀溶液的核磁共振

(a):EDTA·2Na·$2H_2O$,pH = 12.7;(b):(a)+$CuSO_4\cdot5H_2O$;(c):(a)+$Na_2SnO_3\cdot3H_2O$;(d):(b)+$Na_2SnO_3\cdot3H_2O$;(e):$C_4H_4O_6KNa\cdot4H_2O$,pH = 12.7;(f):(e)+$CuSO_4\cdot5H_2O$;(g):(e)+$Na_2SnO_3\cdot3H_2O$;(h):(f)+$Na_2SnO_3\cdot3H_2O$;(i):(a)+$C_4H_4O_6KNa\cdot4H_2O$,pH = 12.7;(g):(i)+$CuSO_4\cdot5H_2O$;(k):(i)+$Na_2SnO_3\cdot3H_2O$;(l):(g)+$Na_2SnO_3\cdot3H_2O$

表 9.2 EDTA-酒石酸双络合体系中不同电镀液对 NMR 结果的影响

序号	电镀液组成	化学位移/ppm			
		峰 1#	峰 2#	峰 3#	峰 4#
a	EDTA · 2Na+NaOH	4.72		2.96	2.39
b	EDTA · 2Na+NaOH+$CuSO_4$	4.72		3.16	2.59
c	EDTA · 2Na+NaOH+Na_2SnO_3	4.72		2.99	2.41
d	EDTA · 2Na+NaOH+$CuSO_4$+Na_2SnO_3	4.72		3.10	2.53
e	$C_4H_4O_6KNa$+NaOH	4.72	4.18		
f	$C_4H_4O_6KNa$+NaOH+$CuSO_4$	4.72			
g	$C_4H_4O_6KNa$+NaOH+Na_2SnO_3	4.72	4.18		
h	$C_4H_4O_6KNa$+NaOH+$CuSO_4$+Na_2SnO_3	4.72	4.14		
i	EDTA · 2Na+$C_4H_4O_6KNa$+NaOH	4.72	4.25	2.99	2.41
g	EDTA · 2Na+$C_4H_4O_6KNa$+NaOH+$CuSO_4$	4.72	4.43	3.18	2.60
k	EDTA · 2Na+$C_4H_4O_6KNa$+NaOH+Na_2SnO_3	4.72	4.25	2.99	2.41
l	EDTA · 2Na+$C_4H_4O_6KNa$+NaOH+$CuSO_4$+Na_2SnO_3	4.72	4.08	3.07	2.50

注:上述的(a)~(l)的条件和图 9.7 的一致。

当仅 $C_4H_4O_6KNa$ 溶解在氘代试剂中时[图 9.7(e)],存在 3 种化学环境不同的 H,分别是 HO—C—基团中的 H,—CH_3基团中的 H 和结晶水中的 H。—CH_3基团中的 H 形成了化学位移为 4.18 ppm 的峰 2#。由于使用 D_2O 作为溶剂,因此 HO—C—基团和结晶水中的 H 没有峰。图 9.7(f)是在图 9.7(e)的溶液中再加入 $CuSO_4$,明显发生了 Cu^{2+} 和 $C_4H_4O_6KNa$ 之间的络合反应,引起 $C_4H_4O_6KNa$ 中—CH_3基团的消失,导致峰 3#的消失。图 9.7(g)是在上述图 9.7(e)的溶液中再加入 Na_2SnO_3,峰 2#的化学位移和峰形基本不变,即 Sn^{2+} 和 $C_4H_4O_6KNa$ 之间的络合反应不太明显。但结合前面的分析,在单一使用 $C_4H_4O_6KNa$ 络合剂的条件下,电化学分析中此时产生了 Cu-Sn 共沉积峰;EDS 分析中此时镀层中 Sn/(Cu+Sn)为 5.8%;XRD 分析中有 Cu_6Sn_5、[Cu,Sn]和 $Cu_{10}Sn_3$晶相。这些似乎都说明 Sn^{2+} 和 $C_4H_4O_6KNa$ 之间确实发生了络合反应,但实际上是强碱性电镀液中 Sn^{2+} 与 OH^- 发生的络合反应,以 $Sn(OH)_6^{2-}$ 的形式存在,然后与 Cu^{2+} 和 $C_4H_4O_6KNa$ 之间形成的 Cu 络合离子共沉积为Cu-Sn 合金。所以虽然在电化学分析,EDS 分析和 XRD 分析中均有 Cu-Sn 合金的存在,然而 Sn^{2+} 和 $C_4H_4O_6KNa$ 之间却没有发生络合反应,这也与核磁分析得到的结论是相吻合的。

图 9.7(h)是在图 9.7(e)的溶液中同时加入 $CuSO_4$ 和 Na_2SnO_3，发生了 $C_4H_4O_6KNa$ 与 Cu^{2+}，OH^- 与 Sn 之间的络合反应，引起 $C_4H_4O_6KNa$ 中—CH_3 基团不能自由转动，使吸收峰变宽且变低。这是由于分子自身转动频率越慢，峰就越钝。综上可得，络合剂 $C_4H_4O_6KNa$ 主要对 Cu^{2+} 进行络合，利用 OH^- 与 Sn^{4+} 进行络合，进而产生 Cu-Sn 合金。

当 EDTA · 2Na 和 $C_4O_6H_4KNa$ 同时溶解在氘化试剂中时[图 9.7(i)]，除了氘代试剂的 H 吸收峰在 4.72 ppm 的化学位移外，另外两个峰由 EDTA · 2Na 中—N—CH_2—COO—和—C—CH_2—N—基团中的 H 形成，还有一个峰由 $C_4O_6H_4KNa$ 中的 HO—C—基团中的 H 形成。这些结果与上述分析一致。图 9.7(g)是在图 9.7(i)的溶液中再加入 $CuSO_4$，明显发生了络合剂 EDTA · 2Na 和 $C_4O_6H_4KNa$ 与 Cu^{2+} 之间的络合反应。图 9.7(k)是在图 9.7(i)的溶液中再加入 Na_2SnO_3，明显发生了络合剂 EDTA · 2Na 与 Sn^{4+} 之间的络合反应。两者都使相对应的吸收峰变宽或变低，以此来证明络合反应的发生。图 9.7(l)是在图 9.7(i)的溶液中同时加入 $CuSO_4$ 和 Na_2SnO_3，峰 2#、3# 和 4# 的峰高达到最小。与图 9.7(d)和图 9.7(h)比较，发现单一 EDTA · 2Na 对 Cu^{2+} 和 Sn^{4+} 的络合强度要大于单一 $C_4O_6H_4KNa$，且两种络合剂同时使用能达到最好的络合效果。

9.3.7 EDTA-酒石酸双络合体系中络合反应机理的探究

主络合剂的分子式为 $C_{10}H_{14}N_2Na_2O_8$(EDTA · 2Na)，是以氨基二乙酸基团为基体的有机络合剂，其分子结构的特点是含有 6 个可与金属离子形成配位键的原子(2 个氨基氮和 4 个羧基氧，氮、氧原子都有孤对电子，能与金属离子形成配位键)，能与中心离子形成五元环，配位能力很强。pH 值小于 2 时，EDTA 以 H_4L 为主要形式；pH 值为 2~2.67 时，它主要以 H_3L^- 形式存在；pH 值为 2.67~6.16 时，它主要以 H_2L^{2-} 形式存在；pH 值为 6.16~10.26 时，它主要以 HL^{3-} 形式存在，与 Cu^{2+} 和 Sn^{4+} 都以 1∶1关系定量络合，分别形成 $[CuL]^{2-}$ 和 [SnL] 络合物；pH 值大于 10.26 时，它主要以 L^{4-} 形式存在，其与 Cu^{2+} 和 Sn^{4+} 分别形成羟基络合物 $[Cu(OH)L]^{3-}$ 和 $[Sn(OH)L]^-$。这种络合离子阴极还原可以有 2 种方式。

①先解离出 Cu^{2+} 和 Sn^{4+}，然后 Cu^{2+} 和 Sn^{4+} 还原为金属铜和锡：

$$[Cu(OH)L]^{3-} \longrightarrow Cu^{2+} + OH^- + L^{4-} \tag{9.1}$$

$$Cu^{2+} + 2e^- \longrightarrow Cu \tag{9.2}$$

$$[Sn(OH)L]^- \longrightarrow Sn^{4+} + OH^- + L^{4-} \tag{9.3}$$

$$Sn^{4+} + 4e^- \longrightarrow Sn \tag{9.4}$$

②络合离子直接放电：

$$[Cu(OH)L]^{3-} + 2e^- \longrightarrow Cu + OH^- + L^{4-} \tag{9.5}$$

$$[Sn(OH)L]^- + 4e^- \longrightarrow Sn + OH^- + L^{4-} \tag{9.6}$$

辅助络合剂的分子式为 $C_4H_4O_6KNa$，在水溶液中以 $tart^{2-}$ 的形式存在，其分子结构的特点是 2 个羧基的氧原子都含有孤电子对，能与金属离子形成配位键。pH 值为 2.0～5.0 时，其与 Cu^{2+} 形成的是 $[Cu(tart)_2]$ 络合物；pH 值为 5.3～9.0 时，其与 Cu^{2+} 形成的是 $[Cu(OH)(tart)]^-$ 络合离子；pH 值为 9.0～13.5 时，其与 Cu^{2+} 形成的是 $[Cu(OH)_2(tart)]^{2-}$ 络合离子，不稳定常数为 $K = 7.3\times10^{-2}$。这种络合离子阴极还原可以有 2 种方式。

①先解离出 Cu^{2+}，然后 Cu^{2+} 还原为金属铜：

$$[Cu(OH)_2(tart)]^{2-} \longrightarrow Cu^{2+} + tart^{2-} + 2OH^- \tag{9.7}$$

$$Cu^{2+} + 2e^- \longrightarrow Cu \tag{9.8}$$

②络合离子直接放电：

$$[Cu(OH)_2(tart)]^{2-} + 2e^- \longrightarrow Cu + tart^{2-} + 2OH^- \tag{9.9}$$

强碱性电镀液中主盐 Sn 会与 OH^- 发生络合反应，以 $Sn(OH)_6^{2-}$ 的形式存在。其所发生的阴极电化学反应如下：

$$Sn(OH)_6^{2-} + 4e^- \longrightarrow Sn + 6OH^- \tag{9.10}$$

当电镀液的 pH 值在 7.7～9.7 时，电镀液 pH 过低，导致络合剂对 Sn 的络合能力较差，不利于 Cu-Sn 二元合金的形成，从而使镀层由于只有 Cu 而呈现出紫红色。当电镀液的 pH 值为 10.7～12.7 时，络合剂对 Cu 和 Sn 的络合效果最好，有利于 Cu-Sn 二元合金的形成，镀层色泽渐变为金黄色。当电镀液的 pH 值为 13.7 时，溶液浑浊，镀液的导电性不好，允许使用的电流密度降低，在高电流密度处铜结晶受阻；同时 OH^- 浓度大，在阳极区会产生红色的氧化亚铜粉末（$Cu+Cu^{2+} \longrightarrow 2Cu^+$，$2Cu^+ +2OH^- \longrightarrow Cu_2O+H_2O$），附着在阳极表面，使阳极钝化，而且粉末也会吸附在阴极上面，使镀层偏紫红色。

9.4　本章小结

使用碱性 EDTA-酒石酸盐镀液实现了 Cu-Sn 二元合金在不锈钢上的电沉积，其中以 $CuSO_4 \cdot 5H_2O$ 和 $Na_2SnO_3 \cdot 3H_2O$ 为主盐，EDTA · 2Na 为主要络合剂，$C_4H_4O_6KNa$ 为辅助络合剂。CV 曲线研究表明，Cu-Sn 共沉积发生在 $-0.95\ V_{vs.Hg|HgO}$，并且从 BR 镀液获得的阴极峰 A 的高度为 −0.028 0 A。EDTA · 2Na 能同时与 Cu^{2+} 和 Sn^{4+} 络合，$C_4H_4O_6KNa$ 只能

与 Sn^{4+} 络合;傅里叶变换红外光谱和核磁共振光谱分析显示了这些相互作用。

从 SEM 分析,我们得出结论,随着电镀液 pH 值的增加,镀层的粒径范围减小。用乙二胺四乙酸-酒石酸双络合剂镀液获得的 Cu-Sn 镀层比用 EDTA 或酒石酸单络合剂镀液获得的镀层晶粒小。此外,从 BR 溶液获得的 Cu-Sn 镀层呈现最小的晶粒尺寸(0.2 μm)并且具有均匀的颗粒尺寸。

EDS 分析结果表明,EDTA · 2Na 和 $C_4H_4O_6KNa$ 同时作为络合剂时,Cu 和 Sn 的总量增加,而其他元素的含量减少。在由 BR 溶液生产的 Cu-Sn 镀层中,Cu 和 Sn 的总含量最高为 94.21%,其他元素含量最低为 5.79%。其中,Cu/(Cu+Sn)为 92.8%,Sn/(Cu+Sn)为 7.2%,镀层呈金黄色。

对 Cu-Sn 镀层的 XRD 分析表明,存在 Cu、Cu_6Sn_5、[Cu,Sn]和 $Cu_{10}Sn_3$ 相,表明形成了 Cu-Sn 二元合金。此外,电镀液的 pH 不仅影响 Cu-Sn 二元合金中的相比例,而且影响相组成。

第10章　四种含氮类添加剂对HEDP体系电镀仿金Cu-Zn-Sn合金的影响

10.1　引言

电镀工业中使用的Cu-Zn-Sn合金镀层可通过将Cu含量调整为75%，将Zn和Sn含量调整为25%来获得。该镀层表现出所需的平整度，亮度，光滑度，耐腐蚀性，色泽和装饰效果。此外，它价格便宜，孔隙率低，并且广泛用于金属镀层行业。

最早的仿金电镀工艺使用氰化物体系，因为氰化物电镀液稳定且能促进沉淀金属的有效沉积，这使得仿金镀层的均匀性和厚度得以大大提高。但是，电镀行业最近致力于使用环保的非氰化物仿金电镀液代替有毒的氰化物电镀液，并已取得令人满意的结果。其中，HEDP体系用于非氰化物仿金电镀。HEDP是有机膦酸酯，可以与金属离子形成稳定的水溶性络合物，因此显示出稳定的络合效果而不会引起溶解性问题。电镀液的组成简单稳定，镀层由均匀，致密的晶体组成。HEDP在阳光下会分解成各种产品。因此，可以认为它是环境友好的络合剂。

已经在添加剂的存在下研究了传统的电镀工艺，以解决大多数电镀工艺问题。El-Chiekh在酸性硫酸盐电解质中使用二硫代硫酸钠作为表面活性物质，以电沉积三元Cu-Ni-Zn和Cu-Ni-Cd合金。SAS不会显著影响合金成分。但是，它确实影响了沉积材料的表面形态。Long研究了在低碳钢基材上使用含四亚乙基五胺和三乙醇胺作为络合剂的无氰化物碱性浴液电沉积Zn-Ni合金镀层的方法，并且发现所得到的镀层是具有光滑表面的细晶粒并且具有最高的耐腐蚀性。Jung在硫酸浴中制备了均匀的Cu-Sn合金镀层，其中含有乙二胺和四硫酸钾等添加剂的混合物。Senna发现通过将烯丙醇添加到焦磷酸盐体系中可以生产出高质量的Cu-Zn合金。

迄今为止，已经研究了多种类型的电镀体系和添加剂，但是仅描述了它们的作用。它们的作用机理尚未确定，从而阻碍了在仿金电镀中使用添加剂的进展。本章使用了HEDP体系和4种N基添加剂，即三乙醇胺（TEA）、氟化铵（AF）、氨三乙酸（NTA）和聚丙烯酰胺（PAM）（图10.1）。AF是分子式为NH_4F的无机铵化合物。NTA和TEA是小的有机分子,分子式分别为 $N(CH_2CH_2OH)_3$ 和 $N(CH_2COOH)_3$。PAM 是高分子有机材料,分子式为 $[CH_2CHCONH_2]_n$。研究了这些添加剂对无氰仿金电镀获得的 Cu-Zn-Sn 合金镀层性能的影响。分析了电极反应,合金镀层的组成和表面形貌以及电镀液的性能。最后,提出了添加剂的作用机理。

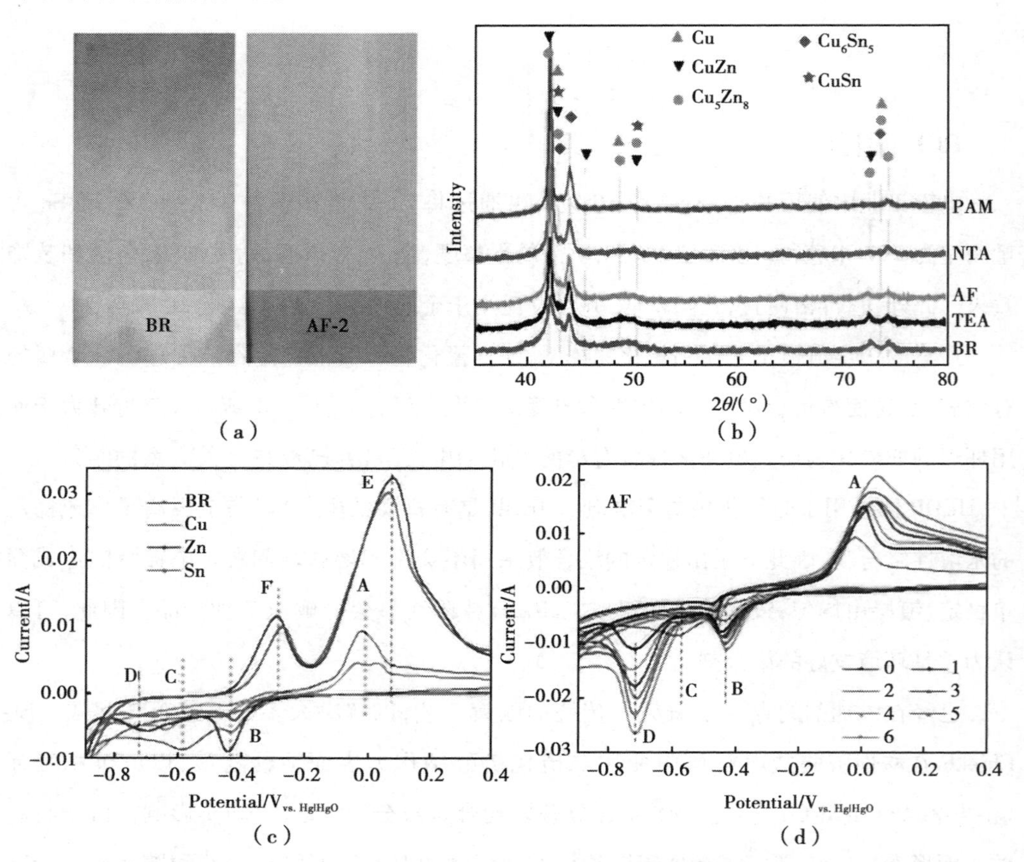

图 10.1 HEDP 体系电镀合金络合机理示意图

(a):电镀照片;(b):XRD 分析;(c)、(d):电化学分析

10.2 实验部分

10.2.1 电镀液配制

制备电镀液的顺序至关重要。首先,将 0.18 mol/L $CuSO_4 \cdot 5H_2O$(≥99.0%,天津致远化学试剂有限公司),0.06 mol/L $ZnSO_4 \cdot 7H_2O$(≥99.5%,天津北辰方正试剂厂),0.05 mol/L $Na_2SnO_3 \cdot 3H_2O$(≥98%,天津光复精细化工研究所),22.66 g/L $Na_3C_6H_5O_7 \cdot 2H_2O$(≥99.0%,天津光复科技发展有限公司)和 25.0 g/L Na_2CO_3(≥99.8%,天津光复科技发展有

限公司)溶解在少量的水中。在不溶于水但溶于碱性溶液的锡酸钠完全溶解后,随后添加约 2.5 g/L NaOH(≥96.0%,天津北辰方正试剂厂)。然后,加入主要的络合剂 HEDP(60%,山东优索化工科技有限公司)以达到 100.0 mL/L。随后根据溶液要求添加不同的添加剂。通过添加 NaOH 将溶液的 pH 值调节至 13.0~13.5。没有添加剂的电镀液为空白溶液(BR)。选择 4 种辅助添加剂,分别是 TEA(≥99.0%,天津大茂化学试剂厂),AF(≥96.0%,天津开通化学试剂公司),NTA(≥98.5%,西龙科学有限公司),PAM(M_W = 3 000 000,≥90.0%,天津致远化学试剂有限公司)进行研究。电镀实验应使用新鲜溶液进行。在溶液存在的情况下,镀层的颜色为黑色,在将材料沉积在底部之前,应放置 48 h 以上。使用水净化系统(美国 PALL Cascada II I 30)净化水。所有试剂均为分析纯。

10.2.2　电镀实验

电解体系由电镀液,阴极板和阳极板组成。电镀液的有效体积为 100 mL。阴极是 4 mm×7 mm×1.0 mm的不锈钢板,其单侧有效面积为 12.0 cm^2。阳极由 4 mm×7 mm×1.0 mm的 $Cn_{0.7}Zn_{0.3}$合金组成,单面有效面积为 12.0 cm^2。温度保持在 25 ℃,电流密度和电解时间分别为 350.0 A/m^2和 60 s。电镀过程重复 3 遍以增加镀层的厚度。电解使用智能直流恒压电源(WJY-30 V/10 A)。

10.2.3　电化学测试

电化学测试是在 PARSTAT PMC-1000 电化学工作站上进行的。使用三电极体系,该体系由氧化汞参比电极,不锈钢工作电极(面积 = 1.0 cm^2;电镀实验中通常使用不锈钢)和 Pt 对电极(面积 = 1.0 cm^2)组成。所有电极都经过精细抛光和清洗。该体系用绝缘聚合物密封,以防止在测试过程中除有效电极面积以外的电极面积波动。循环伏安法(CV)扫描速度为 20 mV/s。

10.2.4　表征

除去阴极片后,用光学相机(Canon A590 IS)研究镀层的形貌。使用日立 SU8010 场发射环境 SEM-EDS 仪器进行表面调查和特征检测。在 20 kV 加速电压下收集图像和光谱。使用 Bruker D2 Phaser X 射线衍射仪(XRD)分析晶体结构。使用 TU-1901 紫外可见分光光度计(中国北京普析)进行紫外可见分光光度法。使用 KBr 颗粒法,通过 Magna 550II 红外光谱仪(美国 Nicolet)记录傅里叶变换红外(FTIR)光谱。

10.3 结果与讨论

10.3.1 含氮类添加剂对镀层色泽的影响

在图 10.2 中,通过光学照相机观察了在 4 种添加剂存在下获得的干燥的仿金镀层的外观。由不含添加剂的 BR 得到的仿金镀层表面是光滑的和紫红色的。当 NTA 的浓度为 5.0 g/L时,镀层为淡黄色并显示出亮度。当 NTA 的量为 20.0 g/L 时,镀层边缘出现焦化并变黑。当 NTA 的量增加到 25.0 g/L 时,大多数镀层是黑色,并观察到针孔。因此,NTA 用量为 5.0 g/L 可改善镀层亮度。分析表明,NTA 影响其晶粒细化和电解质稳定性,因为它与镀液中的 Cu、Zn 和 Sn 离子形成络合物。此外,NTA 的羧酸基容易在阴极中释放,从而引起析氢反应,这导致镀层表面上的针孔数量增加。

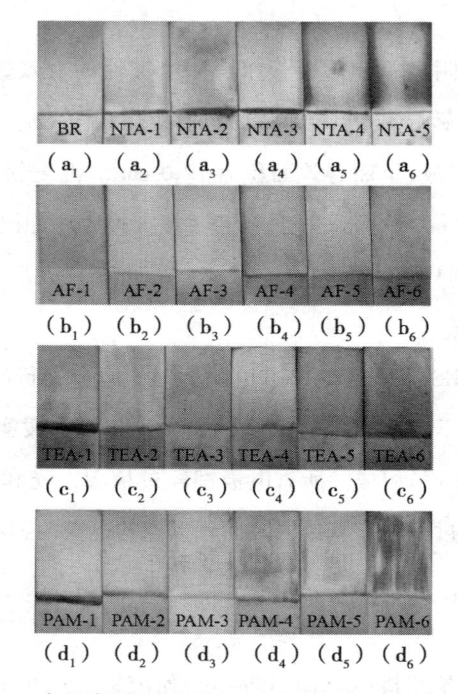

图 10.2 含氮类添加剂对镀层色泽的影响(彩图见附录)

(a):BR 0.0 g/L,NTA 5.0,10.0,15.0,20.0,25.0 g/L;(b):AF 1.0,2.0,3.0,4.0,5.0,6.0 g/L;
(c):TEA 2.0,5.0,10.0,15.0,20.0,25.0 mL/L;(d):PAM 3.0,4.0,5.0,6.0,7.0,8.0 mL/L

注:每一个不锈钢片的宽度都是 30.0 mm。

当 AF 的浓度从 0 增加到 1.0 g/L 时,镀层的颜色从红色逐渐变为仿金色。镀层为黄色,当 AF 浓度为 2.0~3.0 g/L 时,观察到最佳亮度。但是,当用量超过 4.0 g/L 时,镀层几乎呈黑色。因此,当考虑降低成本时,AF 的最佳浓度为 2.0 g/L。分析表明 AF 含有氟离子和无机铵。因此,AF 改善了镀层的平整度和光亮度,并使晶粒细化。

当 TEA 浓度为 2.0 mL/L 时，镀层呈紫红色。当 TEA 浓度增加到 5.0 mL/L 时，镀层从红色变为仿金。当 TEA 浓度进一步提高到 10.0～20.0 mL/L 时，镀层为玫瑰金。当 TEA 的浓度为 25.0 mL/L 时，镀层为黑色。因此，在 5.0 mL/L 的最佳 TEA 浓度下，镀层类似于金。TEA 被认为是一种辅助络合剂，可以代替 HEDP 的一部分来促进阳极溶解并改善镀液的分散能力。TEA 会延迟碳酸钠的积累，以防止形成镀层毛刺和其他缺陷，从而增强镀层的亮色。它还可以改善表面粗糙度并减少发黑。

当 PAM 的浓度从 3.0 mL/L 增加到 4.0 mL/L 时，镀层颜色从浅黄色变为金黄色。当 PAM 的浓度超过 5.0 mL/L 时，镀层接近黑色。当 PAM 的量为 8.0 mL/L 时，镀层显示为黑色。因此，用于电镀的 PAM 的最佳浓度为 4.0 mL/L；在此浓度下，由于有机聚合物 PAM 在减小镀层的晶粒尺寸方面起着至关重要的作用，因此获得了具有仿金镀层光泽的均匀镀层。

10.3.2　含氮类添加剂对电极电化学反应的影响

分析了添加剂对电极界面的影响，如图 10.3 的 CV 曲线所示。在图10.3(a)中，黑线是在正向扫描下从低电位到高电位采集的，峰 A 表示阳极材料的溶解。当电位超过 0.5 V 时，电极附近会出现大量气泡，主要代表氧气的逸出。红线是在反向扫描下从高电势到低电势获得的，峰 B 和 C 代表阴极材料的沉积。当电压降至-0.8 V 以下时，电极附近会出现大量氢气泡。这些结果表明，在 Cu-Zn-Sn 还原过程中，电沉积过程经常伴随着析氢反应。在-1.0～-0.8 V 观察到感应电流环路，其中负扫描电流与正扫描电流交叉，即阴极电流在阳极扫描方向上比在阴极扫描方向上高。这些发现证实了电沉积过程中存在颗粒核的形成和溶解。

通过分析图 10.3(b) 所示的 CV 曲线可以确定主盐对电极界面的影响。BR 溶液的 CV 曲线：0.18 mol/L $CuSO_4 \cdot 5H_2O$、0.06 mol/L $ZnSO_4 \cdot 7H_2O$ 和 0.05 mol/L $Na_2SnO_3 \cdot 3H_2O$，并且在 -0.44 V 和 -0.59 V 时，分别出现了阴极沉积峰 B 和 C。使用 0.18 mol/L $CuSO_4 \cdot 5H_2O$溶液获得 Cu 曲线，并且阴极沉积峰出现在-0.44 V 和-0.63 V 处。使用 0.06 mol/L $ZnSO_4 \cdot 7H_2O$ 溶液获得 Zn 曲线，并在-0.44 V 和-0.71 V 处观察到阴极沉积峰。使用 0.05 mol/L $Na_2SnO_3 \cdot 3H_2O$溶液获得 Sn 曲线，并且阴极沉积峰出现在-0.44 V 处。在 BR 和 Cu 曲线的正扫描中，由于阳极 Cu 的溶解峰，在大约 0 V 处观察到峰 A。此外，在 Cu、Zn 和 Sn 曲线中，只有 Zn 曲线在-0.71 V 处显示出阴极沉积峰；因此，峰 D 主要是由于 Zn 或 Zn 化合物的沉淀。同样，只有 Cu 曲线在-0.63 V 附近表现出阴极沉积峰；

因此,峰 C 主要归因于 Cu 或 Cu 化合物的沉淀。值得注意的是,在所有 3 条曲线中均在 −0.44 V处观察到阴极沉积峰;因此,峰值 B 可能是由于 Cu、Zn 和 Sn 的同时沉淀。

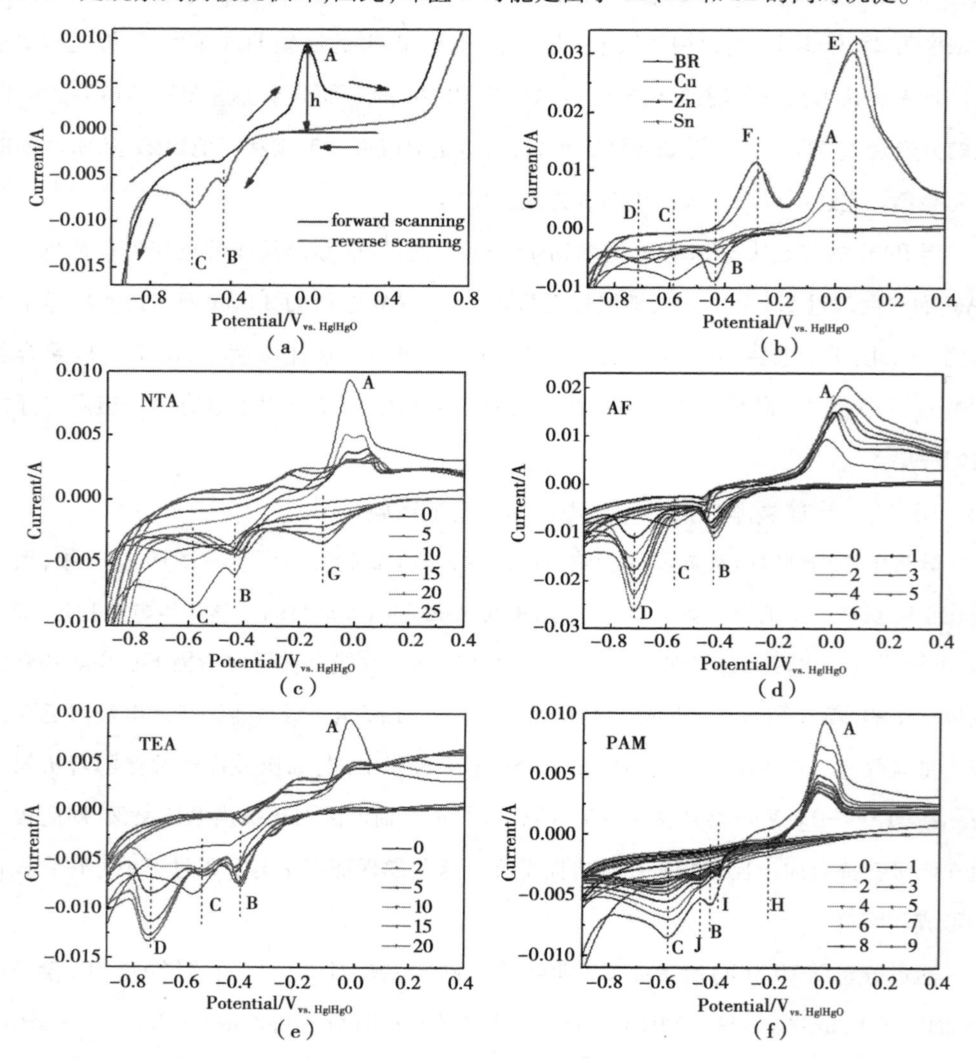

图 10.3 用 CV 曲线分析含氮类添加剂对电极界面的影响(彩图见附录)

(a):BR;(b):BR 和仅含主盐的溶液;(c):含 NTA 的 BR(NTA 0,5,10,15,20,25 g/L);(d):含 AF 的 BR(AF 0,1,2,3,4,5,6 g/L);(e):含 TEA 的 BR(TEA 0,2,5,10,15,20 mL/L);(f):含 PAM 的 BR(PAM 0,1,2,3,4,5,6,7,8,9 mg/L)

通过 CV 曲线分析添加剂对电极界面的影响如图 10.3(f)所示。图 10.3(c)是含 NTA 的 BR 镀液的 CV 曲线。阴极沉积峰 A、B 和 C 的峰值电流随着 NTA 浓度的增加而明显降低,而峰 D 甚至消失。但是,峰值 G 逐渐增加。电镀实验表明,NTA 浓度的增加导致镀层表面变黑,因此峰 G 可能归因于沉积过程中形成的黑色氧化物或硫化物。因此,峰值 G

的增加不利于仿金电镀。

图 10.3(d)显示了含有 AF 的 BR 镀液的 CV 曲线。阴极沉积峰 C 的峰值电流随着 AF 浓度的增加而显著降低，表明镀层的 Cu 含量降低。此外，阴极沉积峰 A 和 D 的明显增加表明 AF 促进了阳极的溶解并增加了在阴极处的 Zn 沉积。相反，阴极沉积峰 B 的显著增加表明加速了金属沉积。此外，在 CV 曲线中未观察到新峰，表明未形成新相。峰 B、C 和 D 的变化表明，沉积的 Cu、Zn 和 Sn 的数量不同。这些结果表明 AF 可以促进镀层的形成并且与电镀实验的一致。

图 10.3(e)显示了含 TEA 的 BR 镀液的 CV 曲线。随着 TEA 浓度的增加，阴极沉积峰 B 和 D 的峰值电流明显增加，表明加快金属沉积。但是，阴极沉积峰 C 明显降低，表明镀层的 Cu 含量降低。此外，随着 TEA 浓度的增加，峰 A 也显著降低，表明阳极的溶解减慢。比较图 10.3(d)、(e)，即分别比较在 AF 和 TEA 存在下获得的 CV 曲线显示，阴极还原峰相同，但 AF 和 TEA 对峰 A 表现出相反的影响。因此，向电镀液中添加 AF 比添加 TEA 导致更有利的阳极溶解，从而使从镀液中去除的金属离子得以补充。

图 10.3(f)显示了含 PAM 的 BR 镀液的 CV 曲线。随着 PAM 浓度的增加，阴极沉积峰 B 和 C 的峰值电流显著下降，峰 D 甚至消失。相反，峰 A 明显增加，表明阳极溶解增加。CV 曲线中出现了新的峰，尤其是峰 H、I 和 J。如前所述，增加 PAM 的浓度会导致镀层表面变黑，因此峰 H、I 和 J 可能归因于沉积形成的黑色氧化物。因此，这些峰的增加不利于仿金镀层。带有氨基的长聚合物链的转移阻止了溶液中 Cu^{2+} 的迁移，从而导致观察到的阳极溶解峰值电流降低，并对电极界面产生不利影响。基于该分析，氧化峰值电流随着 PAM 浓度的增加而降低。PAM 的氨基垂在聚合物的长链上，酰胺基可以防止树枝状晶体的形成，从而导致镀层表面更光滑。较长的聚合物链将防止离子在固液界面扩散，并有效减少离子向界面的扩散，从而导致高阴极电流，并使沉积的仿金电镀显得发黑。

10.3.3　含氮类添加剂对镀层表面微观形貌的影响

研究了添加剂浓度对镀层颜色和仿金电镀工艺的电化学反应的影响，以确定其最佳值。此外，还研究了添加剂结构对镀层形态的影响。选择了以下几种添加剂进行研究：

(a)无添加剂的电镀液(BR)；

(b)BR+5.0 g/L NTA；

(c)BR+2.0 g/L AF；

(d)BR+5.0 mL/L TEA；

(e)BR+4.0 mg/L PAM。

研究了这些添加剂对仿金镀层性能的影响,例如表面形态、组成和相。

图 10.4 显示了在 4 种添加剂存在下获得的镀层的横截面和表面的 SEM 图像。从不含添加剂的 BR 中获得的镀层厚度约为 1.0 μm,其表面由 0.5~1.5 μm 的颗粒组成[图 10.4(a)]。当向 BR 中添加 5.0 g/L NTA 时,镀层厚度约为 1.5 μm,不平整的表面由约 1.0 μm的颗粒组成[图 10.4(b)]。当将 2.0 g/L AF 添加到 BR 中时,镀层的厚度约为 1.2 μm,相对光滑的表面由 0.2~0.4 μm 的颗粒组成[图 10.4(c)]。当向 BR 中添加 5.0 mL/L TEA时,镀层的厚度接近 1.1 μm,0.4~1.5 μm 的颗粒组成不规则表面,并显示出明显的枝晶[图 10.4(d)]。当在 BR 中添加 4 mg/L PAM 时,仿金镀层的厚度约为 0.9 μm,不完整的表面层包含 0.5~1.0 μm 的颗粒[图 10.4(e)]。在存在添加剂的情况下,形成的镀层中颗粒尺寸和尺寸范围小于从 BR 中获得的镀层的颗粒尺寸和尺寸范围,表明发生了晶粒细化。值得注意的是,AF 的效果是最有利的;在该添加剂的存在下,获得均匀的粒度和致密的晶体,并且镀层具有紧凑的排列且是光滑的。

EDS 分析揭示了每个镀液形成的电沉积物的组成(表 10.1)。值得注意的是,从 BR (0.18 mol/L $CuSO_4 \cdot 5H_2O$、0.06 mol/L $ZnSO_4 \cdot 7H_2O$ 和 0.05 mol/L $Na_2SnO_3 \cdot 3H_2O$ 溶液)获得的电沉积的 Cu、Zn 和 Sn 含量分别是 77.200、21.662 和 1.138%。在将 4 种 N 基添加剂添加到镀液后,Cu 含量降低,而 Zn 含量提高。然而,Sn 含量的变化是多样的。根据文献,纯 Cu、Zn 和 Sn 镀层分别显示为紫红色、银色和银色。通过控制这 3 种元素的比例可以实现仿金镀层。当使用 AF 时,Cu 含量降低至 73.347%,Sn 含量最高为1.212%,并且 Zn 含量为 25.441%;因此,获得了金黄色镀层。当使用 PAM 时,观察到最小的 Cu 和 Sn 含量分别为 73.083%和 0.769%,并且最高的 Zn 含量为26.148%。所得镀层为浅黄色。TEA 的添加导致高的 Cu 含量为 76.689%,并且 Sn 和 Zn 的含量分别为 1.166%和 22.145%。因此,镀层为玫瑰金。因此,EDS 结果解释了观察到的镀层颜色。

表 10.1 用 EDS 分析含氮类添加剂对镀层组成的影响

添加剂	Cu/%	Sn/%	Zn/%
BR	77.200	1.138	21.662
NTA	75.409	0.961	23.630
AF	73.347	1.212	25.441
TEA	76.689	1.166	22.145
PAM	73.083	0.769	26.148

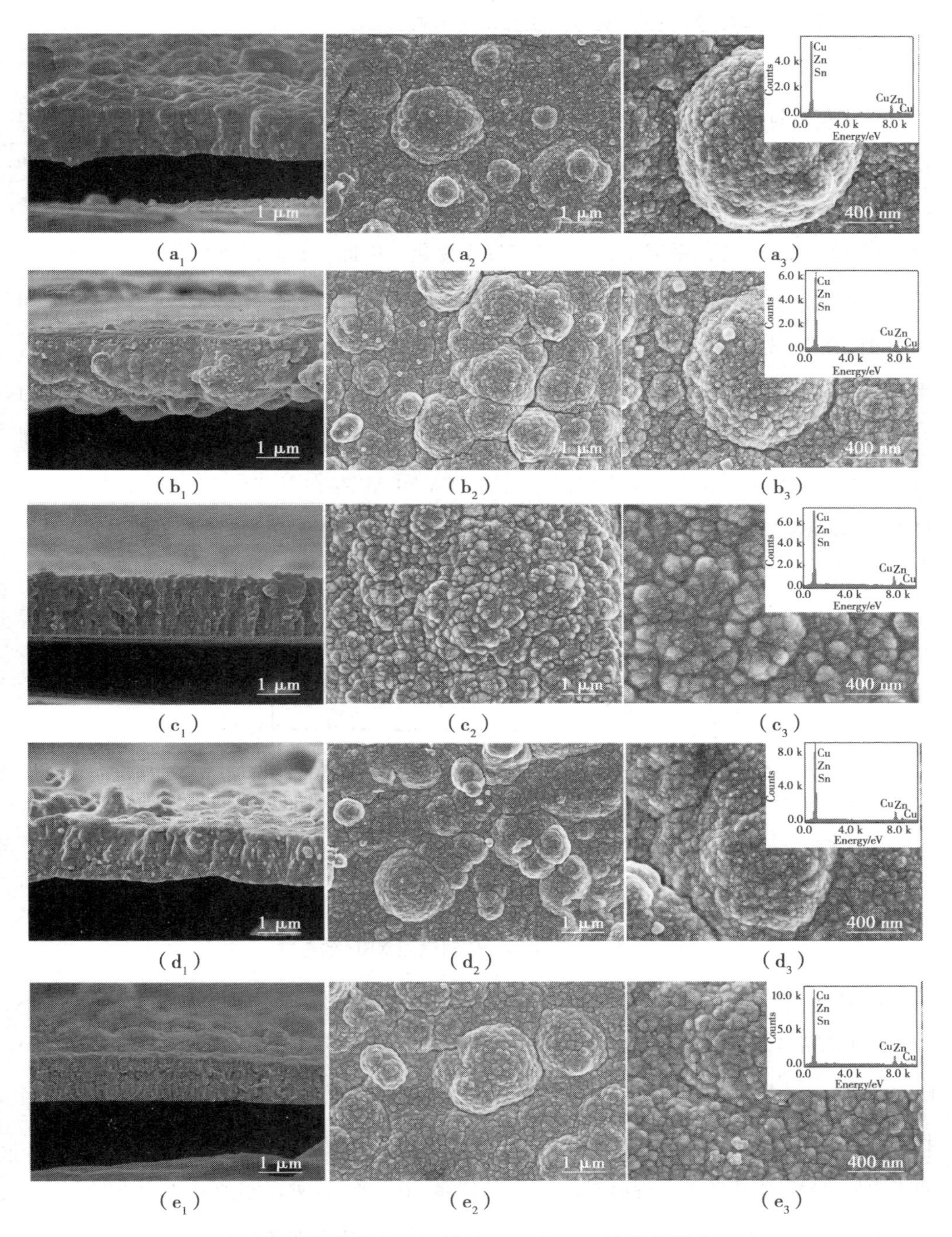

图 10.4　含氮类添加剂对 SEM 和 EDS 结果的影响

(a_1)—(a_3):BR; (b_1)—(b_3):5.0 g/L NTA;(c_1)—(c_3):2.0 g/L AF;

(d_1)— (d_3):5.0 mL/L TEA;(e_1)—(e_3):4.0 mg/L PAM

10.3.4 含氮类添加剂对镀层相组成的影响

图 10.5 显示了用不同添加剂获得的镀层的 XRD 图。将结果与粉末衍射标准委员会(JCPDS)提供的预期模式进行了比较。从 BR 溶液获得的沉积物的衍射图(图 10.5)表明存在 CuZn(JCPDS 02-1231)、Cu_5Zn_8(JCPDS 25-1228)、η-Cu_6Sn_5(JCPDS 45-1488)、CuSn(JCPDS 65-3433)和 Cu(JCPDS 71-0339)相。当在 BR 中添加 5.0 mL/L TEA 或 2.0 g/L AF 时,衍射峰的 2θ 位置几乎恒定,只有峰高发生变化。因此,当添加 TEA 或 AF 时,镀层中的合金相保持不变,但是相的比例却有所不同。当在 BR 中添加 5.0 g/L NTA 或4.0 mg/L PAM 时,在 73°处的 2θ 衍射峰消失,这主要归因于 BR 样品的 CuZn 和 Cu_5Zn_8 相。同时,当将 NTA 或 PAM 添加到 BR 中时,在−0.71 V 处的 Zn 沉积峰消失[图 10.3(c)、(f)]。因此,XRD 结果与电化学分析结果一致。在所有情况下,都形成了 Cu-Sn-Zn 三元合金。在 BR 中产生的 Cu-Sn-Zn 电沉积物与在添加剂 TEA 和 AF 存在下获得的晶相相同。因此,TEA 和 AF 不仅影响了 Cu-Sn-Zn 电沉积相的比例,而且 NTA 和 PAM 影响了相组成。

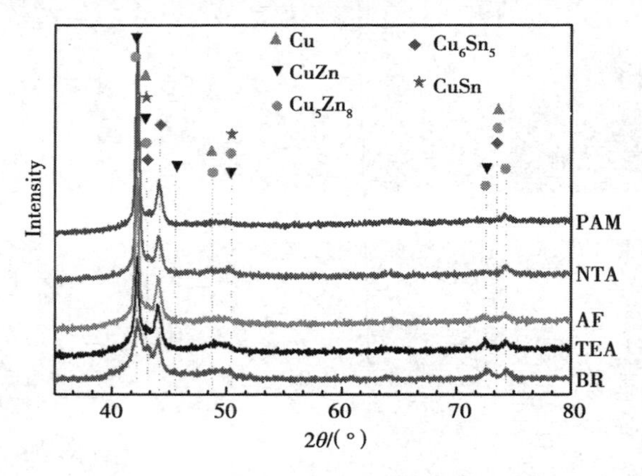

图 10.5 含氮类添加剂对镀层 XRD 的影响

10.3.5 含氮类添加剂对电镀液的紫外和红外光谱的影响

为了研究 4 种 N 基添加剂的机理,测量并比较了电镀液的 UV-Vis 和 FTIR 光谱特性,如图 10.6 所示。图 10.6(a)显示 BR 的吸收峰出现在 300 nm 处,并且当向其添加 TEA 时其吸收峰没有移动。当向 BR 中添加 NTA 或 AF 时,吸收峰呈现出从 300 nm 至 298 nm 的蓝移,而当添加 PAM 时,吸收峰呈现出至 301 nm 的红移。在 196 nm 处观察到 PAM 的—NH_2基团的最大吸收波长;但是,镀液的最大吸收波长不受痕量 PAM 存在的影响。比较 4 种 N 基添加剂对电镀液 UV 光谱的影响,发现它们的影响几乎可以忽略不计。

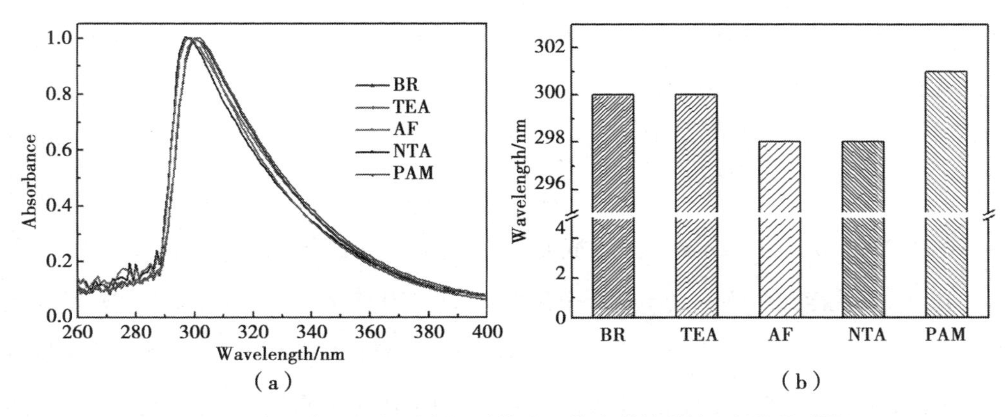

图 10.6　含氮类添加剂对电解质紫外吸收光谱的影响(彩图见附录)

(a):电解质的 UV 光谱;(b):不同的添加剂对峰 A 的波长偏移影响

BR 溶液的主要含量为:0.18 mol/L $CuSO_4 \cdot 5H_2O$、0.06 mol/L $ZnSO_4 \cdot 7H_2O$、0.05 mol/L $Na_2SnO_3 \cdot 3H_2O$、22.66 g/L $Na_3C_6H_5O_7 \cdot 2H_2O$、100.0 mL/L HEDP 和 25.0 g/L Na_2CO_3,pH 值为 13.0~13.5。图 10.7(a)显示了在 3 450~3 600 cm^{-1}处的吸收峰,归因于自由的和相关的—OH 拉伸振动。在 3 060 cm^{-1}和 1 660 cm^{-1}处的吸收峰归因于—OH 拉伸和振荡振动。1 575 cm^{-1}和 1 397 cm^{-1}处的谱带分别是由于羧酸根离子的不对称振动和对称振动引起的。1 104 cm^{-1}和 992 cm^{-1}处的谱带归因于 HEDP 的 P—O 拉伸振动,而 947 cm^{-1}处的谱带归因于 P—O 与电镀液中主盐离子之间的相互作用。添加痕量的 4 种 N 基添加剂后,镀液的吸收峰几乎保持不变[图 10.7(b)]。

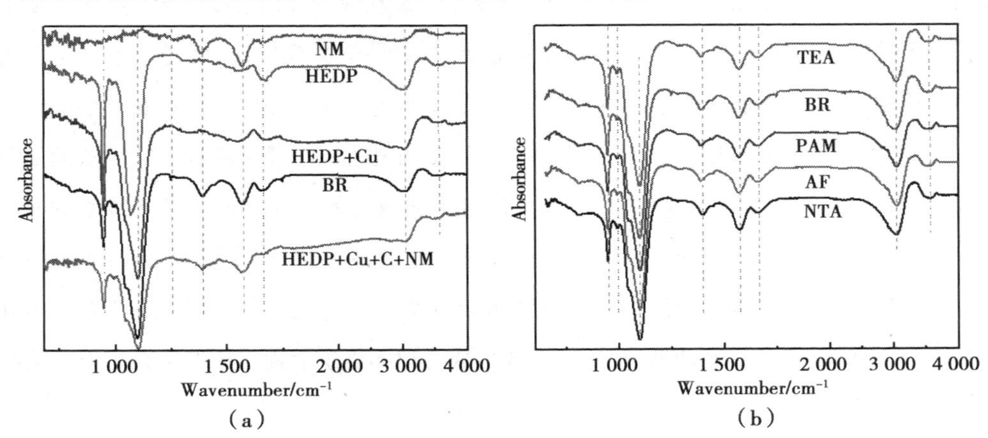

图 10.7　含氮类添加剂对电解质的 FTIR 吸收峰的影响

(a):不含添加剂的电解液的 IR 光谱;(b):含不同添加剂的电解质的 IR 光谱

如文献所述,主要配合物 HEDP 的分子式为 $C(CH_3)(OH)(PO_3H_2)_2$,通常表示为 H_4L。当 pH 值为 13.0~13.5 时,HEDP 主要以 L^{4-}的形式存在。在强碱性电镀液中,Cu^{2+}主要形成2个配合物：$Cu(OH)_4^{2-}$为主要物质，CuL_2^{6-}为次要物质。根据文献，用HEDP电沉积铜表现出两步放电，其表示如下：

$$CuL_2^{6-} \longrightarrow CuL^{2-} + L^{4-} \tag{10.1}$$

$$CuL^{2-} + 2e^- \longrightarrow Cu + L^{4-} \tag{10.2}$$

在强碱性镀液中，Zn^{2+}主要形成是$Zn(OH)_4^{2-}$络合物和少量的$(ZnLOH)^{3-}$和$Zn(OH)_3^-$。在此溶液中，Sn^{4+}还形成2个络合物：$Sn(OH)_3^-$为主要物质，$SnL(OH)_2^{4-}$为次要物质。光谱分析表明，在添加4种N基添加剂后，电镀液的UV和IR光谱几乎保持不变。这些结果表明，在没有电流的情况下，电镀液中存在的金属离子络合物是相似的。然而，添加剂对电极界面的影响在所施加的电流下会变化。因此，观察到沉积镀层的形态，组成和晶体结构的差异。

10.4 本章小结

本章考查了使用无氰HEDP体系对Cu-Zn-Sn合金进行电镀的过程，$CuSO_4 \cdot 5H_2O$，$ZnSO_4 \cdot 7H_2O$和$Na_2SnO_3 \cdot 3H_2O$是主盐，柠檬酸钠作为辅助络合剂，氢氧化钠和无水碳酸钠作为电镀液中的缓冲剂。将4种N基添加剂分别添加到基本HEDP体系中，然后进行电镀实验和电化学分析。可以代替部分HEDP的TEA被用作辅助络合剂，以促进阳极溶解并改善电镀液的分散能力。该添加剂对镀层的颜色和亮度有有利的影响，但是镀层表面不规则。NTA的羧酸基很容易在阴极释放，引起氢释放反应，从而导致形成更多的针孔和不规则的镀层表面。当NTA的浓度增加时，镀层表面变黑，这可能是由于沉积过程中形成的黑色氧化物或硫化物。除无机铵外，AF还包含氟化物，这会影响镀层的平整度，使晶粒细化并改善亮度。此外，这种添加剂可以促进金属沉积和阳极溶解，从而能够形成尺寸均匀且排列紧凑的颗粒，光滑的黄色镀层和致密的晶体结构。具有胺基的有机聚合物PAM的长链可以防止溶液中Cu^{2+}的迁移。因此，阳极溶解峰值电流降低，这对电极界面产生不利影响。阳极峰电流随PAM浓度的增加而降低。但是，PAM的氨基垂在其长链上，因此阻止了枝晶的形成，从而导致形成平坦的镀层表面。这些结果可能为选择用于电沉积Cu-Zn-Sn合金的添加剂提供理论依据。

第 11 章　四种含羟基类添加剂对 HEDP 体系电镀仿金 Cu-Zn-Sn 合金的影响

11.1　引言

电沉积是许多不同类型应用中制备金属和金属合金薄膜最常用的方法之一。与单一金属镀层相比，金属合金镀层具有更广泛的特性，例如更好的耐腐蚀性和机械抗性、良好的一致性和装饰性以及更高的硬度。众所周知，使用高浓度金属离子和少量添加剂的镀液，可以制备高质量的微纳米膜（用于既光滑又光亮的镀层）。因为这些添加剂可能直接影响金属离子和络合剂的沉积机理，所以必须仔细研究电镀液中包含的每种添加剂。到目前为止，虽然已经研究了许多不同类型的电镀体系和添加剂，但只解释了其效果；添加剂影响电镀体系的机理尚未解释，这制约了添加剂在仿金电镀中应用的研究发展。

在本章中，使用 HEDP 体系来研究 4 种含羟基的添加剂，即甲醇（CH_4O，MET）、乙二醇（$C_2H_6O_2$，EG）、甘油（$C_3H_8O_3$，GLY）和甘露醇（$C_6H_{14}O_6$，MAN）。MET、EG、GLY 和 MAN 的相应羟基数分别为 1、2、3 和 6。为了探讨它们对 Cu-Zn-Sn 合金无氰电沉积过程中镀层性能和电镀机理的影响，循环伏安法用于研究电极反应过程。用 SEM、EDS 和 XRD 表征了合金镀层的微观形貌、成分和相结构，用 UV-Vis、FTIR 和 NMR 分析了电镀液的络合机理（图 11.1）。结果表明，该体系不仅对 Cu-Zn-Sn 合金的电沉积具有一定的指导作用，而且对其他无氰电镀合金体系也有应用价值。

11.2　实验部分

所有试剂均为分析纯。使用水净化系统对水进行净化（美国 PALL Cascada II I 30）。制备电镀液的顺序至关重要。首先，量取主络合剂 100.0 mL/L HEDP，然后称量 0.18 mol/L $CuSO_4 \cdot 5H_2O$、0.06 mol/L $ZnSO_4 \cdot 7H_2O$、0.05 mol/L $Na_2SnO_3 \cdot 3H_2O$、0.077 mol/L $Na_3C_6H_5O_7 \cdot 2H_2O$ 和 0.25 mol/L Na_2CO_3，分别用少量水溶解，之后，它们被依次添加到 HEDP 中。最后，根据溶液要求添加不同的添加剂。选择了 4 种添加剂，即 MET、EG、GLY 和 MAN。通过添加氢氧化钠将溶液的 pH 值调节至 13.0。无添加剂的镀液为空白镀液（BR）。电镀槽的有效容积为 100 mL。电镀体系的阴极是 30 mm×70 mm×1.0 mm 的不锈钢板,单面有效面积为 15.0 cm^2。阳极由 30 mm×70 mm×1.0 mm 的 $Cu_{0.7}Zn_{0.3}$合金组成,单面有效面积为 15.0 cm^2。温度保持在 25 ℃,电流密度和电镀时间分别为 350.0 A/m^2 和 60 s。

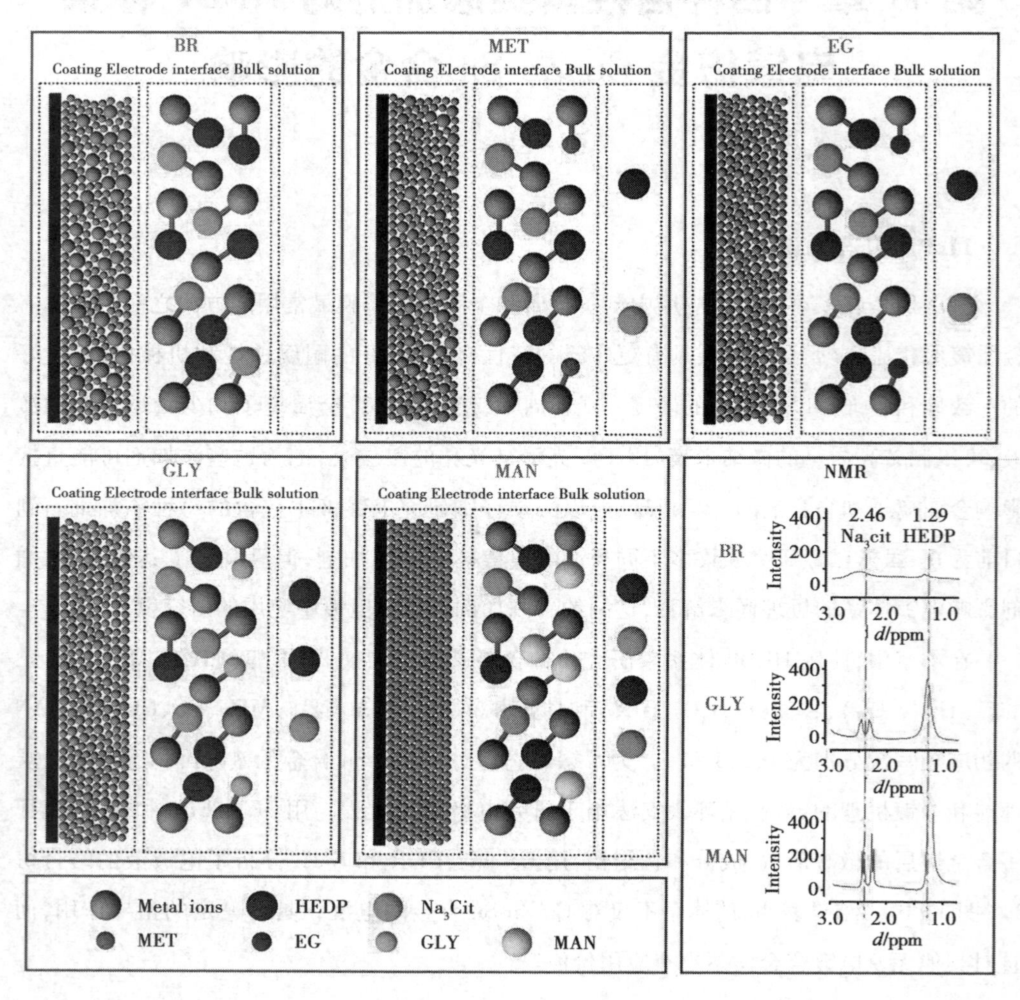

图 11.1　含羟基类添加剂对 HEDP 体系电镀合金影响机理示意图(彩图见附录)

电化学测试在通过 PARSTAT PMC1000 电化学工作站进行。工作电极是由不锈钢制成的圆盘(Φ= 10 mm,面积 = 78.5 mm^2)。对电极是铂片(3 cm ×3 cm)。参比电极是 Hg|HgO电极。在将工作电极和对电极浸入测试溶液之前,使用 2 000 级砂纸抛光它们的表面,用蒸馏水彻底清洗,并用热空气干燥。所有电化学测量都在 25 ℃的温度下进行。去除阴极板后,用光学照相机(Canon A590 IS)记录镀层的宏观形态。用日立 SU8010 型场发射环境扫描电镜能谱仪对镀层的表面微观形貌进行了检测。图像和光谱是在20 kV 加速电压下采集的。使用 Bruker D2 相位器 X 光衍射仪分析晶体结构。紫外-可见光谱在

TU-1901 紫外-可见分光光度计上进行(中国北京普析)。傅里叶变换红外光谱由 Magna 550Ⅱ傅里叶变换红外光谱仪(美国 Nicolet)记录。核磁共振(NMR)数据由 Avance Ⅲ 400 M (德国 Bruker)获得。

11.3　结果与讨论

11.3.1　羟基类添加剂对电极电化学反应的影响

分析了添加剂对电化学反应的影响,如循环伏安曲线所示(图 11.2)。在图 11.2(a)中,黑线是在正向扫描中从低电位到高电位获得的,峰 D($-0.25\ V_{vs.Hg\mid HgO}$)和 E($0\ V_{vs.Hg\mid HgO}$)是 2 个阳极峰,代表着金属和合金的溶解。当电位在正向扫描期间超过 0.6 V时,产生的峰归因于水的氧化($2H_2O \longrightarrow O_2+4H^++4e^-$)。在反向扫描中从高电位到低电位获得红线,峰 A($-1.17\ V_{vs.Hg\mid HgO}$),B($-0.78\ V_{vs.Hg\mid HgO}$)和 C($-0.53\ V_{vs.Hg\mid HgO}$)是 3 个阴极峰,这是由不同价态的金属离子的转变引起的。反向扫描期间,当电位降至-1.3 V 以下时,产生的峰值归因于氢离子的减少($2H^++2e^- \longrightarrow H_2$)。这些结果表明,在 Cu-Zn-Sn 的还原过程中,电沉积一直伴随着析氢反应。在-1.3~-1.5 V 时,观察到感应电流回路,负扫描电流穿过正扫描电流。阳极扫描方向的阴极电流比阴极扫描方向的高。这些发现证实了在电沉积过程中粒子核的形成和溶解发生了振荡。

在图 11.2(b)中,BR 曲线表示空白电镀液的 CV 曲线,该空白电镀液由含有 0.18 mol/L $CuSO_4 \cdot 5H_2O$、0.06 mol/L $ZnSO_4 \cdot 7H_2O$ 和 0.05 mol/L $Na_2SnO_3 \cdot 3H_2O$ 的主盐组成,其主要阴极沉积峰为 A、B 和 C。铜曲线是通过使用仅含单一主盐 0.18 mol/L $CuSO_4 \cdot 5H_2O$ 的镀液获得的,其主要阴极沉积峰是 A 和 C。锌曲线是通过仅含有单一主盐 0.06 mol/L $ZnSO_4 \cdot 7H_2O$ 的镀液获得的,其主要阴极沉积峰是 B 和 C。锡曲线是通过仅含有单一主盐 0.05 mol/L $Na_2SnO_3 \cdot 3H_2O$ 的镀液获得的,其主要阴极沉积峰是 A 和 C。在铜、锌和锡的 3 条曲线中,只有锌曲线具有阴极沉积峰 B,因此峰 B 主要是归因于锌或含锌化合物的沉淀。同样,只有铜和锡曲线有阴极沉积峰 A,所以峰 A 可能是归因于铜和锡的共沉积。同时,铜、锌和锡的 3 条曲线都有一个阴极沉积峰 C,所以峰 C 可能归因于铜、锌和锡的同时共电沉积。此外,在锌曲线的正向扫描开始时出现的峰 F 可归因于反向扫描期间形成的氢气泡的氧化,该氢气泡保持吸附在电极表面上。

添加剂对电化学反应的影响通过 CV 曲线进行分析,如图 11.2(c)—(f)所示。含 MET 镀液的循环伏安曲线如图 11.2(c)所示。当 MET 的浓度从 0 增加到 80 mL/L 时,峰 A、B、C、D 和 E 的电势基本保持恒定。阴极峰 A、B 和 C 的高度都是先升高后降低,且当

MET 的浓度达到 30、20、60 mL/L 时，A、B 和 C 峰值分别达到最大值，表明此时最有利于促进阴极金属的沉积。阳极峰 D 和 E 的高度也是先升高后降低，且当 MET 浓度达到 60 mL/L时，2 个峰都达到最大值，表明此时促进阳极材料的溶解是最有利的。

含 EG 镀液的循环伏安曲线如图 11.2(d)所示。随着 EG 浓度从 0 增加到 5 mL/L，阴极峰 A、B 和 C 的高度逐渐增加，表明 EG 的加入加速了阴极金属的沉积。阳极峰 D 和 E 的高度也逐渐增加，表明 EG 的加入促进了阳极材料的溶解，从而加速阴极损失离子的补偿。然而，当 EG 浓度达到 7~10 mL/L 时，阴极峰 A 和阳极峰 E 的电位分别移至-1.23 V 和-0.05 V。阴极峰 C 和阳极峰 D、E 的高度变化显著。

含 GLY 镀液的循环伏安曲线如图 11.2(e)所示。随着 GLY 浓度从 0 增加至 0.1 mL/L 时，峰 A、B、C、D 和 E 的电位几乎保持不变。阴极峰 A、B 和 C 的高度逐渐增加，表明 GLY 的加入加速了阴极金属的沉积。阳极峰 D 和 E 的高度也逐渐增加，表明 GLY 的加入促进了阳极材料的溶解，从而加速阴极损失离子的补偿。然而，当 GLY 浓度达到 0.2 mL/L 时，阳极峰 E 电位移至 0.07 V。阴极峰 C 和阳极峰 D、E 的高度变化显著。

含 MAN 镀液的循环伏安曲线如图 11.2(f)所示。随着 MAN 的浓度从 0 增加到 5 g/L，阴极峰 A、B 和 C 的高度先升高后降低，峰 A、B 和 C 的强度高于空白镀液，并且当 MAN 的浓度为 3 g/L 时达到最大值，表明 MAN 浓度在 0~5 g/L 时，有利于促进 Cu-Zn-Sn 的共沉积。然而，当 MAN 的浓度为 7~10 g/L 时，阴极峰 A、B 和 C 的高度均小于空白镀液产生的高度并逐渐降低，表明 MAN 浓度在 7~10 g/L 时，不利于促进 Cu-Zn-Sn 的共沉积。此外，产生了额外的峰 G。当 MAN 浓度为 2~5 g/L 时，镀层颜色较好，通过支持文献中描述的电镀实验获得。然而，随着 MAN 浓度继续增加，镀层颜色变得暗淡。因此，由于 MAN 浓度的增加而形成的 G 峰不利于 Cu-Zn-Sn 合金的形成。

总之，当 4 种添加剂的浓度合适时(MET 10~80 mL/L；EG 0.1~5 mL/L；GLY 0.01~0.1 mL/L；MAN 2~5 g/L)，添加剂促进了 Cu-Zn-Sn 的共沉积。由于羟基是 4 种添加剂中存在的主要官能团，其中唯一不同的是羟基的数量，羟基有利于促进 Cu-Zn-Sn 的共沉积。然而，当 EG 和 GLY 浓度分别达到 7~10 mL/L 和 0.2 mL/L 时，相应阴极峰的电位发生偏移，导致电极反应的变化。当 MAN 的浓度增加到 7~10 g/L 时，相应阴极峰的高度小于由空白镀液产生的高度，这对合金的沉积是有害的。因此，当羟基超过一定浓度时，不利于促进 Cu-Zn-Sn的共沉积。在本书研究的添加剂中，MET 的羟基最少，因此，浓度的增加对合金镀层的影响不大。MAN 有最多的羟基，因此随着羟基浓度的增加，合金的沉积受到负面影响。

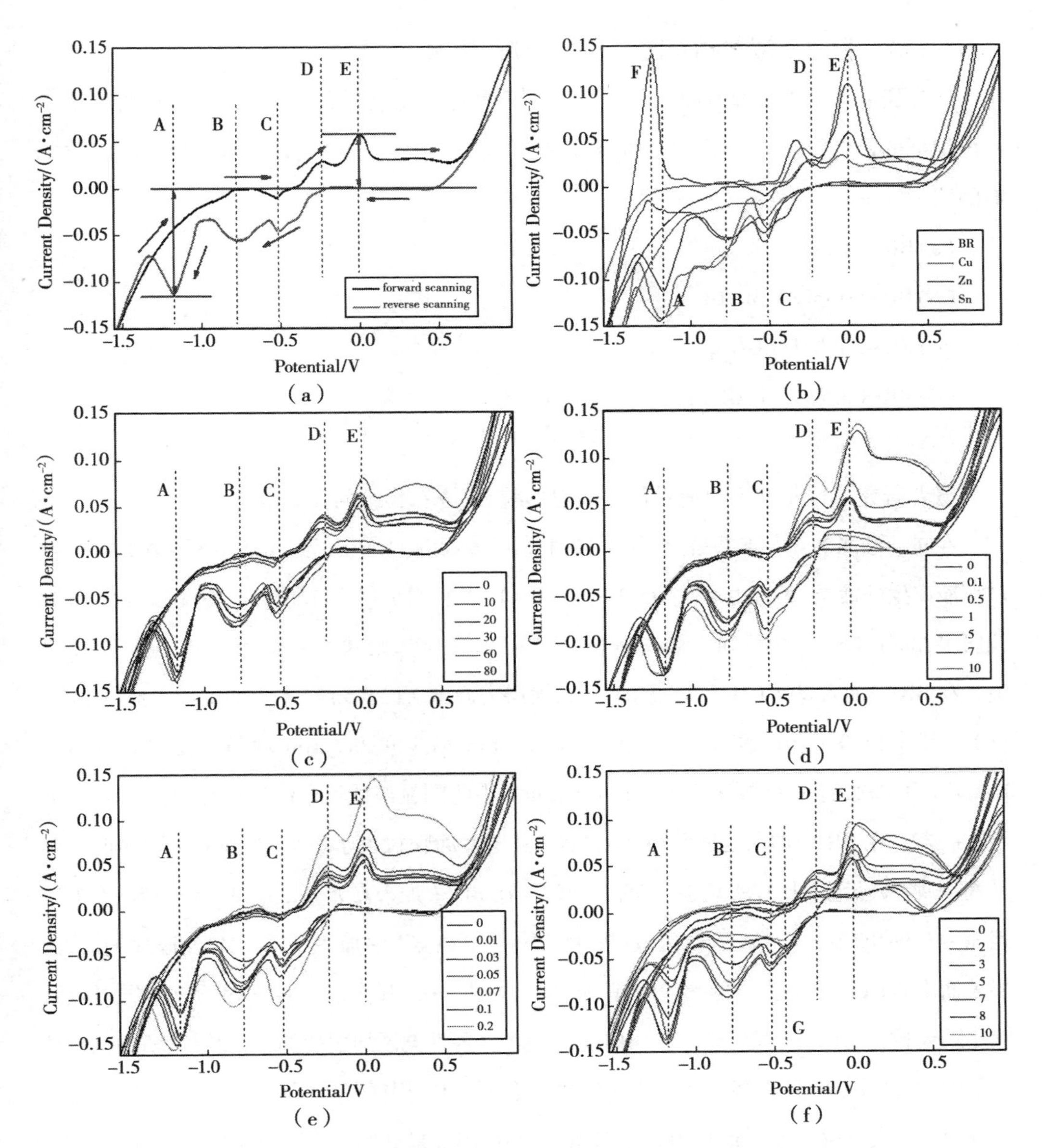

图 11.2　用 CV 曲线分析羟基类添加剂对电化学反应的影响(彩图见附录)

(a):BR;(b):BR,仅含一种主盐的溶液;(c):含 MET 的 BR(0,10,20,30,60,80 mL/L);

(d):含 EG 的 BR(0,0.1,0.5,1,5,7,10 mL/L);(e):含 GLY 的 BR(0,0.01,0.03,0.05,0.07,0.1,0.2 mL/L);

(f):含 MAN 的 BR(0,2,3,5,7,8,10 g/L)

11.3.2 羟基类添加剂对镀层微观形貌的影响

通过研究不同浓度添加剂对镀层表面颜色和电极电化学反应的影响，我们得到了每种添加剂的最佳浓度，并比较了添加剂对镀层微观形貌的影响。为实验选择的辅助添加剂的浓度如下：

(a)BR；

(b)BR+60 mL/L MET；

(c)BR+1 mL/L EG；

(d)BR+0.05 mL/L GLY；

(e)BR+3 g/L MAN。

笔者研究了这4种添加剂对镀层微观形貌、成分和相结构的影响。

在4种添加剂存在下获得镀层的扫描电镜图像如图11.3所示。对于由不含添加剂的空白镀液产生的镀层，表面由尺寸为0.1~0.65 μm的颗粒组成[图11.3(a)]，其中以0.1 μm颗粒居多，部分0.5 μm颗粒和少量0.65 μm颗粒。这表明镀层中颗粒大小不均匀，表面不平整。在BR中加入60 mL/L MET添加剂后，镀层表面由0.1~0.5 μm大小的颗粒组成[图11.3(b)]，其中以0.1 μm颗粒居多，有部分0.3 μm和少量0.5 μm颗粒。在BR中加入1 mL/L EG添加剂后，镀层表面由0.1~0.3 μm大小的颗粒组成[图11.3(c)]，其中以0.2 μm颗粒居多。在BR中加入上述两种添加剂后，镀层表面颗粒大小不均匀，表面也明显凹凸不平，但颗粒粒径范围却有所减小，且渐至均匀。在BR中加入0.05 mL/L GLY添加剂后，镀层表面由0.1~0.2 μm大小的颗粒组成[图11.3(d)]。在BR中加入3 g/L MAN添加剂后，镀层表面由0.1 μm左右大小的颗粒组成[图11.3(e)]。在BR中加入GLY和MAN添加剂后，镀层颗粒粒径均匀，表面平整。与BR相比，随着含羟基类添加剂的加入，镀层表面的颗粒粒径范围均有所减小，所以羟基有细化晶粒的作用。添加剂中存在的羟基越多，晶粒的细化作用越明显。尤其含有6个羟基的添加剂MAN的作用效果最明显，颗粒粒径均匀，排列致密，所以镀层平整，结晶致密。结合前面的电化学分析，更好地验证了羟基有利于Cu-Zn-Sn合金的共沉积。

表11.1 用EDS结果分析羟基类添加剂对镀层组分的影响(质量分数/%)

添加剂	Cu	Zn	Sn
BR	74.820	24.483	0.697
MET	74.254	25.128	0.618
EG	74.120	25.102	0.778

续表

添加剂	Cu	Zn	Sn
GLY	73.870	25.379	0.751
MAN	73.293	26.079	0.628

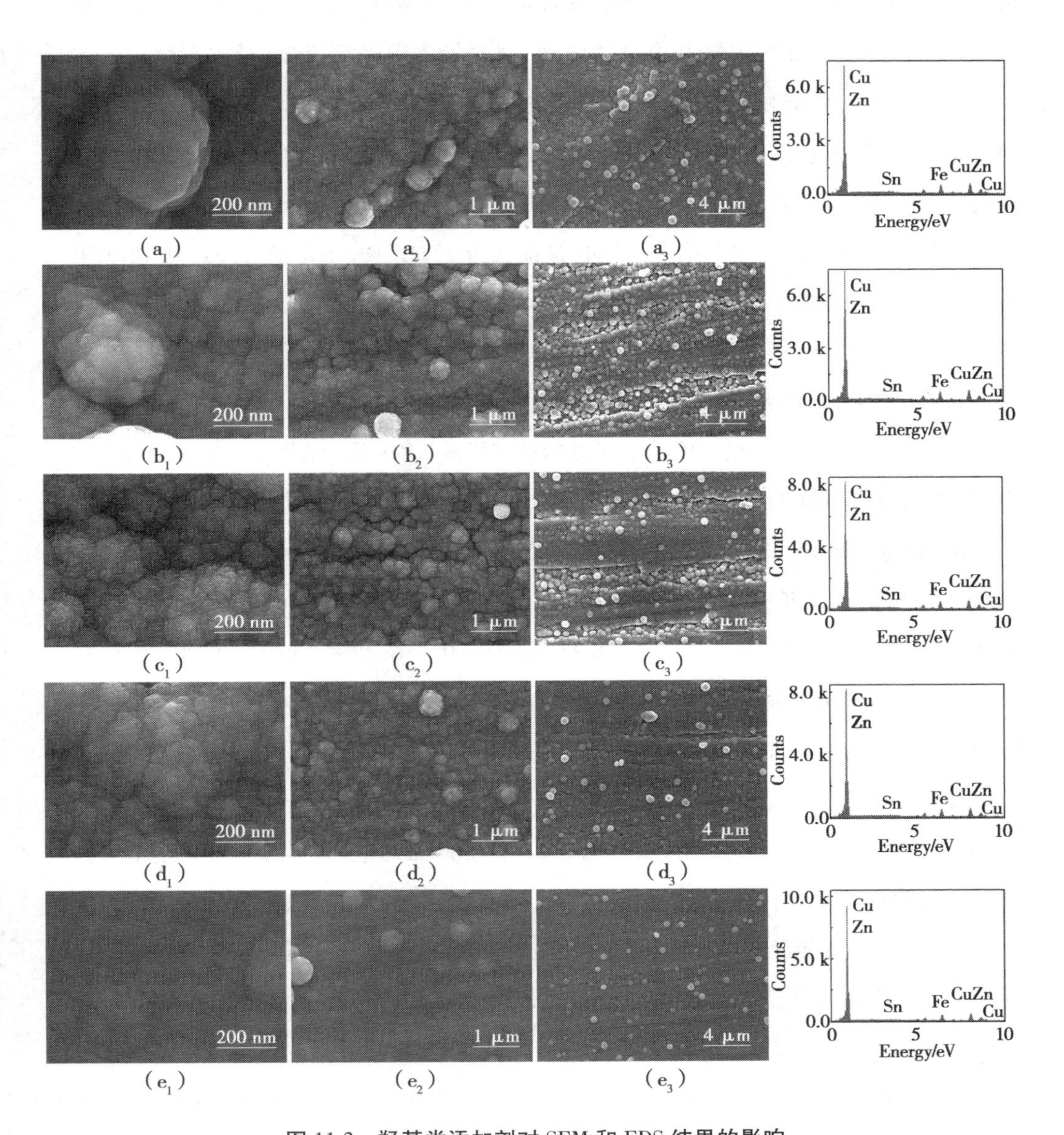

图 11.3　羟基类添加剂对 SEM 和 EDS 结果的影响

(a_1)—(a_3):BR;(b_1)—(b_3):含 60 mL/L MET 的 BR; (c_1)—(c_3):含 1 mL/L EG 的 BR;
(d_1)—(d_3):含 0.05 mL/L GLY 的 BR;(e_1)—(e_3):含 3 g/L MAN 的 BR

EDS 分析揭示了在 4 种添加剂存在下获得的镀层组成见表 11.1。在不添加添加剂的 BR 溶液和添加 4 种添加剂的 BR 溶液中，铜、锡和锌的含量依次为铜>锌>锡。值得注意的是，由 BR 溶液获得的镀层的铜、锌和锡含量分别为 74.820%、4.483%和 0.697%。向 BR 溶液中加入 4 种含羟基添加剂后，铜含量降低，锌含量增加，但锡含量变化不一样。随着添加剂中羟基数量的增加，铜含量逐渐降低，锌含量逐渐增加。这表明羟基有利于锌的沉积，这与电化学分析的结论一致。纯铜、锌和锡镀层分别呈现紫色、银白色和浅黄色。通过控制 3 种元素的比例可以获得金色镀层。在 BR 中铜含量最高为 74.820%，锌含量最低为 24.483%，锡含量适中为 0.697%。镀层铜含量较大，所以偏紫红色。加入添加剂 MAN 后，铜含量最低为 73.293%，锌含量最高达到 26.079%，锡含量适中为 0.629%，因此，获得了金黄色的镀层。EDS 结果更好地解释了电镀实验中镀层颜色的变化。

11.3.3 羟基类添加剂对镀层相结构的影响

图 11.4 显示了在 4 种添加剂存在下获得的镀层的 XRD 图。结果与粉末衍射标准委员会(JCPDS)提供的预期图案进行了比较。从 BR 溶液获得的镀层的衍射图[图 11.4(a)]表明存在 Cu(JCPDS 85-1326)、Zn(JCPDS 87-0713)、Cu_5Zn_8(JCPDS 71-0397)、$Cu_{20}Sn_6$(JCPDS 71-0339)和 $Cu_{39}Sn_{11}$(JCPDS 71-0122)晶相。在 2θ = 43.316°、50.448°和 74.124°处观察到铜衍射峰。锌衍射峰出现在 2θ = 36.289°、38.993°和 43.220°。在 2θ = 43.197°、50.308°和 64.666°处观察到 Cu_5Zn_8 衍射峰。$Cu_{20}Sn_6$ 衍射峰出现在 2θ = 42.357°、44.805°、64.662°和74.705°。$Cu_{39}Sn_{11}$ 衍射峰出现在 2θ = 43.781°、64.342°、73.560°和 74.432°处。

无论是在空白镀液 BR 中，还是在 BR 中加入 4 种添加剂后，得到的镀层中都有 Zn 相和 Cu-Sn 合金晶相($Cu_{20}Sn_6$ 和 $Cu_{39}Sn_{11}$ 晶相)。结合前面的电化学分析，峰 B 是由于锌或含锌化合物的沉积而出现，即锌单独存在。由于铜和锡的共沉积，出现了峰 A，产生了 Cu-Sn二元合金；即锡没有单独存在。因此，XRD 结果与电化学分析一致。含羟基添加剂加入 BR 溶液中后，新获得的镀层在 2θ 为 64.5°处出现新的衍射峰，主要代表 Cu_5Zn_8、$Cu_{20}Sn_6$ 和 $Cu_{39}Sn_{11}$ 晶相。此外，衍射峰的 2θ 位置保持不变，但衍射峰的高度发生了变化。在 2θ 为 42.5°和 44.8°时的衍射峰面积明显增大，该衍射峰主要代表 $Cu_{20}Sn_6$ 晶相。在 2θ 为 74°时的衍射峰面积明显减小，该衍射峰主要代表 Cu、$Cu_{20}Sn_6$ 和 $Cu_{39}Sn_{11}$ 晶相。所有情况都表明形成了 Cu-Zn-Sn 三元合金。含羟基添加剂的加入不仅影响 Cu-Zn-Sn 镀层中的相比例，而且影响相组成。

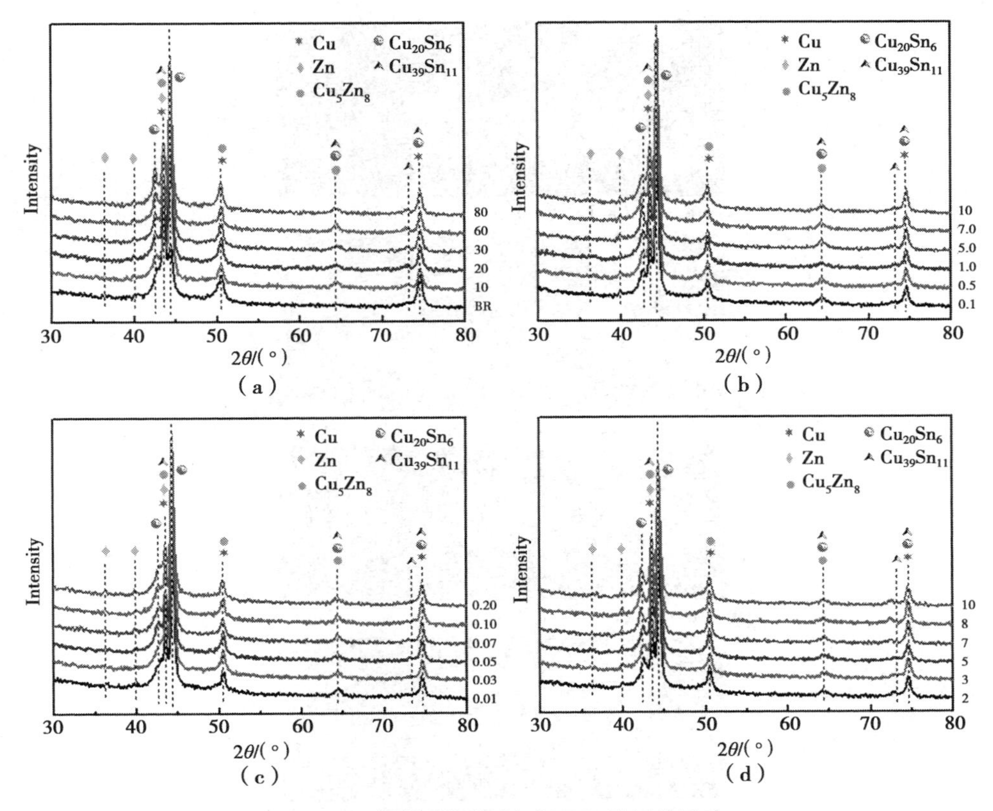

图 11.4　羟基类添加剂对 XRD 结果的影响

(a):BR、含 MET 的 BR (10,20,30,60,80 mL/L);(b):含 EG 的 BR (0.1,0.5,1,5,7,10 mL/L);(c):含 GLY 的 BR (0.01,0.03,0.05,0.07,0.1,0.2 mL/L);(d):含 MAN 的 BR (2,3,5,7,8,10 g/L)

11.3.4　羟基类添加剂对镀层表面颜色的影响

为了分析 4 种含羟基添加剂及其浓度对镀层表面颜色的影响,用光学照相机记录镀层的表面形貌,如图 11.5 所示。

由不含添加剂的 BR 溶液获得的镀层表面不均匀,颜色为暗黄色。当 MET 浓度为 10~20 mL/L 时,镀层为淡黄色,表面不平整。当 MET 浓度为 30~80 mL/L 时,镀层为金黄色,表面均匀致密。

当 EG 浓度为 0.1~7 mL/L 时,镀层为金黄色,表面均匀致密。当 EG 浓度为10 mL/L 时,整个镀层呈浅灰色。当 GLY 浓度为 0.01~0.07 mL/L 时,镀层为淡黄色,表面均匀致密。当 GLY 浓度为 0.1~0.2 mL/L 时,镀层为暗黄色。当 MAN 浓度为 2~5 g/L 时,镀层为金黄色,表面均匀致密。当 MAN 浓度为 7~10 g/L 时,镀层呈淡黄色,表面不平整,部分镀层脱落。

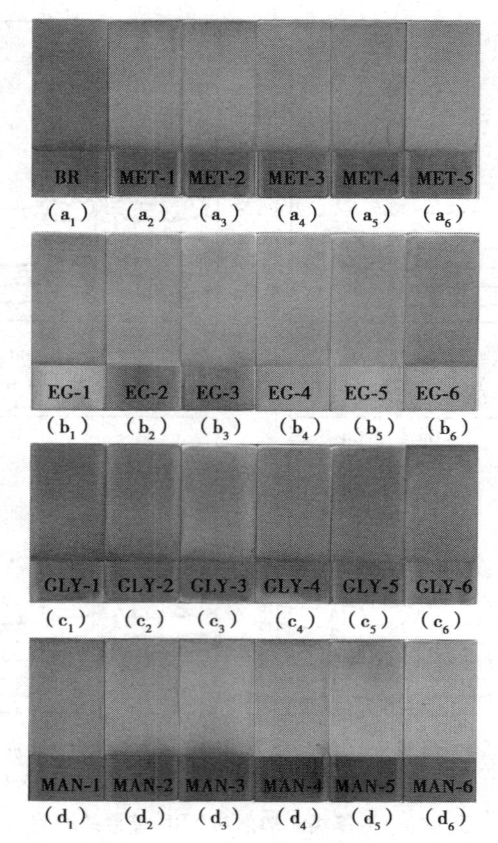

图 11.5　羟基类添加剂对镀层色泽的影响(彩图见附录)

(a_1)—(a_6):BR,含 MET 的 BR (10,20,30,60,80 mL/L);

(b_1)—(b_6):含 EG 的 BR (0.1,0.5,1,5,7,10 mL/L);

(c_1)—(c_6):含 GLY 的 BR (0.01,0.03,0.05,0.07,0.1,0.2 mL/L);

(d_1)—(d_6):含 MAN 的 BR (2,3,5,7,8,10 g/L)

11.3.5　羟基类添加剂对电镀液紫外光谱和红外光谱的影响

为了研究 4 种含羟基添加剂对该实验的影响,比较了加入每种辅助添加剂后电镀液的紫外光谱和红外光谱,如图 11.6 和图 11.7 所示。图 11.6(a)显示 BR 溶液的吸收峰出现在 230 nm;在 BR 溶液中加入 60 mL/L MET、0.05 mL/L GLY 和 3 g/L MAN 后,吸收峰从 230 nm 蓝移到 229 nm;向 BR 溶液中加入 1 mL/L EG 后,吸收峰从 230 nm 红移到 231 nm。图 11.6(b)显示了在将 MET、EG、GLY 和 MAN 以它们各自的最大浓度加入 BR 溶液后,相应吸收峰的位置分别为 229,230,231,236 nm。比较了 4 种含羟基添加剂对电镀液紫外光谱的影响后发现,当添加适当浓度的添加剂时,吸收峰蓝移,然而,随着浓度继续增加,吸收峰红移。添加剂中羟基越多,红移越明显。4 种添加剂的羟基均为助色基团,因此,波长向长波方向移动，出现红移。MAN 的羟基最多，所以当 MAN 浓度增加时红移最明显。

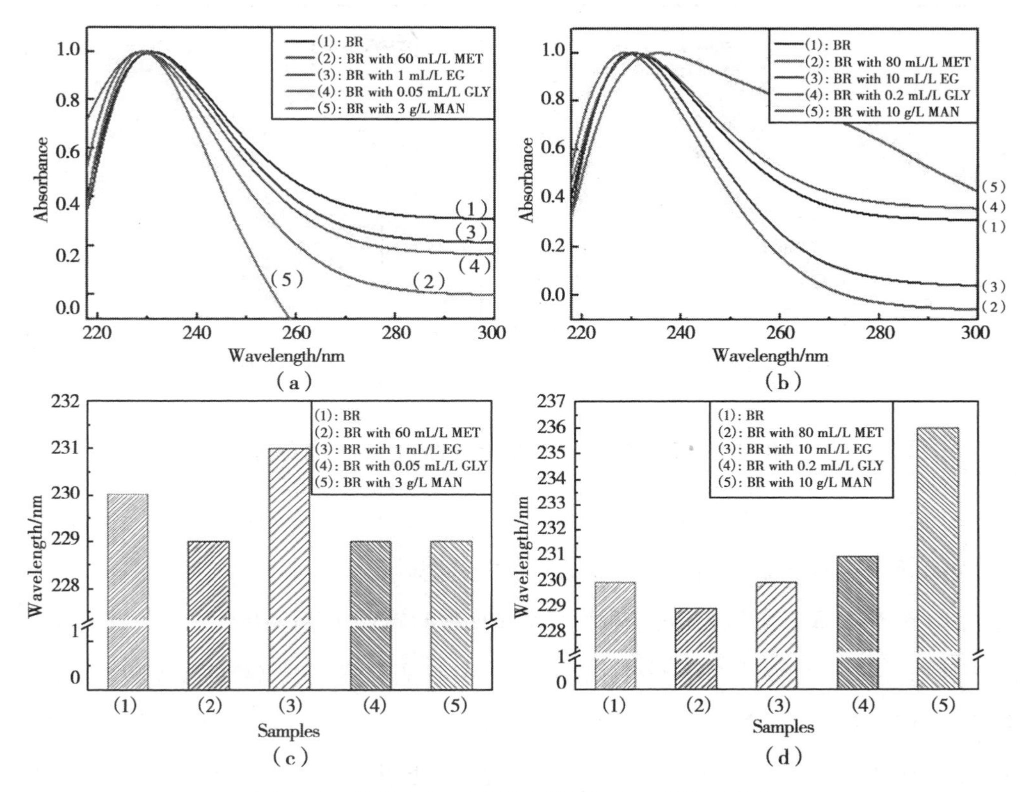

图 11.6　羟基类添加剂对电镀液的 UV 光谱的影响

(a)、(b)：使用含最适浓度的添加剂的电镀液的 UV 光谱；

(c)、(d)：(a)、(b)的峰的波长偏移

BR 溶液的主要成分是：0.18 mol/L $CuSO_4 \cdot 5H_2O$、0.06mol/L $ZnSO_4 \cdot 7H_2O$、0.05 mol/L $Na_2SnO_3 \cdot 3H_2O$、0.077 mol/L $Na_3C_6H_5O_7 \cdot 2H_2O$、0.25 mol/L Na_2CO_3 和 100.0 mL/L HEDP，pH 值在 13.0～13.5。图 11.7(a)显示了 3 302 cm^{-1} 处的吸收峰，这归因于自由和相关的—OH 拉伸振动。1 639 cm^{-1} 和 1 387 cm^{-1} 处的吸收峰分别是由羧酸根离子的不对称和对称振动引起的。1 077 cm^{-1} 和 992 cm^{-1} 处的带是由于 HEDP 的 P—O 拉伸振动，947 cm^{-1} 处的带是由于 P—O 和电镀液中存在的主盐离子之间的相互作用。此外，当向 BR 溶液中加入适当浓度的含羟基添加剂时，电镀液的红外吸收峰位置几乎没有变化，但是吸收峰的高度发生了变化，即合适的浓度对红外吸收峰几乎没有影响。

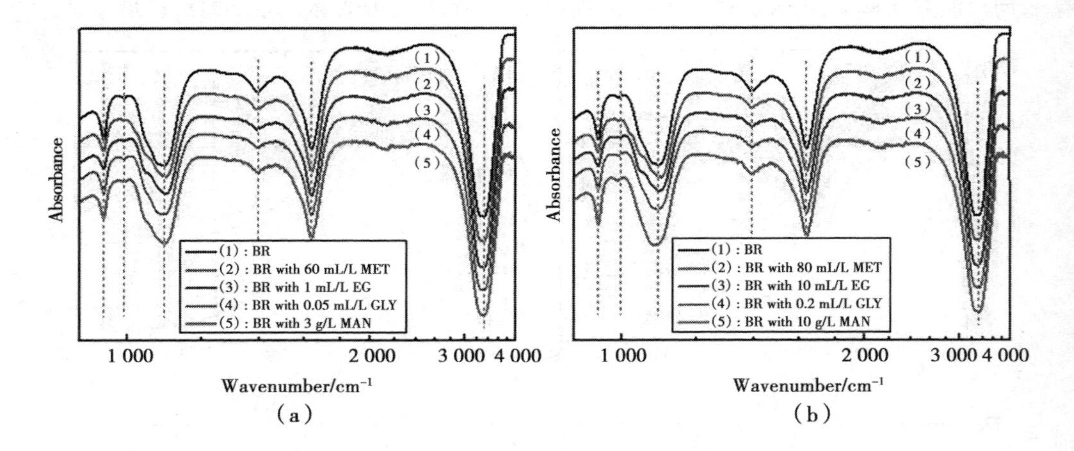

图 11.7　羟基类添加剂对电镀液的 FTIR 光谱的影响

(a):使用含最适浓度的添加剂的电镀液的 FTIR 光谱;

(b):使用含最大浓度的添加剂的电镀液的 FTIR 光谱

11.3.6　羟基类添加剂对电镀液核磁共振的影响

为了研究本章实验中使用的 4 种含羟基添加剂的效果,使用氘化试剂制备电镀液,并获得^{1}H 核磁共振谱,如图 11.8 所示。表 11.2 和表 11.3 总结了吸收峰的化学位移。根据文献,在化学位移为 4.82 ppm 时出现的峰 1$^\#$是氘化试剂的氢吸收峰。当只有 HEDP 溶解在氘化试剂中时[图 11.8(a)],H 存在于 3 种化学环境中,分别为 HO—P—基团中的 H,HO—C—基团中的 H 和—CH_3基团中的 H。化学位移 1.28,1.24,1.20 ppm 处的吸收峰 3$^\#$是—CH_3基团中的 H 形成的三重峰。峰分裂是由同一碳上的两个 P 引起的,耦合常数$^3J_{P-H}$为 15.0 Hz。因为使用 D_2O 为溶剂,所以 HO—P—、HO—C—基团中的 H 不出峰。仅将 $Na_3C_6H_5O_7 \cdot 2H_2O$ 溶解在氘化试剂中,H 存在于 3 种化学环境中,分别为结晶水 H_2O 中的 H,HO—C—基团中的 H 和—CH_2—基团中的 H。在这些氢环境中,存在于结晶水和 HO—C—中的 H 被来自 D_2O 的 D 取代,因此,几乎不单独出峰,主要归类为 4.76 ppm 的吸收峰。2.39 ppm 和 2.35 ppm 的化学位移对应于柠檬酸钠的 2 个亚甲基的吸收峰。由于 2 个—CH_2—基团连接到一个手性碳原子上,CH_2基团上的 2 个质子在磁性上并不等价,导致它们与相同碳的耦合,耦合常数$^2J_{H-H}$为 15.0 Hz,具有不同的化学位移。因此,表现为 ABAB 峰,正好与化学位移 2.43,2.39,2.35,2.31 ppm 处的吸收峰 2$^\#$对应。

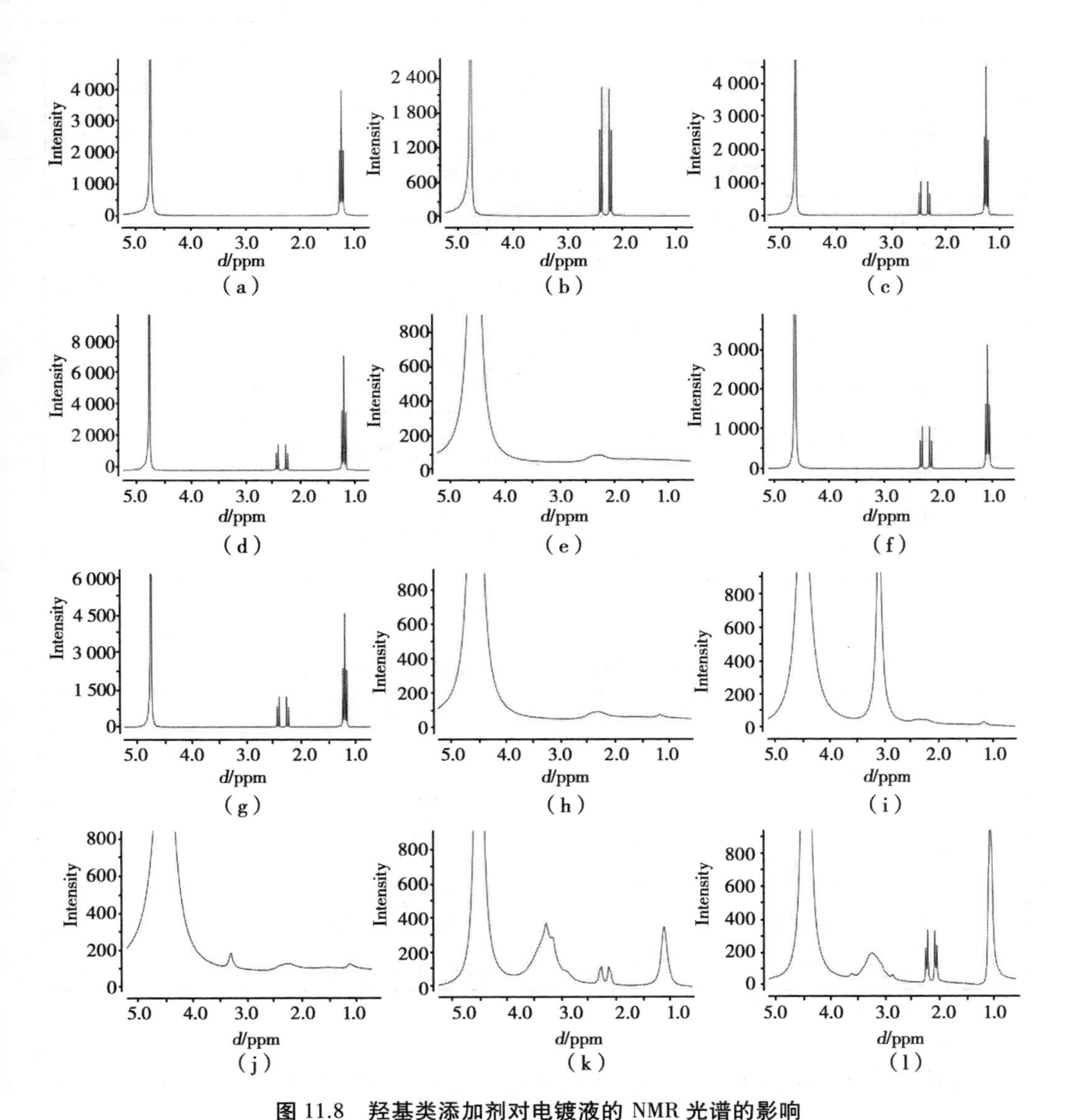

图 11.8　羟基类添加剂对电镀液的 NMR 光谱的影响

(a):100.0 mL/L HEDP, pH = 13.0; (b):0.077 mol/L $Na_3C_6H_5O_7 \cdot 2H_2O$, pH = 13.0;
(c):(a)+0.077 mol/L $Na_3C_6H_5O_7 \cdot 2H_2O$; (d):(c)+0.25 mol/L Na_2CO_3;
(e):(d)+0.18 mol/L $CuSO_4 \cdot 5H_2O$; (f):(d)+0.06 mol/L $ZnSO_4 \cdot 7H_2O$;
(g):(d)+0.05 mol/L $Na_2SnO_3 \cdot 3H_2O$;
(h):(e)+0.06 mol/L $ZnSO_4 \cdot 7H_2O$+0.05 mol/L $Na_2SnO_3 \cdot 3H_2O$ (BR);
(i):(h)+60 mL/L MET; (j):(h)+1 mL/L EG; (k):(h)+0.05 mL/L GLY; (l):(h)+3 g/L MAN

表 11.2 含不同羟基类添加剂的电镀液的 NMR 结果

序号	电镀液组成	化学位移/ppm		
		峰 1#	峰 2#	峰 3#
a	HEDP+NaOH	4.76		1.28,1.24,1.20
b	$Na_3C_6H_5O_7 \cdot 2H_2O$+NaOH	4.76	2.43,2.39,2.35,2.31	
c	HEDP+$Na_3C_6H_5O_7 \cdot 2H_2O$+NaOH	4.76	2.49,2.45,2.33,2.29	1.29,1.25,1.21
d	HEDP+$Na_3C_6H_5O_7 \cdot 2H_2O$+NaOH+$Na_2CO_3$	4.76	2.45,2.41,2.38,2.34	1.25,1.21,1.17
e	HEDP+$Na_3C_6H_5O_7 \cdot 2H_2O$+NaOH+$Na_2CO_3$+$CuSO_4 \cdot 5H_2O$	4.76	2.46	
f	HEDP+$Na_3C_6H_5O_7 \cdot 2H_2O$+NaOH+$Na_2CO_3$+$ZnSO_4 \cdot 7H_2O$	4.76	2.47,2.43,2.30,2.26	1.27,1.23,1.19
g	HEDP+$Na_3C_6H_5O_7 \cdot 2H_2O$+NaOH+$Na_2CO_3$+$Na_2SnO_3 \cdot 3H_2O$	4.76	2.47,2.43,2.29,2.25	1.26,1.22,1.18

表 11.3 含不同羟基类添加剂的电镀液的 NMR 结果

序号	电镀液组成	化学位移/ppm			
		峰 1#	峰 2#	峰 3#	峰 4#
h	BR	4.76	2.46	1.35	
i	BR+MET	4.76	2.46	1.35	3.35
j	BR+EG	4.76	2.46	1.35	3.51
k	BR+GLY	4.76	2.50,2.46,2.33,2.29	1.29	3.53
l	BR+MAN	4.76	2.47,2.43,2.30,2.26	1.24	3.51

当 HEDP 和 $Na_3C_6H_5O_7 \cdot 2H_2O$ 同时溶解在氘化试剂中时[图 11.8(c)],除了氘化试剂在化学位移为 4.76 ppm 时的 H 吸收峰之外,在 HEDP 中还存在—CH_3基团形成的 H 三重峰和 $Na_3C_6H_5O_7 \cdot 2H_2O$ 中—CH_2—基团形成的四重峰。这些结果与上述分析一致。在图 11.8(c)所示的溶液中加入 Na_2CO_3后[图 11.8(d)],峰 2#和峰 3#的化学位移、峰形仅略有变化。在图 11.8(d)所示的溶液中加入 $CuSO_4 \cdot 5H_2O$ 后,Cu 和 HEDP 络合,Cu 和 $Na_3C_6H_5O_7$络合,导致 HEDP 中—CH_3基团消失,最终峰 3#消失;$Na_3C_6H_5O_7$ 中—CH_2—基团不能自由转动,这使得吸收峰更宽且不太强烈。分子旋转频率越慢,峰越钝。在向图

11.8(d)所示的溶液中加入 $ZnSO_4$和 Na_2SnO_3后[图 11.8(f)、(g)]，峰 2#和峰 3#的化学位移、峰形变化不大。

图 11.8(h)显示了 BR 溶液的^{1}H 光谱，该溶液是通过向图 11.8(e)所示的溶液中加入 $ZnSO_4$和 Na_2SnO 制备的。峰 2#和 3#变得不那么强烈和更宽，进一步证实了 Cu 和 HEDP 以及 Cu 和 $Na_2SnO_3 \cdot 3H_2O$ 之间的络合作用。在将 MET 和 EG 加入图 11.8(h)所示的溶液后[图 11.8(i)、(j)]，2 个新的峰出现在化学位移为 3.35 ppm 和 3.51 ppm 时，分别是 MET 中—CH_3基团和 EG 中—CH_2—基团中的 H 形成的峰。与 BR 电镀液相比，峰 2#和峰 3#的化学位移、峰形仅略有变化。在图 11.8(h)所示的溶液中加入 GLY 和 MAN 后，在 3.53 ppm和 3.51 ppm 的化学位移处出现两个新峰，它们分别由存在于 MET 中的—CH_2—基团的 H 和存在于 EG 中的—CH—基团的 H 形成。与 BR 溶液相比，这些基团可以与金属离子络合，起到辅助络合剂的作用，取代了部分 HEDP 和 $Na_3C_6H_5O_7 \cdot 2H_2O$；从而有部分残留，于是峰 2#和峰 3#变得更强。

11.3.7　电镀的反应机理

主络合剂 HEDP 的分子式为 $C(CH_3)(OH)(PO_3H_2)_2$，含有 2 个磷酸基和 5 个羟基。其中 1 个羟基来自碳原子，不易离解；另外 4 个羟基来自磷酸基，易离解，所以常以 H_4L 表示。pH 值为 13.0~13.5 时，HEDP 主要以 L^{4-} 的形式存在。辅助络合剂的分子式为 $Na_3C_6H_5O_7 \cdot 2H_2O$，含有 1 个羟基和 3 个羧基，常以 Na_3Cit 表示。pH 值为 13.0~13.5 时，主要以 Cit^{3-}的形式存在。

强碱性空白电镀液中 Cu 以 CuL_2^{6-}、$Cu_2Cit_2H_{-2}^{4-}$和 $Cu(OH)_4^{2-}$ 的形式存在。对于用 HEDP、柠檬酸钠电沉积 Cu 显示出两步放电，其表示如下：

$$CuL_2^{6-} \longrightarrow CuL^{2-} + L^{4-} \tag{11.1}$$

$$CuL^{2-} + 2e^- \longrightarrow Cu + L^{4-} \tag{11.2}$$

$$Cu_2Cit_2H_{-2}^{4-} + 2e^- \longrightarrow Cu_2Cit_2H_{-2(ads)}^{6-} \tag{11.3}$$

$$Cu_2Cit_2H_{-2(ads)}^{6-} + 2e^- + 2H_2O \longrightarrow 2Cu + 2Cit^{3-} + 2OH^- \tag{11.4}$$

强碱性空白电镀液中 Zn 以 ZnL^{2-}、ZnL_2^{6-}、$Zn_2Cit_2H_{-2}^{4-}$和 $Zn(OH)_4^{2-}$ 的形式存在，表示如下：

$$ZnL_2^{6-} \longrightarrow ZnL^{2-} + L^{4-} \tag{11.5}$$

$$ZnL^{2-} + 2e^- \longrightarrow Zn + L^{4-} \tag{11.6}$$

$$Zn_2Cit_2H_{-2}^{4-} + 2e^- \longrightarrow Zn_2Cit_2H_{-2(ads)}^{6-} \quad (11.7)$$

$$Zn_2Cit_2H_{-2(ads)}^{6-} + 2e^- + 2H_2O \longrightarrow 2Zn + 2Cit^{3-} + 2OH^- \quad (11.8)$$

而 Sn 以 $Sn(OH)_6^{2-}$ 的形式存在，通过对紫外光谱、红外光谱和核磁共振结果的分析，发现含羟基添加剂可以与金属离子络合，起到辅助络合剂的作用，进一步促进 Cu-Zn-Sn 的共沉积。羟基与 Cu^{2+}、Zn^{2+}、Sn^{2+}反应，最终以 $Cu(OH)_4^{2-}$、$Zn(OH)_4^{2-}$、$Sn(OH)_6^{2-}$ 的形式存在，当含羟基添加剂用作辅助络合剂时，Cu、Zn、Sn 络合离子的阴极电化学反应如下：

$$Cu(OH)_4^{2-} + 2e^- \longrightarrow Cu + 4OH^- \quad (11.9)$$

$$Zn(OH)_4^{2-} + 2e^- \longrightarrow Zn + 4OH^- \quad (11.10)$$

$$Sn(OH)_6^{2-} + 4e^- \longrightarrow Sn + 6OH^- \quad (11.11)$$

11.4 本章小结

Cu-Zn-Sn 三元合金在不锈钢上的电沉积可以使用碱性 HEDP 电镀液来实现，其中 $CuSO_4 \cdot 5H_2O$、$ZnSO_4 \cdot 7H_2O$ 和 $Na_2SnO_3 \cdot 3H_2O$ 是主盐，$Na_3C_6H_5O_7 \cdot 2H_2O$ 作为辅助络合剂，Na_2CO_3充当缓冲剂。将 4 种含羟基添加剂分别加入 HEDP 电镀液中，比较羟基数目对 Cu-Zn-Sn 三元合金镀层性能的影响。

循环伏安曲线研究表明，Cu-Zn-Sn 沉积发生在$-0.53\ V_{vs.Hg|HgO}$，含羟基的添加剂有利于促进 Cu-Zn-Sn 的共沉积，因为它们可以与金属离子络合，并作为辅助络合剂，紫外-可见光谱、红外光谱和核磁共振光谱分析表明了这一点。

从 SEM 分析得出结论：随着含羟基添加剂加入溶液中，镀层的粒度范围减小；添加剂中羟基越多，效果越明显。此外，从含 MAN 的镀液中获得的 Cu-Zn-Sn 镀层具有最小的晶粒尺寸(0.1 μm)和均匀的颗粒尺寸。

EDS 结果表明，随着添加剂中羟基数量的增加，铜含量逐渐降低，锌含量逐渐增加。含 MAN 镀液制备的 Cu-Zn-Sn 镀层中铜含量最低，为 73.293%，锌含量最高，为 26.079%，镀层呈金黄色。

对 Cu-Zn-Sn 镀层的 XRD 分析表明，Cu、Zn、Cu_5Zn_8、$Cu_{20}Sn_6$和 $Cu_{39}Sn_{11}$晶相的存在，表明形成了 Cu-Zn-Sn 三元合金。此外，含羟基添加剂不仅影响 Cu-Zn-Sn 三元合金的相比例，还影响相组成。

第 12 章　四种含羧基类添加剂对 HEDP 体系电镀仿金 Cu-Zn-Sn 合金的影响

12.1　引言

电镀是在材料表面上涂覆工业获得的金属的主要方法之一。近年来，电镀铜合金的研究不断发展。当前的研究一直在寻找一种绿色环保的无氰化物电镀液。无氰电镀工艺体系中 HEDP 是一种环保型络合剂。

传统的电镀工艺使用添加剂来改善镀层质量。例如，Bonou 研究了聚乙二醇（PEG）和氯离子对铜电沉积的影响。当溶液中单独使用添加剂 PEG 时，沉积效率降低。在溶液中单独使用添加剂 Cl^- 可以促进铜的还原反应。当同时使用两种添加剂时，发生铜还原阻断反应。Leon 等在非平衡条件下建立了铜电沉积的原子生长模型。在该模型中，由于 Cu^{2+} 浓度波动和表面扩散，界面不稳定。在有机添加剂的存在下，界面是稳定的。研究了在不存在和存在有机添加剂的情况下，Cu 电沉积中的界面演化。该模型可以用作预测其他电沉积体系界面动力学的有力工具。Dianat 通过密度泛函理论研究了铜金属沉积反应中添加剂 PEG，双（3-磺丙基）-二硫化物（SPS）和氯化物的分子动力学，发现 PEG 抑制了反应功能，而 SPS 和氯化物起着作用。

到目前为止，尽管已报道了许多不同类型的电镀体系和添加剂，但仅就其效果进行了描述，其机理尚未得到解释，这限制了在仿金电镀中使用添加剂的发展。本章中使用了 HEDP 体系。但 HEDP 电镀体系存在以下问题，允许电流密度范围较小，镀层合金表面容易出现白雾甚至烧焦的现象。所以，本书在 HEDP 体系中加入含羧基类添加剂来改善上述问题，研究不同浓度的添加剂对仿金镀层性能的影响规律。本章实验采用 HEDP 体系，在该体系中加入 4 种含羧基类添加剂：柠檬酸钠（$Na_3C_6H_5O_7$，SC）、酒石酸钾钠（$C_4H_4KNaO_6$，SS）、葡萄糖酸钠（$C_6H_{11}NaO_7$，SG）、丙三醇（$C_{10}H_{18}O$，Gl），其中这 4 种分子中含有的羧酸基团数目分别为 3、2、1、0 个（图 12.1）。

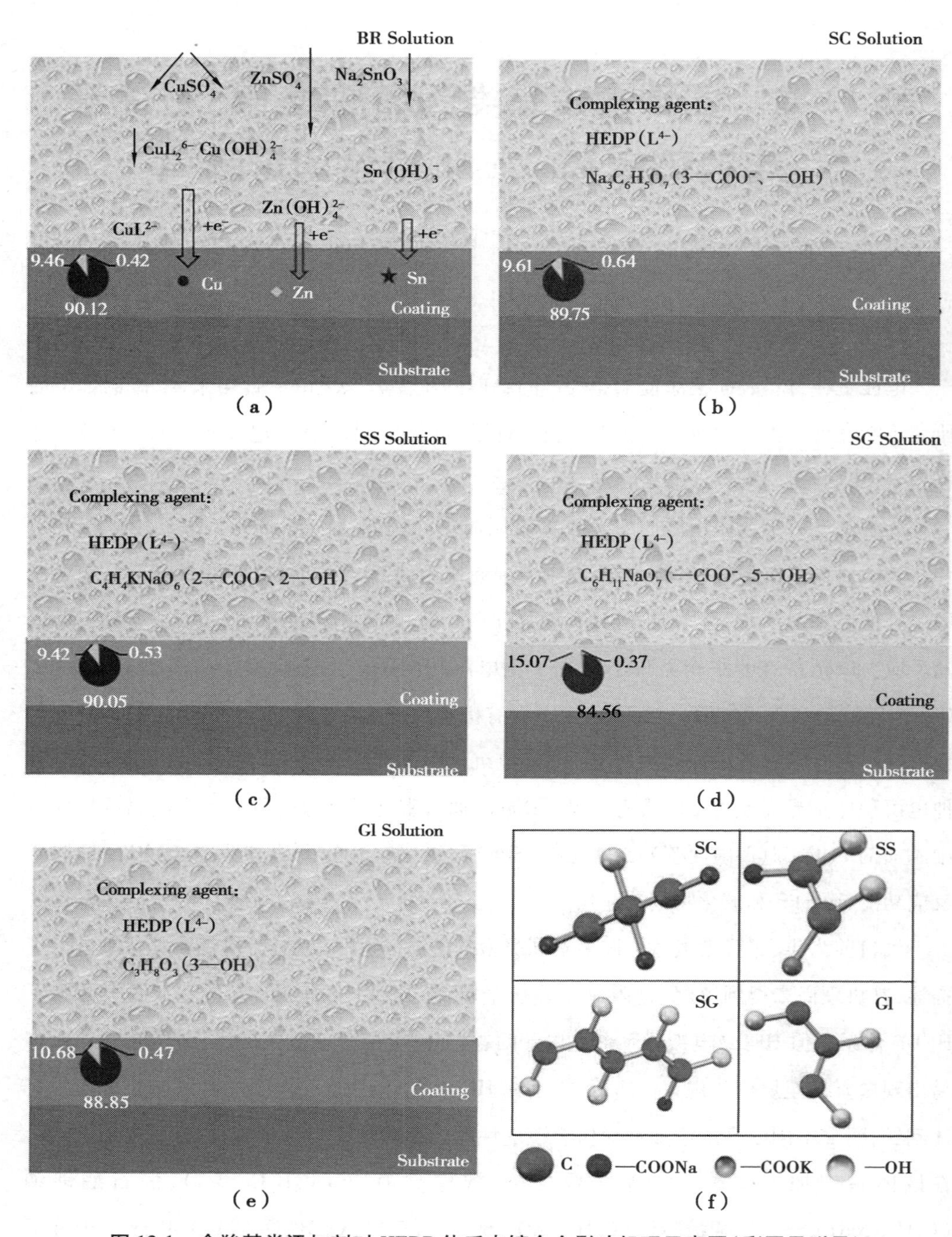

图 12.1 含羧基类添加剂对 HEDP 体系电镀合金影响机理示意图(彩图见附录)

(a):不含添加剂时主盐反应机理及镀层组分结构;(b):含添加剂 SC 时络合剂形态及组分结构;(c):含添加剂 SS 时络合剂形态及组分结构;(d):含添加剂 SG 时络合剂形态及组分结构;(e):含添加剂 GL 时络合剂形态及组分结构;(f):4 种添加剂分子结构图

这项工作的目的是研究 4 种添加剂对镀层的影响和反应机理。因此,该体系使用了先前研究中的工艺参数,例如电流密度、电镀时间、pH 值等。使用循环伏安法探究电沉积 Cu-Zn-Sn 合金的电化学行为,采用 SEM、EDS 和 XRD 对合金镀层的表面形貌、组分含量和物相结构进行表征,并结合电镀液的 NMR 结果分析 HEDP 络合剂和金属离子之间的络合反应机理,以及含羟基类添加剂对络合反应机理的影响。其结果不仅对 HEDP 体系电镀 Cu-Zn-Sn 合金有一定的指导作用,对其他无氰电镀合金体系也具有一定的参考价值。

12.2　实验部分

12.2.1　电镀液配制

制备电镀液的顺序至关重要。首先,量取主络合剂 HEDP(60%,工业级,山东优索化工科技有限公司),然后分别是 $CuSO_4 \cdot 5H_2O$(≥99.0%,天津致远化学试剂有限公司),$ZnSO_4 \cdot 7H_2O$(≥99.5%,天津北辰方正试剂厂),$Na_2SnO_3 \cdot 3H_2O$(≥98.0%,天津市富臣化学试剂厂)和 Na_2CO_3(≥ 99.8%,天津光复科技发展有限公司)用少量水溶解,然后将所得溶液加入 HEDP。为了溶解不溶于水而溶于碱性溶液的锡酸钠,应添加适量的 NaOH(≥96.0%,天津北辰铸造试剂厂)。添加碳酸钠溶液时,会产生许多气泡,因此需要用塑料滴管缓慢添加碳酸钠溶液。没有添加剂的电镀液被用作空白溶液(BR)。BR 电镀液中的主要成分是 0.18 mol/L 的 $CuSO_4$、0.06 mol/L 的 $ZnSO_4$、0.05 mol/L 的 $Na_2SnO_3 \cdot 3H_2O$、100.0 mL/L 的 HEDP、25.0 g/L 的 Na_2CO_3和适量的 NaOH 溶液,使其 pH 值为 13.0~13.5。最后,根据溶液要求添加不同的添加剂。选择了 4 种含羧基的添加剂,即 SC(≥99.0%,天津北辰方正试剂厂),SS(≥99.0%,天津北辰方正试剂厂),SG(≥99.0%,天津北辰方正试剂厂)和 Gl(≥99.0%,天津市北辰方正试剂厂)。使用水纯化系统(美国 PALL Cascada Ⅱ Ⅰ30)纯化水。实验中使用的去离子水的电阻率为 10 MΩ · cm。除非另有说明,否则所有其他试剂均为分析纯。

12.2.2　电镀实验

电解体系使用智能恒流电源(WJY-30 V/10 A)作为电源。该电镀设备由电镀液,阴极板和阳极板组成。电镀溶液的有效体积为 100 mL。阴极是 304 不锈钢板 30 mm×70 mm×1.0 mm,其单侧有效面积为 15.0 cm^2。阳极由尺寸为 30 mm×70 mm×1.0 mm 的 $Cu_{0.7}Zn_{0.3}$制成,并且单侧有效面积为 15.0 cm^2。电沉积过程中,温度保持在 25 ℃,电流密度和电解时间分别为 3.5 A/dm^2 和 60 s。

12.2.3 镀层特性的表征

用光学照相机(Canon A590 IS)记录镀层的宏观形态。镀层的表面形貌通过日立SU8010扫描电子显微镜(SEM)表征。使用HMST-II-MZ X射线荧光光谱仪(XRF)分析了镀层中合金元素的含量。以20 kV的加速电压收集图像和光谱。镀层的相分析是通过Bruker D2 Phaser X射线衍射仪(XRD)进行的。

12.2.4 络合反应机理的表征

电化学测试是通过PARSTAT PMC1000电化学工作站进行的。使用三电极体系,该体系包括作为Hg|HgO电极的参考电极(RE),由304不锈钢制成的工作电极(WE)(Φ=10 mm,面积=78.5 mm^2),对电极(CE)(Φ=10 mm,面积=78.5 mm^2)由$Cu_{0.7}Zn_{0.3}$合金制成。WE和CE的材料通常用于电镀实验中。所有电极都经过精细抛光和清洗。为了防止电极面积在测试过程中发生波动,除了电极的有效面积外,其余区域均用绝缘聚合物密封。循环伏安法测试的扫描速度为20 mV/s。使用TU-1901紫外可见分光光度计(中国北京普析)进行紫外可见(UV-Vis)分光镜。傅里叶变换红外光谱(FTIR)由Magna 550 Ⅱ FTIR光谱仪(美国Nicolet)。核磁共振(NMR)是通过Avance Ⅲ 400 M仪器(德国Bruker)。

12.3 结果与讨论

12.3.1 羧基类添加剂对电镀液的电化学行为的影响

采用循环伏安曲线分析添加剂对电极界面的影响,结果如图12.2所示。图12.2(a)中黑线表示电压从低到高的扫描过程,并且峰A(−0.05 $V_{vs.Hg|HgO}$)表示阳极物质的溶解。当电压继续增大超过0.7 V时,电极处出现气泡,这主要是析出的氧气($2H_2O \longrightarrow O_2+4H^++4e^-$)。红线表示从高电位扫描至低电位的过程,并且峰B(−0.50 $V_{vs.Hg|HgO}$)、C(−1.10 $V_{vs.Hg|HgO}$)和D(−1.25 $V_{vs.Hg|HgO}$)表示阴极物质的沉积。当电压继续减小低于−1.4 V时,同样有气泡出现在电极附近。这表明在Cu-Zn-Sn的还原过程中,电沉积总是伴随析氢反应($2H^++2e^- \longrightarrow H_2$)。在−1.25 $V_{vs.Hg|HgO}$处左右的沉积峰峰D代表Cu和Sn的共沉积峰,在−1.10 $V_{vs.Hg|HgO}$处的沉积峰C主要代表Cu或含Cu化合物在阴极的沉积,在−0.50 $V_{vs.Hg|HgO}$处的阴极沉积峰B代表Cu-Zn-Sn的共沉积析出峰。而电位在−0.05 $V_{vs.Hg|HgO}$处的峰A,主要为阳极Cu的溶解峰。

图12.2(b)为在溶液中添加不同含量SC时得到的CV曲线。随着SC含量的增加,沉积峰B、C、D均逐渐增大。说明不同条件下阴极沉积的物质量逐渐增大。而阳极峰A逐渐增大,说明阳极溶解物质量逐渐增大。说明SC含量的增大有利于加速阴极金属的沉

积与阳极物质的溶解。

图 12.2(c)为在溶液中添加不同含量 SS 时得到的 CV 曲线,随着 SS 含量的增加,阴极沉积峰 D 逐渐消失,峰 C 的峰值先增大后减小,峰 B 的峰值逐渐增强。说明当 SS 的含量为 20 g/L 时的阴极金属沉积达到最大。而随 SS 含量的增加,阳极溶解峰 A 处的电位基本不变,峰值逐渐增大,说明添加剂含量的增多促进了阳极的溶解。

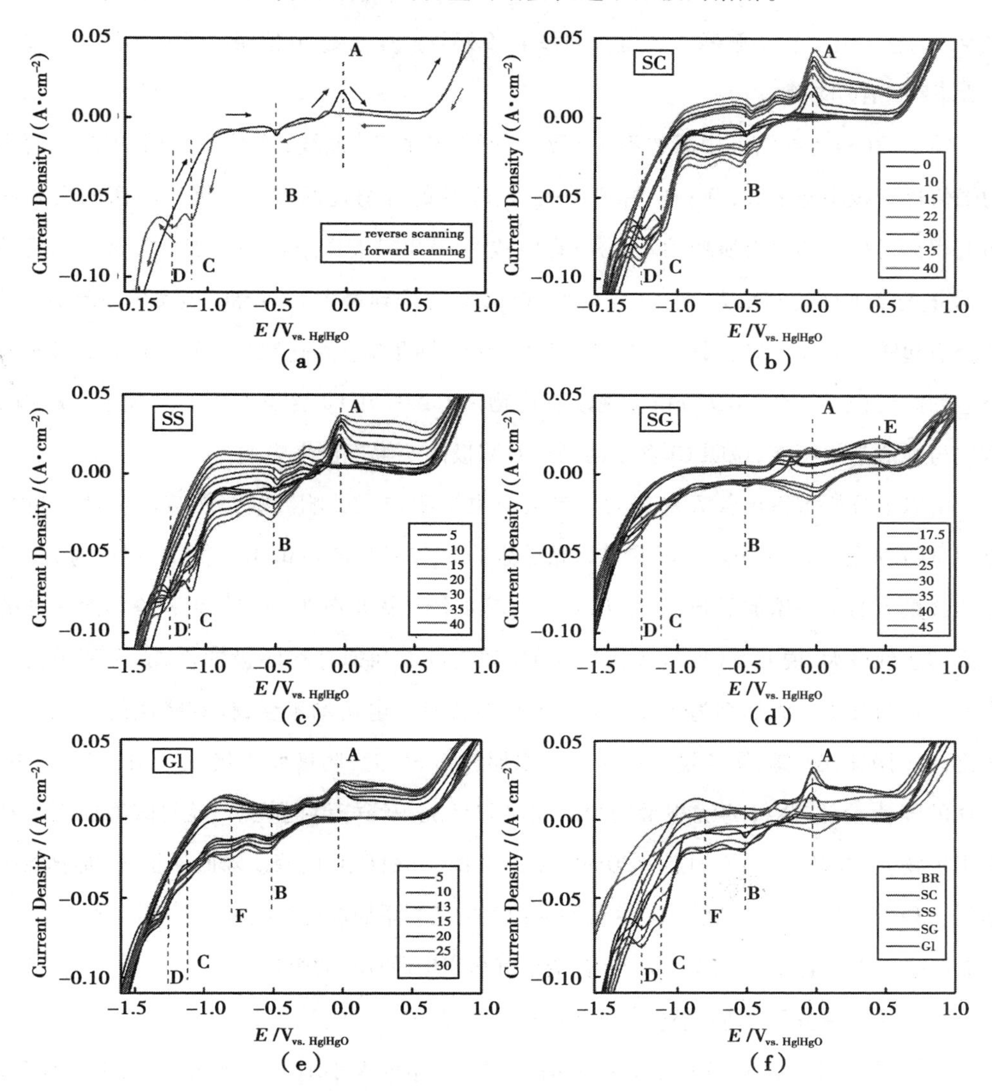

图 12.2　用 CV 曲线分析羧基类添加剂对电化学反应的影响(彩图见附录)

(a):BR;(b):BR、BR+SC(10,15,22,30,35,40 g/L);(c):BR+SS(5,10,15,20,30,35,40 g/L);(d):BR+SG(17.5,20,25,30,35,40,45 g/L);(e):BR+Gl(5,10,13,15,20,25,30 mL/L);(f):BR、BR+22 g/L SC、BR+20 g/L SS、BR+30 g/L SG、BR+20 mL/L Gl

图 12.2(d)为在溶液中添加不同含量 SG 时得到的 CV 曲线,SG 含量从 17.5 g/L 增大到 30 g/L 时,沉积峰 C、D 的峰消失,峰 B 的峰值逐渐增大。沉积峰值的变动说明沉积铜、锌、锡的量有所变动。溶解峰 A 的电位与峰值与电位均无明显变化,且会在 0.45 $V_{vs.Hg\mid HgO}$处出现新的溶解峰 E,说明添加剂 SG 也会对阳极的溶解产生影响。而 SG 的含量继续增大时,Cu-Zn-Sn 的共沉积峰由-0.05 $V_{vs.Hg\mid HgO}$偏移至-0.02 $V_{vs.Hg\mid HgO}$处,说明此时发生阴极极化,电极反应发生变化。而溶解峰 A 的电位偏移至-0.25 $V_{vs.Hg\mid HgO}$处,峰值略有降低,说明 SG 浓度过大不利于阳极溶解。

图 12.2(e)为在溶液中添加不同含量 Gl 时得到的 CV 曲线,随着 Gl 含量的增加,峰 D 的峰值逐渐减小至消失,峰 C 的峰值消失,且峰 B 的峰值逐渐增大。沉积峰值的变动说明沉积铜、锌、锡的量有所变动。此外,在电位为-0.8 $V_{vs.Hg\mid HgO}$处出现杂峰 F,该峰峰值随 Gl 含量的增加而逐渐增大,且 Gl 含量为 30mL/L 时达到最大。结合电镀实验发现,Gl 增大会引起镀层表面发黑,因此峰 F 可能是沉积形成的黑色氧化物,该峰不利于 Cu-Zn-Sn 合金的共沉积。结合 XRD 分析发现该氧化物为 CuO。在 Gl 含量增大的过程中,峰 A 的电位与峰值基本不变,说明 Gl 含量的增加对阳极的溶解不产生影响。

由以上分析可得出各添加剂的含量会对电沉积造成影响。结合镀液稳定性分析得出:4 种添加剂 SC、SS、SG、Gl 的最佳含量分别为 22、20、30、20 mL/L 。图 12.2(f)为 BR 及最佳含量下的 4 种添加剂 SC、SS、SG、Gl 的 CV 曲线。添加剂为 SC 时,沉积峰与溶解峰的峰值均达到最大,说明 SC 促进阳极物质的溶解,进而加速补充阴极的损耗,有利于促进阴极金属的沉积。添加剂为 SS 时,沉积峰与溶解峰的电位均不变,仅有峰值的高低发生变化,说明沉积铜、锌、锡的量有所变动。添加剂为 SG 时,阴极发生极化作用,沉积峰 B、C、D 的峰值较低,阴极的沉积量较少。同时阳极沉积峰峰值也减小,说明该添加剂不利于阳极物质的溶解。当添加剂为 20 mL/L 的 Gl 时,沉积 C、D 的峰值降低,同时出现杂峰 F,不利于 Cu-Zn-Sn 合金的共沉积。这说明 4 种含羧基的添加剂也对电沉积产生影响,其中 SC 添加剂中羧基含量最多,对 Cu-Zn-Sn 合金电沉积产生最有利的影响。

12.3.2 羧基类添加剂对镀层微观形貌的影响

由图 12.3 可以看出,BR 的镀层表面由 0.3~0.8 μm 大小不一的球形颗粒组成[图12.3(a)]。在 BR 中加入添加剂 22 g/L SC 后得到的镀层由 0.1~0.5 μm 的球形颗粒组成[图 12.3(b)],且颗粒大小比较均匀。在 BR 中加入 20 g/L SS 后颗粒的粒径约为 0.1~0.5 μm,颗粒均匀且细小颗粒更多[图 12.3(c)]。而加入 30 g/L SG 时,镀层表面颗粒粒径约为 0.1~0.3 μm,但镀层局部明显有裂纹出现[图 12.3(d)]。在 BR 中加入 20 mL/L Gl 时,镀层表面球形颗粒的粒径约为 0.2~0.5 μm,但局部明显出现裂纹[图 12.3(e)]。相比于 BR,加入 4 种添加剂后的镀层结晶颗粒的粒径均有所减小,所以不同羧基数的添加剂均有细化晶粒的作用。

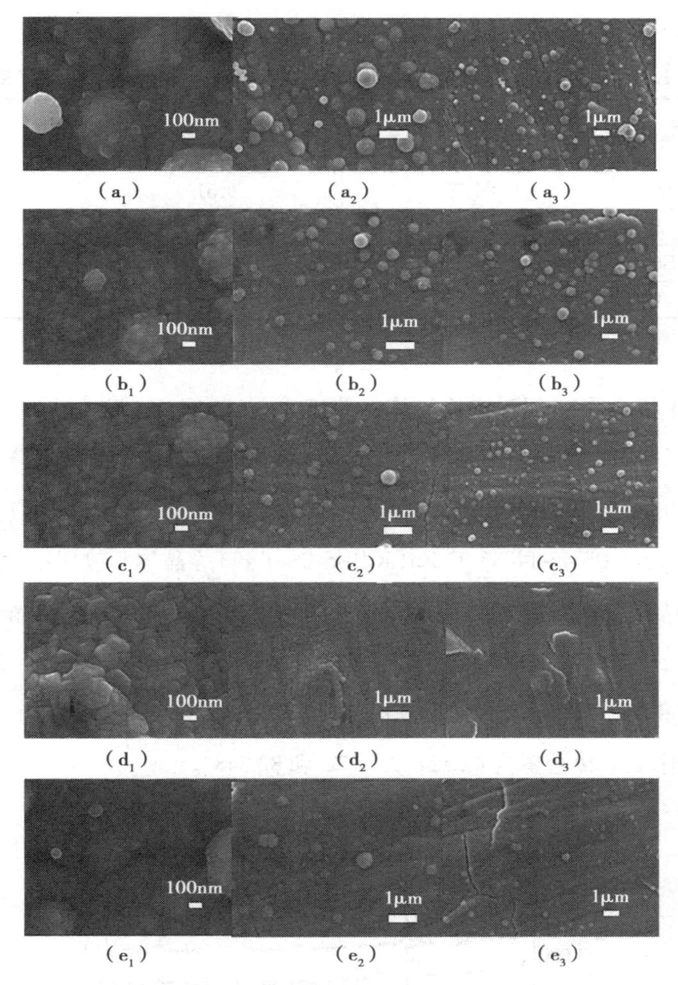

图 12.3　羧基类添加剂对 SEM 的影响

(a_1)—(a_3):BR;(b_1)—(b_3):BR+22 g/L SC;(c_1)—(c_3):BR+20 g/L SS;
(d_1)—(d_3):BR+30 g/L SG;(e_1)—(e_3):BR+20 mL/L Gl

12.3.3　羧基类添加剂对镀层合金含量的影响

XRF 分析了不同添加剂得到镀层的铜、锌、锡合金含量见表 12.1。该体系得到镀层合金含量以铜为主,锌的含量较少,锡的含量为微量。在 BR 溶液中,镀层中铜、锌、锡各成分的含量比为 90.12%,9.46%,0.42%,此时镀层中铜的含量比较高,可以解释上述颜色为深黄色但局部偏红的原因。加入添加剂后,镀层合金中铜含量均有所减小。镀层合金中铜、锌、锡三者含量比变化时,得到的镀层颜色有所不同。比较可得出在 BR 中添加 22 g/L SC 时,Cu 的含量降低到 89.75%,Zn 的含量为 9.61%,Sn 的含量为 0.64%,此时的铜、锌、锡为最佳比例,镀片呈现均匀的金黄色。在 BR 中添加 20 g/L SS 时,铜、锌、锡的含量均有微量调整,但镀片呈现均匀的浅黄色。

表 12.1 用 XRF 分析羧基类添加剂对镀层组成的影响(质量分数/%)

镀液组成	Cu	Zn	Sn
BR	90.12	9.46	0.42
BR+22 g/L SC	89.75	9.61	0.64
BR+20 g/L SS	90.05	9.42	0.53
BR+30 g/L SG	84.56	15.07	0.37
BR+20 mL/L Gl	88.85	10.68	0.47

12.3.4 羧基类添加剂对物相结构的影响

图 12.4 显示了电镀液存在不同添加剂时检测镀层得到的 X 射线衍射图。图 12.4 表明由 BR 镀液得到的镀层中存在 Cu(JCPDS 04-0836)、Cu_5Zn_8(JCPDS 71-0397)、CuSn(JCPDS 44-1477)、Cu_6Sn_5(JCPDS 45-1488)、CuZn(JCPDS 08-0349)等晶体。镀层中含有 Cu 的物相,其衍射峰的 2θ 位置主要为 42.124°、50.888°、64.456°和 90.888°。Cu_5Zn_8 结晶衍射峰的 2θ 位置为 42.124°、44.504°、64.456°、82.348°和 90.988°。Cu_6Sn_5 结晶衍射峰的 2θ 位置为 42.124°、44.504°、50.888°和 75.172°。CuSn 衍射峰的 2θ 位置为 42.124°、43.608°、75.172°和 90.988°。CuZn 相结晶衍射峰的 2θ 位置为 42.124°、75.172°和 82.348°。

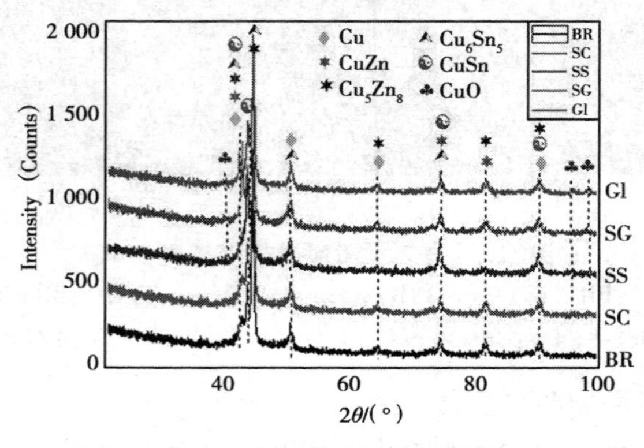

图 12.4 羧基类添加剂对 XRD 结果的影响

BR、BR+22 g/L SC、BR+20 g/L SS、BR+30 g/L SG、BR+20 mL/L Gl

将 4 种含添加剂的衍射峰分别于 BR 的衍射峰相比。加入 22 g/L 添加剂 SC 时的衍射峰 2θ 位置几乎不变，只是衍射峰的高低略有变动。这说明该添加剂并不影响镀层合金的物质构成。在 BR 溶液中添加 20 g/L 的 SS 时，衍射峰 2θ 的位置也不发生变化。添加剂为 SG 时，2θ 位置为 42.124°处的衍射峰高度明显升高，此处衍射峰主要为 CuSn、Cu_6Sn_5、CuZn、Cu_5Zn_8、Cu 的衍射峰。2θ 位置为 50.888°处的衍射峰强度较低，此处为 CuSn、Cu 的衍射峰。分析得出此时镀层合金中 Zn 含量较高，这与之前 XRF 的检测结果一致。而加入 20 mL/L 的 Gl 时，在 41.492°、93.576°、95.028°处出现 CuO(JCPDS 44-0706) 的衍射峰。这说明添加剂均会影响 Cu-Zn-Sn 三元合金的组成含量，其中添加剂 Gl 还会影响镀层合金的组成物相。XRD 结果与电化学分析结论一致。

由于 XRF 无法直接测试氧含量，因此表 12.1 中未讨论镀层中的氧含量。因此，使用能量色散光谱(EDS)来分析不同镀层中的氧含量。分析表明，在由 BR 和含有 SC、SS 和 SG 的添加剂获得的镀层中没有检测到氧气。然而，在含有 Gl 添加剂的镀层中检测到 0.57%的氧气。该结论与 XRD 分析结果一致。

12.3.5　羧基类添加剂对镀层表面色泽的影响

镀层的厚度为 1.0~1.5 μm。当电镀液包含不同的添加剂时获得的镀层厚度略有不同。但是，当应用于装饰领域时，镀层厚度的变化可以忽略不计。

用光学相机拍照记录下电镀结束后镀片的外观形貌。如图 12.5 所示，当电镀液中没有添加剂(BR)时，镀片颜色不均匀，为深黄色局部偏红。当添加剂 SC 的浓度从 10 增加到 15 g/L 时，镀层颜色由深黄色变为金黄色。当 SC 浓度为 22 g/L 时，此时镀层的颜色均匀且呈现金黄色。当 SC 浓度大于 30 g/L 后，镀层为金黄色且局部越来越发黑。溶液在浓度超过 40 g/L 时，放置 24 h 后会有白色沉淀析出，溶液稳定性变差。

SS 的用量为 5~15 g/L 时，镀层颜色不均匀且为浅黄色。当浓度为 20 g/L 时，镀层颜色均匀且为浅黄色，且此时溶液的稳定性较好。而 SS 的用量为 30，35，40 g/L 时，镀层颜色均表现为浅黄色且局部发黑。溶液在 SS 的浓度达到 40 g/L 及以上时，放置 24 h 后会出现白色沉淀，电镀液稳定性差。

SG 用量为 17.5~45 g/L 时，其镀层颜色不均匀，为浅黄色且局部发红色。而溶液在 SG 用量低于 20 g/L 时，镀液稳定性差，会有白色沉淀析出而且长期放置后还会有挂壁现象出现。而且 SG 用量在超过 40 g/L 时溶液中会有红色沉淀析出。因此 SG 的含量对溶液稳定性的影响比较大。

当 Gl 的用量由 5 mL/L 增长到 13 mL/L 时镀层颜色由深黄色逐渐变为黄色，且镀层的光泽度都比较差。当 Gl 的用量为 15~20 mL/L 时,镀层颜色均匀为青铜色。当 Gl 的用量大于 25 mL/L 时,镀层颜色明显发黑。且在 Gl 的用量为 30 mL/L 时,放置 24 h 后出现黄色沉淀。

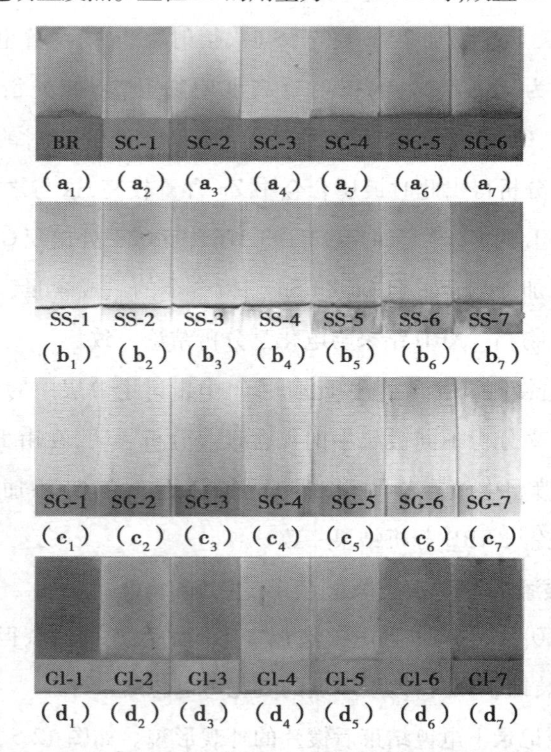

图 12.5　羧基类添加剂对镀层表面色泽的影响(彩图见附录)

(a_1)—(a_7):BR(0),BR+SC(10,15,22,30,35,40 g/L);

(b_1)—(b_7):BR+SS(5,10,15,20,30,35,40 g/L);

(c_1)—(c_7):BR+SG(17.5,20,25,30,35,40,45 g/L);

(d_1)—(d_7):BR+Gl(5,10,13,15,20,25,30 mL/L)

12.3.6　羧基类添加剂对电镀液 UV-Vis 光谱的影响

图 12.6(a)为含不同添加剂镀液的紫外光谱图,图 12.6(b)展示了 5 种镀液的最大吸收波长。空白电镀液(BR)的最大吸收峰在 221 nm 处;将 SC、SS、SG、Gl 加到电镀液后,可得出最大吸收峰分别为 223 nm、224 nm、231nm、226 nm 的位置,可知吸收峰发生了不同程度的红移。发生红移的原因不仅在于 4 种添加剂中羧基的数目不同,也与 4 种添加剂中的羟基数目有关。二者均为助色基团,使得最大吸收峰的波长向长波方向移动,发生红移。其中 SG 分子内两种基团的总数最多,红移最为明显。但对比 4 种添加剂的紫外图谱,最大吸收峰的位峰值发生变化,得出紫外吸收峰主要受不同添加剂的影响。得出结论在镀液中加入添加剂时均会红移,适当的红移有利于金属络合离子的形成,有利于Cu-Zn-Sn三元合金的沉积。

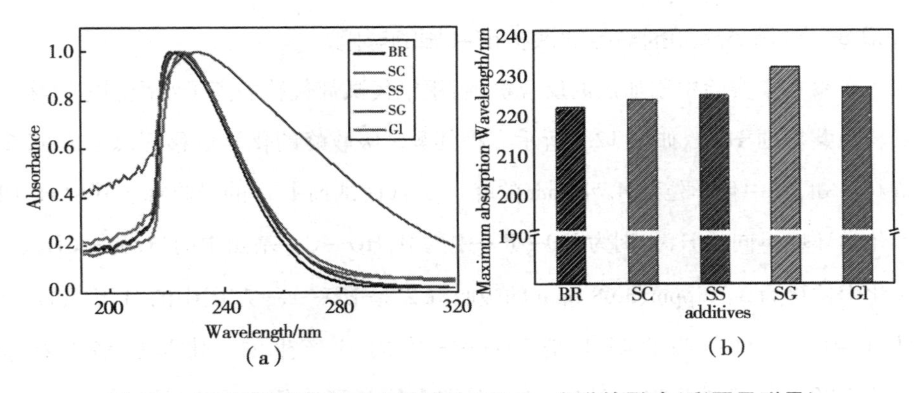

图 12.6　羧基类添加剂对电镀液的 UV-Vis 光谱的影响（彩图见附录）

BR、BR+22 g/L SC、BR+20 g/L SS、BR+30 g/L SG、BR+20 mL/L Gl

12.3.7　羧基类添加剂对电镀液 FTIR 光谱的影响

由图 12.7 分析得出：在谱图的 3 370 cm^{-1}处有吸收峰，推论它是游离态和缔合态羟基的伸缩振动吸收峰。这是因为电镀液中 HEDP、氢氧化钠、4 种添加剂分子中均含有羟基。在 2 450 cm^{-1}处的吸收峰为 HEDP 中甲基（—CH_3）基团中 C—H 键的伸缩振动峰。添加剂为 SG 时，此处的吸收峰达到最大，添加剂为 SS 时次之。而 1 600 cm^{-1}处与 1 450 cm^{-1}处的吸收峰分别是溶液中存在的羧酸根中 C—O 键的不对称，对称伸缩振动峰。1 100 cm^{-1}处的吸收峰为主络合剂 HEDP，各添加剂分子中 C—O 键的伸缩振动峰。在添加剂为 SS 时，1 600 cm^{-1}与 1 100 cm^{-1}处的吸收峰均达到最大。980 cm^{-1}处的弱峰是 HEDP 中 P—O 键的对称伸缩振动峰。因此，加入羧基类添加剂，电镀液红外吸收峰的位置基本不变，只是吸收峰的高低有所变化，即一定含量的羧基类添加剂对电镀液的红外吸收峰影响不大，对金属离子的络合有影响。

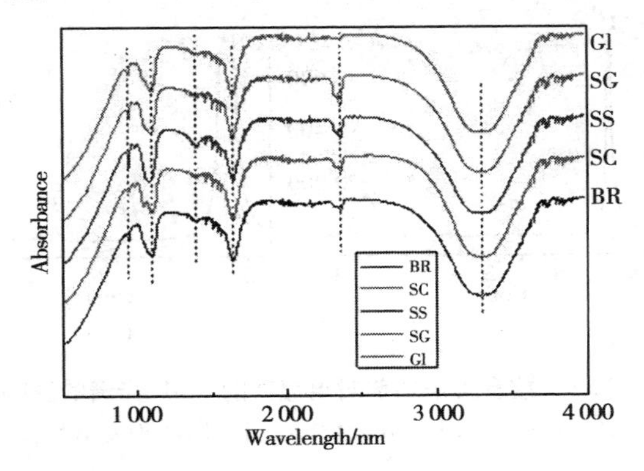

图 12.7　羧基类添加剂对电镀液的 FTIR 光谱的影响

BR、BR+22 g/L SC、BR+20 g/L SS、BR+30 g/L SG、BR+20 mL/L Gl

12.3.8 羧基类添加剂对电镀液核磁共振的影响

为了考察本章实验中添加剂的反应机理,用氘代试剂代替去离子水配制电镀液,并测试了其核磁共振的^{1}H 谱,如图 12.8 所示。将其测试吸收峰的化学位移汇总在表 12.2 中。查阅资料可知,其中化学位移 4.74 ppm 的峰 1#是氘代试剂中 H 的吸收峰。其中 HEDP 存在 3 种化学环境不同的 H,分别为 HO—P—中的 H,HO—C—基团中的 H,和—CH_3基团中的 H。化学位移为 3.70 ppm、3.68 ppm 的吸收峰 2#是 HO—C—基团中的 H 形成的。化学位移为 1.40 ppm 处的吸收峰 4#是 HO—P—中的 H 产生的。化学位移 1.28 ppm、1.24 ppm、1.20 ppm 处的吸收峰 3#是—CH_3基团中的 H 形成的三重峰,该裂分是由同碳上的 2 个 P 引起的。由表 12.2 可知在加入 22 g/L SC、20 g/L SS、30 g/L SG 的添加剂时,峰的化学位移与峰形基本不发生变化,仅有峰高发生变化。这是因为添加剂会影响金属离子的络合反应,导致出峰基团不能自由转动,使吸收峰的高度发生变化。峰高在一定程度上可以体现出金属离子与络合剂的反应强度。而添加剂为 20 mL/L Gl 时,化学位移为 2.47 ppm、2.34 ppm 处出现吸收峰 3#。这是分子结构中两个对称的—CH_2—基团形成的峰。分析得出不同羧基含量的添加剂均会与金属离子发生络合反应。

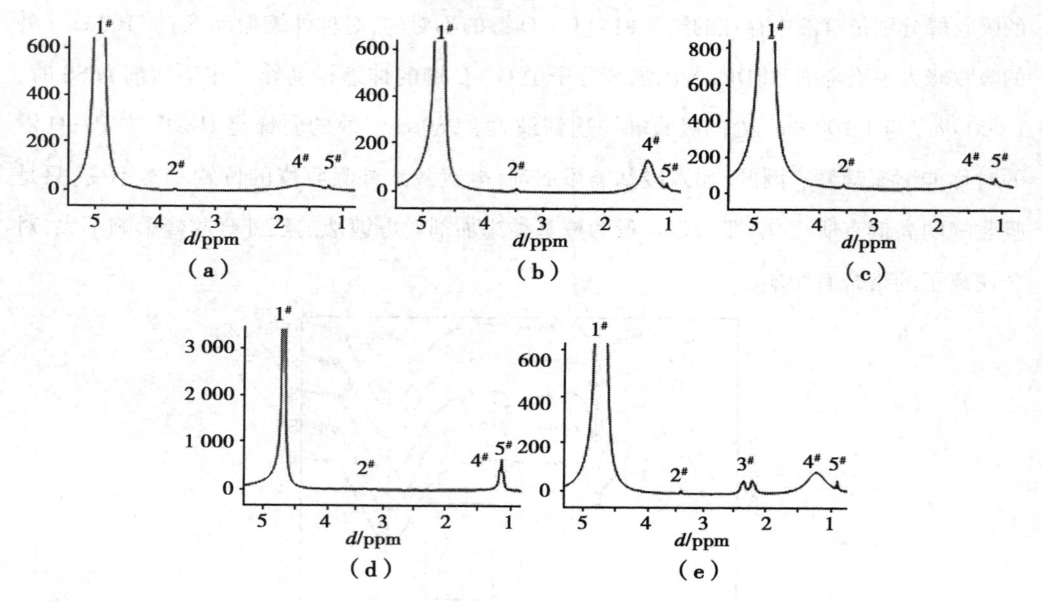

图 12.8 羧基类添加剂对电镀液的 NMR 光谱的影响

(a):BR;(b):BR+22 g/L SC;(c):BR+20 g/L SS;(d):BR+30 g/L SG;(e):BR+20 mL/L Gl

表 12.2　含不同羧基类添加剂电镀液的 NMR 光谱结果

电镀液组成	化学位移/ppm				
	峰 1#	峰 2#	峰 3#	峰 4#	峰 5#
BR	4.74	3.70,3.68		1.40	1.20,1.21,1.23
BR+22 g/L SC	4.74	3.37,3.46		1.31	1.02,1.00,0.98
BR+20 g/L SS	4.74	3.48		1.35	1.00
BR+30 g/L SG	4.74	3.42,3.32		1.32	1.22,1.18,1.15
BR+20 mL/L Gl	4.74	3.48,3.46	2.47,2.34	1.33	1.02,1.00,0.98

12.3.9　羧基类添加剂对络合反应机理的影响

本章主要研究 HEDP 体系电镀铜锌锡合金的电镀工艺，$CuSO_4 \cdot 5H_2O$、$ZnSO_4 \cdot 7H_2O$ 和 $Na_2SnO_3 \cdot 3H_2O$ 为主盐，HEDP 为主络合剂，氢氧化钠和无水碳酸钠为缓冲剂配制成电镀液。其中主络合剂 HEDP 的分子式为 $C(CH_3)(OH)(PO_3H_2)_2$，分子结构的特点是含有 2 个磷酸基和 5 个羟基，常以 H_4L 表示，它能与金属离子形成六元环螯合物。pH 值为 13.0~13.5 时，HEDP 主要以 L^{4-}的形式存在。pH 值大于 13.0 时，HEDP 主要以 L^{4-}的形式存在。

在硫酸铜、硫酸锌和锡酸钠为主盐的 BR 溶液中，电镀液中的铜离子以大量的 $Cu(OH)_2L_2^{8-}$、少量的 CuL_2^{6-} 形式存在。对于用 HEDP 电沉积铜表现出两步放电的情况，阴极反应如下：

$$CuL_2^{6-} + 2e^- \longrightarrow Cu + 2L^{4-} \tag{12.1}$$

$$Cu(OH)_2L_2^{8-} + 2e^- \longrightarrow Cu + 2L^{4-} + 2OH^- \tag{12.2}$$

在 BR 电镀液中的锌离子以大量的 $Zn(OH)_4^{2-}$、少量的 ZnL_2^{6-} 形式存在。其离子的电沉积反应为：

$$ZnL_2^{6-} \longrightarrow ZnL^{2-} + L^{4-} \tag{12.3}$$

$$ZnL^{2-} + 2e^- \longrightarrow Zn + L^{4-} \tag{12.4}$$

$$Zn(OH)_4^{2-} + 2e^- \longrightarrow Zn + 4OH^- \tag{12.5}$$

BR 电镀液中的锡离子以大量的 $Sn(OH)_3^-$ 的形式存在：

$$Sn(OH)_3^- + 2e^- \longrightarrow Sn + 3OH^- \tag{12.6}$$

从 CV 曲线可以看出，当添加剂是具有最高羧基含量的 SC 时，它可以促进阳极材料的溶解。这表明羧基在镀液中充当缓冲剂并防止镀液中的 pH 值下降太快。通过 UV 和 FTIR 光谱分析以及 NMR 结果分析,发现在添加含羧基的添加剂后,电镀液中会出现金属离子配合物。这表明添加剂可以用作与金属离子络合的辅助络合剂,从而促进 Cu-Zn-Sn 的共沉积。

12.4 本章小结

本章实验研究羧基数对 Cu-Zn-Sn 三元合金镀层性能的影响:可得出 4 种添加剂 SC、SS、SG、Gl 的最佳含量分别为 22 g/L、20 g/L、30 g/L、20 mL/L 。通过 SEM 分析得出结论,随着含羧基添加剂的加入,镀层合金颗粒的粒径均有所减小,且羧基含量越多,效果越好。XRF 结果表明,电镀液含羧基数含量最多的 SC 添加剂时,得到的 Cu-Zn-Sn 镀层中含有成分:89.75%Cu,9.61%Zn 和 0.64%Sn,此时铜、锌、锡为最佳含量比,镀层呈现出金黄色。XRD 分析表明,镀层合金具有 Cu、Cu_5Zn_8、CuSn、Cu_6Sn_5、CuZn 相的混合物。CV 曲线研究表明,Cu-Zn-Sn 共沉积发生在 $-0.50\ V_{vs.Hg|HgO}$,并且一定量含羟基的添加剂可以促进 Cu-Zn-Sn的共沉积,并且发现不同羧基数的添加剂对沉积有不同的作用。

第 13 章　结论与展望

13.1　主要研究结论

①首先,铜阳极电溶工艺广泛应用于电解、电镀、电催化、腐蚀、电加工等工业铜加工中。工业电化学过程通常伴随着时空电化学振荡现象。本书分别系统地研究了铜在磷酸、盐酸、硫酸溶液中电氧化过程中产生的电化学振荡行为。采用 CV 法系统地研究了电位、电解液组成及浓度、温度、搅拌速率、扫描速度、扫描次数等对电化学振荡的影响,并采用恒电位下的电流-时间法和恒电流计时电位法研究了电场的影响。实验结合理论模拟,建立了系统的反应机理,并将其转化为二或三变量数学模型。利用 MATLAB 软件对该算法进行了仿真。理论模拟结果与实验结果中振幅和频率基本一致。分析认为,铜电氧化过程中电化学振荡的机理是由于 Cu 阳极的电氧化作用在电极表面产生物质的沉积和溶解作用所致。本书提供了宏观非平衡现象的微观化学机制的相关性,并为冶金高效电溶解提供了新概念。

②其次,电解精炼铜生产是高能耗湿法冶金产业,研发高纯阴极铜节能电解新方法的关键是减少电化学振荡引起的电能消耗。采用改进阳极、添加抑制剂等措施调控电化学振荡,进而有效利用这种在远离平衡条件下的特殊电化学振荡行为来改善电解过程。采用电化学测试的方法研究加入不同种类与浓度的添加剂(硫脲、聚丙烯酰胺、明胶和骨胶)对铜电解精炼过程的影响。通过对加入添加剂之后得到的循环伏安曲线进行分析研究,得到了添加剂的种类与浓度对铜沉积的影响。表明硫脲与聚丙烯酰胺同时加入后,二者在铜电解过程中产生了协同作用,共同促进了阴极铜的沉积。在远离平衡区找出新的节能环保电解工作区间。而且采用改进后的电解液和工艺后,电解液可以循环使用。新工艺使整个铜湿法冶金工业生产更加节省能耗物耗。同时,本书也为提高工业生产电解金属的电流效率和产品质量提供了一种新的方法。

③本书研究了几种无氰电镀体系工艺优化调控。主要有使用乙二胺四乙酸体系电沉积玫瑰金色的 Cu-Zn-Sn 合金、使用柠檬酸体系电沉积金黄色的 Cu-Sn 合金、使用乙二胺四乙酸-酒石酸双络合体系电沉积金黄色的 Cu-Sn 合金。用拍照、SEM、EDS、XRD 分析不

同电镀液对镀层表面色泽、表面微观形貌、组成、物相结构的影响。同时通过电化学分析、UV、IR、核磁共振光谱分析对不同电镀液进行分析比较,分析其络合沉积机理。结果为调控电沉积合金的产品质量提供新的技术和理论基础。

④使用羟基乙叉二膦酸体系电沉积金黄色的 Cu-Zn-Sn 合金,主要研究了 4 种含 N 类的添加剂[即三乙醇胺(TEA)、氟化铵(AF)、三乙酸氨(NTA)和聚丙烯酰胺(PAM)]、4 种含羟基的添加剂[即甲醇(MET)、乙二醇(EG)、甘油(GLY)和甘露醇(MAN)]、4 种含羧基的添加剂[即柠檬酸钠(SC)、酒石酸钠钾(SS)、葡萄糖酸钠(SG)和甘油(Gl)]对 Cu-Zn-Sn合金镀层性能的影响。该结果可为开发新型无氰 HEDP 碱性电镀 Cu-Zn-Sn 三元合金电沉积过程中的添加剂的选择技术提供理论指导。

13.2 主要创新点

本书将各种电化学新技术应用于实际电沉积工艺过程中,并将其结果推广应用于实际工业生产中,具有如下特点与创新之处:

(1)调控电化学振荡实现电解铜过程节能降耗的目的

实验过程中发现了电化学振荡对电解铜能耗都有影响,结合前期的非线性动力学机理,最终实现控制阴极铜生长的速度和生长方式,消除电化学振荡造成的电能消耗,达到节能电解的目的。本书具有湿法电冶金与基础理论相结合、深化应用基础理论、指导节能新技术研发的特征。

(2)基于非线性理论改造铜连续循环电解装置

基于前期研究,对电解体系进行动力学数学计算和模拟,从非线性动力学角度认识电解反应历程。进而采用改进阳极、添加抑制剂、改造电解池等措施同步综合调控电解过程,实现高纯的产品和最低化的能耗。

(3)采用双络合体系实现稳定电镀

对比了单一络合剂和双络合剂对电镀的影响,提出了 EDTA-酒石酸双络合体系。对双络合剂与主盐之间的电化学行为和络合反应机理进行研究,采用不同配比的阳极合金和主盐可以调整镀层的色泽,通以合适的电场强度改善镀层的平整性和致密性,进而找出工艺流程简单、易操作、低成本的无氰仿金电镀薄膜技术,这是本书一个技术关键。

(4)开发高装饰性电镀用的添加剂

研究各种类型添加剂对电沉积仿金 Cu-Zn-Sn 三元合金工艺的影响,并进一步利用循环伏安曲线等电化学方法,探究各无机、有机类添加剂对络合剂和主盐之间的电化学行为和络合反应机理的影响。此研究将在理论和实验的基础上,构建环保、低成本、高效的电镀铜合金新工艺,获得电镀沉积作用机理,并将其用于指导生产实践。

13.3 研究展望

电解铜生产现有的工艺优化普遍以平衡态热力学理论为基础,不能准确阐释过程中的复杂反应机制,所以复杂体系调控电化学振荡的反应历程需要精确建立。在研究过程中,实际电解过程中电化学振荡的产生与理论模拟的电化学振荡曲线形状有所差距,实验过程中振荡曲线规律性有所破坏,而模拟的振荡是非常规律的周期振荡。模拟过程是个简化过程,实际上电解过程中很多复杂的反应以及情况未做讨论。做模拟的过程中只能选择一些主要影响因素,无法考虑所有可能涉及的因素,且模拟的和实际的振荡曲线的基本规律差距很小,为了便于模拟计算,故将其简化。另外,实际工业电解过程存在高浓度、大电流、流动性等特征,远远偏离平衡反应。通过对电解铜体系内在非线性动力学行为机理的研究,进而在远离平衡的区间,找出新的节能工作区间和方法,并将这种新工艺在整个湿法冶金工业生产推广,实现为湿法冶金行业电解产品的电流效率和产品质量提供一种新的方法。这个过程需要在企业的中试生产线继续开展,目前我们正在执行山西省重点研发计划(社会发展领域)一般项目,主要就是针对调控节能电解开展的。

无氰高装饰性微/纳米电镀铜合金薄膜属于材料领域的高性能膜材料、功能性材料、新型纳米材料、绿色环保节能材料。此研究仅局限于构建电镀共沉积作用机理,并初步分析各添加剂对镀层形成的影响机理。后面的研究可针对电镀槽体结构(赫尔槽、方槽)、阳极电极不同配比、电源形式(高频双脉冲、直流、交-直流叠加电源)等电场调控的设备进行改造;同时利用阴极极化曲线、微分电容曲线、循环伏安曲线等综合电化学方法,对比各无机、有机类添加剂对阴极过程的作用机理。此研究将在理论和实验的基础上,构建环保、低成本、高效的电镀铜合金新工艺。结合沉积机理提出了电镀调控的理论方法,这亟须后期将其用于指导电镀合金的工业生产实践中。最后需要进一步联合企业攻关,采取产学研相结合的模式,研究无氰高装饰性微/纳米电镀铜合金薄膜工艺调控与资源化利用关键技术,建立科技成果转化平台,建立电镀关键技术集成的企业中试实验生产线,实现产业绿色化升级。

参考文献

[1] HAI N T M, FURRER J, BARLETTA E, et al. Copolymers of imidazole and 1,4-butandiol diglycidyl ether as an efficient suppressor additive for copper electroplating [J]. Journal of The Electrochemical Society, 2014, 161(9): D381-D387.

[2] BARKEY D, CHANG R, LIU D, et al. Observation of a limit cycle in potential oscillations during copper electrodeposition in a leveler/accelerant system [J]. Journal of The Electrochemical Society, 2014, 161(3): D97-D101.

[3] ILKHCHI M O, YOOZBASHIZADEH H, SAFARZADEH M S. The effect of additives on anode passivation in electrorefining of copper [J]. Chemical Engineering and Processing-Process Intensification, 2007, 46(8): 757-763.

[4] RRM A, AMA B. Review of copper pyrometallurgical practice: today and tomorrow [J]. Minerals Engineering, 2003, 16(10): 893-919.

[5] RAM SANKAR P , KHATTAK B Q, JAIN A K, et al. Electroforming of copper by the periodic reversal process [J]. Surface Engineering, 2005, 21(3): 204-208.

[6] BALASUBRAMANIAN A, SRIKUMAR D S, RAJA G, et al. Effect of pulse parameter on pulsed electrodeposition of copper on stainless steel [J]. Surface Engineering, 2009, 25(5): 389-392.

[7] GLADYSZ O, LOS P, KRZYZAK E. Influence of concentrations of copper, leveling agents and temperature on the diffusion coefficient of cupric ions in industrial electro-refining eleetrolytes [J]. Journal of Applied Electrochemistry, 2007, 37 (10): 1093-1097.

[8] FABIAN C P, RIDD M J, SHEEHAN M E. Assessment of activated polyacrylamide and guar as organic additives in copper electrodeposition [J]. Hydrometallurgy, 2007, 86(1-2): 44-55.

[9] QUINET M, LALLEMAND F, RICQ L. Influence of organic additives on the initial stages of copper electrodeposition on polycrystalline platinum [J]. Electrochimica Acta, 2009, 54(5): 1529-1536.

[10] 张震，李俊. 基于 TEA 和 EDTA·2Na 双络合体系的酸性镀铜工艺及镀层特性研究[J]. 中国有色金属学报，2011，21(8)：1980-1987.

[11] KO S L, LIN J Y, WANG Y Y, et al. Effect of the molecular weight of polyethylene glycol as single additive in copper deposition for interconnect metallization [J]. Thin Solid Films, 2008, 516(15): 5046-5051.

[12] ZHANG Q B, HUA Y X, WANG Y T, et al. Effects of ionic liquid additive [BMIm] HSO_4 on copper electro-deposition from acidic sulfate electrolyte [J]. Hydrometallurgy, 2009, 98(3-4): 291-297.

[13] FAROOQA R, WANGA Y, LINA F, et al. Effect of ultrasound on the removal of copper from the model solutions for copper electrolysis process [J]. Water Research, 2002, 36(12): 3165-3169.

[14] BROWN G M, HOPE G A. SERS study of the adsorption of gelatin at a copper eleetrode in sulfuric acid solution [J]. Journal of Electroanalytical Chemistry, 1995, 397(1-2): 293-300.

[15] DING L F, FAN X, DU J, et al. Influence of three N-based auxiliary additives during the electrodeposition of manganese [J]. International Journal of Mineral Processing, 2014, 130: 34-41.

[16] FAN X, YANG D P, DING L F, et al. Periodic current oscillation catalyzed by delta-MnO_2 nanosheets [J]. Chemphyschem, 2015, 16(1): 176-180.

[17] CABRAL M F, NAGAO R, SITTA E, et al. Mechanistic aspects of the linear stabilization of non-stationary electrochemical oscillations [J]. Physical Chemistry Chemical Physics, 2013, 15(5): 1437-1442.

[18] POTKONJAK N I, NIKOLIC Z, ANIC S R, et al. Electrochemical oscillations during copper electrodissolution/passivation in trifluoroacetic acid induced by current interrupt method [J]. Corrosion Science, 2014, 83: 355-358.

[19] HAI N T M, ODERMATT J, GRIMAUDO V, et al. Potential oscillations in galvanostatic Cu electrodeposition: antagonistic and synergistic effects among SPS, chloride, and suppressor additives [J]. Journal of Physical Chemistry C, 2012, 116(12): 6913-6924.

[20] POTKONJAK N I, POTKONJAK T N, BLAGOJEVIC S N, et al. Current oscillations

during the anodic dissolution of copper in trifluoroacetic acid [J]. Corrosion Science, 2010, 52(5): 1618-1624.

[21] GLARUM S H, MARSHALL J H. The anodic dissolution of copper into phosphoric acid Ⅱ Impedance behavior [J]. Journal of The Electrochemical Society, 1985, 132(12): 2878-2885.

[22] KAMIYA K, HASHIMOTO K, NAKANISHI S. Acceleration effect of adsorbed thiocyanate ions on electrodeposition of CuSCN, causing spontaneous electrochemical oscillation [J]. Chemical Physics Letters, 2012, 530: 77-80.

[23] SCHALTIN S, BINNEMANS K, FRANSAER J. Oscillating electrochemical reaction in copper-containing imidazolium ionic liquids [J]. Physical Chemistry Chemical Physics, 2011, 13(34): 15448-15454.

[24] ESKHULT J, ULRICH C, BJOREFORS F, et al. Current oscillations during chronoamperometric and cyclic voltammetric measurements in alkaline Cu(Ⅱ)-citrate solutions [J]. Electrochimica Acta, 2008, 53(5): 2188-2197.

[25] MUKOUYAMA Y, NAKAZATO R, SHIONO T, et al. Potential oscillation during electrolysis of water in acidic solutions under numerous conditions [J]. Journal of Electroanalytical Chemistry. 2014, 713: 39-46.

[26] HUA D Y, LUO J L. An investigation of the potentiostatic current oscillation during the anodic dissolution of iron in sulfuric acid [J]. Chemical Physics Letters, 1999, 299(3-4): 345-351.

[27] FAN X, HOU J, SUN D G, et al. Mn-oxides catalyzed periodic current oscillation on the anode [J]. Electrochimica Acta, 2013, 102(21): 466-471.

[28] 丁莉峰. 电解制金属锰和高锰酸钾过程中的非线性动力学研究[D]. 重庆:重庆大学, 2014.

[29] 余向飞，梁成浩. 无氰铜锌合金仿金电镀工艺 [J]. 电镀与涂饰, 2008(11): 8-10.

[30] 何丽芳，郭忠诚. 无氰仿金电镀的研究现状 [J]. 电镀与涂饰, 2006(3): 51-54.

[31] OLIVEIRA G M D, BARBOSA L L, BROGGI R L, et al. Voltammetric study of the influence of EDTA on the silver electrodeposition and morphological and structural characterization of silver films [J]. Journal of Electroanalytical Chemistry, 2005, 578(1): 151-158.

[32] OLIVEIRA G M D, CARLOS I A. Silver-Zinc electrodeposition from a thiourea solution with added EDTA or HEDTA [J]. Electrochimica Acta, 2009, 54(8): 2155-2163.

[33] 俞晓东. 大功率 LED 灯用敷铜陶瓷基板的制备及性能研究 [D]. 南京: 南京航空航天大学, 2011.

[34] 李维. 电沉积制备超细铜粉的粒径控制机制研究 [D]. 成都:四川大学, 2007.

[35] YANG S C, HO C E, CHANG C W, et al. Strong Zn concentration effect on the soldering reactions between Sn-based solders and Cu [J]. Journal of Materials Research, 2006, 21 (10): 2436-2439.

[36] YOON J W, JUNG S B. Interfacial reactions and shear strength on Cu and electrolytic Au/Ni metallization with Sn-Zn solder [J]. Journal of Materials Research, 2006, 21(6): 1590-1599.

[37] 高鹏, 屠振密. 无氰仿金电镀工艺研究进展 [J]. 电镀与环保, 2012, 32(1): 1-5.

[38] CLAUWAERT K, BINNEMANS K, MATTHIJS E, et al. Electrochemical studies of the electrodeposition of copper-zinc-tin alloys from pyrophosphate electrolytes followed by selenization for CZTSe photovoltaic cells [J]. Electrochimica Acta, 2016, 188: 344-355.

[39] MENG G Z, SUN F L, WANG S J, et al. Effect of electrodeposition parameters on the hydrogen permeation during Cu-Sn alloy electrodeposition [J]. Electrochimica Acta, 2010, 55(7): 2238-2245.

[40] JUNG H, MYUNG N V. Electrodeposition of antimony telluride thin films from acidic nitrate-tartrate baths[J].Electrochimica Acta, 2011, 56(16): 5611-5615.

[41] ZHENG J W, CHEN H B, CAI W, et al. Reaction mechanisms of copper electrodeposition from 1-hydroxyethylidene-1,1-diphosphonic acid (HEDP) solution on glassy carbon[J]. Materials Science and Engineering: B, 2017, 224: 18-27.

[42] BARBANO E P, DE OLIVEIRA G M, DE CARVALHO M F, et al. Copper-tin electrodeposition from an acid solution containing EDTA added[J]. Surface and Coatings Technology, 2014, 240: 14-22.

[43] ALMEIDA M R H, BARBANO E P, ZACARIN M G, et al. Electrodeposition of CuZn films from free-of-cyanide alkaline baths containing EDTA as complexing agent [J]. Surface and Coatings Technology, 2016, 287: 103-112.

[44] JUŠKĖNAS R, KARPAVIČIENĖ V, PAKŠTAS V, et al. Electrochemical and XRD studies of Cu-Zn coatings electrodeposited in solution with d-mannitol [J]. Journal of Electroanalytical Chemistry, 2007, 602(2): 237-244.

[45] CARLOS I A, ALMEIDA M R H. Study of the influence of the polyalcohol sorbitol on the electrodeposition of copper-zinc films from a non-cyanide bath [J]. Journal of Electroanalytical Chemistry, 2003, 562(2): 153-159.

[46] DE ALMEIDA M R H, BARBANO E P , DE CARVALHO M F, et al. Copper-zinc electrodeposition in alkaline-sorbitol medium: electrochemical studies and structural, morphological and chemical composition characterization [J]. Applied Surface Science, 2015, 333: 13-22.

[47] RUBIN W, DE OLIVEIRA E M, CARLOS I A. Study of the influence of a boric-sorbitol complex on Zn-Mn electrodeposition and on the morphology, chemical composition, and structure of the deposits [J]. Journal of Applied Electrochemistry, 2012, 42(1): 11-20.

[48] SLUPSKA M, OZGA P. Electrodeposition of Sn-Zn-Cu alloys from citrate solutions [J]. Electrochimica Acta, 2014, 141(28): 149-160.

[49] SALHI Y, CHERROUL S, CHERKAOUI M, et al. Electrodeposition of nanostructured Sn-Zn coatings [J]. Applied Surface Science, 2016, 367: 64-69.

[50] WHANG T J, HSIEH M T, KAO Y C. Studies of single-step electrodeposition of $CuInSe_2$ thin films with sodium citrate as a complexing agent [J]. Applied Surface Science, 2010, 257(5): 1457-1462.

[51] BALLESTEROS J C, CHAINET E, OZIL P, et al. Initial stages of the electrocrystallization of copper from non-cyanide alkaline bath containing glycine [J]. Journal of Electroanalytical Chemistry, 2010, 645(2): 94-102.

[52] PEWNIM N, ROY S. Electrodeposition of tin-rich Cu-Sn alloys from a methanesulfonic acid electrolyte [J].Electrochimica Acta, 2013, 90: 498-506.

[53] WHANG T J, HSIEH M T, KAO Y C, et al. A study of electrodeposition of $CuInSe_2$ thin films with triethanolamine as the complexing agent [J]. Applied Surface Science, 2009, 255(8): 4600-4605.

[54] RUDNIK E, WLOCH G. Studies on the electrodeposition of tin from acidic chloride-gluconate solutions [J]. Applied Surface Science, 2013, 265: 839-849.

[55] 张颖，王晓轩，陶珍东，等. 玻璃钢无氰 Cu-Zn-Sn-Ni 仿金电镀工艺研究 [J]. 腐蚀与防护，1997，5(2)：27-29，34.

[56] 王少龙，龙晋明. 无氰络合剂对仿金电镀的影响 [J]. 电镀与环保，2004，24(2)：16-18.

[57] 王晓英，毕成良，李新欣，等. Cu-Sn-Zn 三元无氰仿金电镀工艺研究 [J]. 南开大学学报(自然科学版)，2009，42(3)：65-70.

[58] 冯绍彬，等. 电镀清洁生产工艺 [M]. 北京：化学工业出版社，2005.

[59] 屠振密，李宁，安茂忠，等. 电镀合金实用技术 [M]. 北京：国防工业出版社，2007.

[60] 何生龙. 彩色电镀技术 [M]. 北京：化学工业出版社，2008.

[61] 庞承新，莫桂兰. 首饰无氰仿金电镀的研究 [J]. 广西师范学院学报(自然科学版)，2003，20(1)：58-60.

[62] 徐炳辉，张艳，孙雅茹，等. 铅板无氰仿金镀工艺研究 [J]. 电镀与精饰，2009，31(9)：36-39.

[63] 张颖，王晓轩，李涛，等. 玻璃钢表面酒石酸盐体系仿金电镀工艺研究 [J]. 电镀与涂饰，2004，23(1)：12-15.

[64] 余向飞. 无氰铜锌合金电镀工艺研究 [D]. 大连：大连理工大学，2008.

[65] DING L F, LIU F, CHENG J, et al. Effects of four N-based additives on imitation gold plating [J]. Journal of Applied Electrochemistry, 2018, 48(2): 175-185.

[66] TANG A, LI Z, WANG F, et al. Electrodeposition mechanism of quaternary compounds Cu_2ZnSnS_4: Effect of the additives [J]. Applied Surface Science, 2018, 427: 267-275.

[67] 文斯雄. 锌合金零件无氰仿金装饰电镀 [J]. 材料保护，2005，38(9)：68-69.

[68] HEIDARI G, KHOIE S M M, ABRISHAMI M E, et al. Electrodeposition of Cu-Sn alloys: theoretical and experimental approaches [J]. Journal of Materials Science: Materials in Electronics, 2015, 26(3): 1969-1976.

[69] GOUGAUD C, RAI D, DELBOS S, et al. Electrochemical studies of one-step electrodeposition of Cu-Sn-Zn layers from aqueous electrolytes for photovoltaic applications [J]. Journal of The Electrochemical Society, 2013, 160(10): D485-D494.

[70] LALLEMAND F, RICQ L, WERY M, et al. The influence of organic additives on the electrodeposition of iron-group metals and binary alloy from sulfate electrolyte [J].

Applied Surface Science, 2004, 228(1-4): 326-333.

[71] SILVA F L G, LAGO D C B D, ELIA E D, et al. Electrodeposition of Cu-Zn alloy coatings from citrate baths containing benzotriazole and cysteine as additives [J]. Journal of Applied Electrochemistry, 2010, 40(11): 2013-2022.

[72] 张颖, 王晓轩, 郭永卫, 等. 玻璃钢饰面技术——电镀低锡青铜工艺研究 [J]. 腐蚀与防护, 2002, 23(8): 361-364.

[73] SUBRAMANIAN B, MOHAN S, JAYAKRISHNAN S. Structural. microstructural and corrosion properties of brush plated copper-tin alloy coatings [J]. Surface and Coatings Technology, 2006, 201(3-4): 1145-1151.

[74] FUJIWARA Y, ENOMOTO H. Electrodeposition of Cu-Zn alloys from glucoheptonate baths [J]. Surface and Coatings Technology, 1988, 35(1-2): 101-111.

[75] FUJIWARA Y, ENOMOTO H. Characterization of Cu-Zn alloy deposits from glucoheptonate baths [J]. Surface and Coatings Technology, 1988, 35(1-2): 113-124.

[76] FINAZZI G A, OLIVEIRA E M D, CARLOS I A. Development of a sorbitol alkaline Cu-Sn plating bath and chemical, physical and morphological characterization of Cu-Sn films [J]. Surface and Coatings Technology, 2004, 187(2-3): 377-387.

[77] LOW C T J, WALSH F C. Electrodeposition of tin, copper and tin-copper alloys from a methanesulfonic acid electrolyte containing a perfluorinated cationic surfactant [J].Surface and Coatings Technology, 2008, 202(8): 1339-1349.

[78] AMEEN T J, ORIOFF G L. Non-cyanide brass plating bath and a method of making metallic foil having abrass layer using the non-cyanide brass plating bath: US 5762778 [P]. 1998-7-9.

[79] ADRIAN B, JIA Y, SANKURATRI V, et al. Spatially distributed current oscillations with electrochemical reactions in microfluidic flow cells [J]. Chemphyschem, 2015, 16(3): 555-566.

[80] LU H, LIU X, BURTON J D, et al. Enhancement of ferroelectric polarization stability by interface engineering [J]. Advanced Materials, 2012, 24(9): 1209-1216.

[81] SUN W, WU K, THOMAS M A. Current oscillations in the layer-by-layer electrochemical deposition of vertically aligned nanosheets of zinc hydroxide nitrate [J]. Journal of The

Electrochemical Society, 2013, 160(11): D558-D564.

[82] ALONZO V, DARCHEN A, FUR E L, et al. Electrochemical behaviour of a vanadium anode in phosphoric acid and phosphate solutions [J]. Electrochimica Acta, 2006, 51 (10): 1990-1995.

[83] MOTA-LIMA A, SILVA D R, GASPAROTTO L H S, et al. Stationary and damped oscillations in a direct formic acid fuel cell (DFAFC) using Pt/C [J]. Electrochimica Acta, 2017, 235: 135-142.

[84] KARANTONIS A, KOUTALIDI S. Locomotion determined and controlled by electrochemical networks [J]. Journal of Applied Electrochemistry, 2012, 42(9): 689-698.

[85] CHAI Y C, TRUSCELLO S, BAEL S V, et al. Perfusion electrodeposition of calcium phosphate on additive manufactured titanium scaffolds for bone engineering [J]. Acta Biomaterialia, 2011, 7(5): 2310-2319.

[86] DARBAN A K, AAZAMI M, MELÉNDEZ A M, et al. Electrochemical study of orpiment (As_2S_3) dissolution in a NaOH solution [J]. Hydrometallurgy, 2011, 105 (3-4): 296-303.

[87] ORFANIDI A, DALETOU M K, SYGELLOU L, et al. The role of phosphoric acid in the anodic electrocatalytic layer in high temperature PEM fuel cells [J]. Journal of Applied Electrochemistry, 2013, 43(11): 1101-1116.

[88] ROKOSZ K, HRYNIEWICZ T, MATÝSEK D, et al. SEM, EDS and XPS analysis of the coatings obtained on titanium after plasma electrolytic oxidation in electrolytes containing copper nitrate [J]. Materials, 2016, 9(5): 318-329.

[89] LUO H, LI X G, DONG C F, et al. The influence of Cu on the electrochemical behaviour of 304 stainless steel in 0.1M H_3PO_4 solution [J]. Surface and Interface Analysis, 2013, 45(4): 793-799.

[90] AKSU S. Electrochemical equilibria of copper in aqueous phosphoric acid solutions [J]. Journal of The Electrochemical Society, 2009, 156(11): C387-C394.

[91] MALYSZKO J, DUDA L. Das gleichgewicht des Cu^{2+}-Cu^{+}-Cu-systems in konzentrierten perchloratlösungen [J]. Monatshefte Für Chemie/Chemical Monthly, 1975, 106(3): 633-642.

[92] KUNG T M, LIU C P, CHANG S C, et al. Effect of Cu-ion concentration in concentrated H_3PO_4 electrolyte on Cu electrochemical mechanical planarization [J]. Journal of The Electrochemical Society, 2010, 157(7): H763-H770.

[93] KONDEPUDI D, PRIGOGINE I. Modern thermodynamics: from heat engines to dissipative structures [M]. Second Edition. Wiley-Blackwell, 2014.

[94] PODGORNOVA L P, KUZNETSOV Y I, GAVRILOVA S V. On the zinc and copper dissolution in phosphate solutions [J]. Protection of Metals and Physical Chemistry of Surfaces, 2003, 39(3): 217-221.

[95] ZIEMNIAK S E, JONES M E, COMBS K E S. Copper(II) oxide solubility behavior in aqueous sodium phosphate solutions at elevated temperatures [J]. Journal of Solution Chemistry, 1992, 21(2): 179-200.

[96] KOJIMA K, TOBIAS C W. Solution-side transport processes in the electropolishing of copper in phosphoric acid [J]. Journal of The Electrochemical Society, 1973, 120(8): 1026-1033.

[97] BOUNIOL P, LAPUERTA-COCHET S. The solubility constant of calcium peroxide octahydrate in relation to temperature; its influence on radiolysis in cement-based materials [J]. Journal of Nuclear Materials, 2012, 420(1-3): 16-22.

[98] CHEN S L, NOLES T, SCHELL M, et al. Differences in oscillations and sequences of dynamical states caused by anion adsorption in the electrochemical oxidation of formic acid [J]. Journal of Physical Chemistry A, 2000, 104(29): 6791-6798.

[99] NAGAO R, EPSTEIN I R, GONZALEZ E R, et al. Temperature (over) compensation in an oscillatory surface reaction [J]. Journal of Physical Chemistry A, 2008, 112(20): 4617-4624.

[100] DING L F, YANG Y X, LIAO L F, et al. Electrochemical oscillation during electrosynthesis of $KMnO_4$ under highly-alkaline condition [J]. Journal of The Electrochemical Society, 2016, 163(3): E70-E74.

[101] KEIZER J, SCHERSON D. A theoretical investigation of electrode oscillations [J]. Journal of Physical Chemistry, 1980, 84(16): 2025-2032.

[102] IM B, KIM S. Nucleation and growth of Cu electrodeposited directly on W diffusion

barrier in neutral electrolyte [J]. Electrochimica Acta, 2014, 130: 52-59.

[103] SCHAB D, HEIN K. Problems of anodic and cathodic mass transfer in copper refining electrolysis with increased current density [J]. Canadian Metallurgical Quarterly, 2013, 31(3): 173-179.

[104] IHARA D, NAGAI T, YAMADA R, et al. Interfacial energy gradient at a front of an electrochemical wave appearing in CuSn-alloy oscillatory electrodeposition [J]. Electrochimica Acta, 2009, 55(2): 358-362.

[105] JOSELL D, MOFFAT T P. Superconformal Cu electrodeposition from Cu(II)-EDTA complexed alkaline electrolyte [J]. Journal of The Electrochemical Society, 2014, 161 (10): D558-D563.

[106] ABDEL-AZIZ M H, NIRDOSH I, SEDAHMED G H. Intensification of the rate of electropolishing and diffusion controlled electrochemical machining by workpiece oscillation [J]. Journal of The Taiwan Institute of Chemical Engineers, 2014, 45(3): 840-845.

[107] COOPER R S, BARTLETT J H. Convection and film instability copper anodes in hydrochloric acid [J]. Journal of The Electrochemical Society, 1958, 105(3): 109-116.

[108] LEE H P. Film formation and current oscillations in the electrodissolution of Cu in acidic chloride media [J]. Journal of The Electrochemical Society, 1985, 132(5): 1031-1037.

[109] CAZARES-IBÁÑEZ E, VÁZQUEZ-COUTIÑO G A ,GARCÍA-OCHOA E. Application of recurrence plots as a new tool in the analysis of electrochemical oscillations of copper [J]. Journal of Electroanalytical Chemistry, 2005, 583(1): 17-33.

[110] NI W B, LIU T Q, GUO R. Effect of SDS on the electrochemical oscillation of nickel in $HNO_3/Cl^-/H_2O$ solution [J]. Acta Physico-Chimica Sinica, 2006, 22(4): 502-506.

[111] KISS I Z, GÁSPÁR V, NYIKOS L, et al. Controlling electrochemical chaos in the copper-phosphoric acid system [J]. Journal of Physical Chemistry A, 1997, 101(46): 8668-8674.

[112] Kiss I Z, Kazsu Z, Gáspár V. Tracking unstable steady states and periodic orbits of oscillatory and chaotic electrochemical systems using delayed feedback control [J].

Chaos, 2006, 16(3): 033109.

[113] Lin Y T, Ci J W, Tu W C, et al. Fabrication of cuprous chloride films on copper substrate by chemical bath deposition [J]. Thin Solid Films, 2015, 591: 43-48.

[114] BITTNER D M, ZALESKI D P, STEPHENS S L, et al. A monomeric complex of ammonia and cuprous chloride: H_3N center dot center dot CuCl isolated and characterised by rotational spectroscopy and ab initio calculations [J]. Journal of Chemical Physics, 2015, 142(14): 144302.

[115] YANG H X, REDDY R G. Electrochemical kinetics of reduction of zinc oxide to zinc using 2 : 1 Urea/ChCl ionic liquid [J]. Electrochimica Acta, 2015, 178: 617-623.

[116] YIN B, ZHANG S, ZHENG X, et al. Cuprous chloride nanocubes grown on copper foil for pseudocapacitor electrodes [J]. Nano-Micro Letters, 2014, 6(4): 340-346.

[117] ITAGAKI M, MORI T, WATANABE K. Channel flow double electrode study on electrochemical oscillation during copper dissolution in acidic chloride solution [J]. Corrosion Science, 1999, 41(10): 1955-1970.

[118] DING L F, CHENG J, WANG T, et al. Continuous electrolytic refining process of cathode copper with non-dissolving anode[J]. Minerals Engineering, 2019, 135: 21-28.

[119] GALBIATI M, STOOT A C, MACKENZIE D M A, et al. Real-time oxide evolution of copper protected by graphene and boron nitride barriers [J]. Scientific Reports, 2017, 7: 39770.

[120] HU Z, WANG X, DONG H T, et al. Efficient photocatalytic degradation of tetrabromodiphenyl ethers and simultaneous hydrogen production by TiO_2-Cu_2O composite films in N-2 atmosphere: influencing factors, kinetics and mechanism [J]. Journal of Hazardous Materials, 2017, 340: 1-15.

[121] WANG J Q, WANG Q, WU Z J, et al. Plasma combined self-assembled monolayer pretreatment on electroplated-Cu surface for low temperature Cu-Sn bonding in 3D integration [J]. Applied Surface Science, 2017, 403: 525-530.

[122] GERVAS C, KHAN M D, ZHANG C, et al. Effect of cationic disorder on the energy generation and energy storage applications of $NixCo_{3-x}S_4$ thiospinel [J]. RSC Advances, 2018, 8(42): 24049-24058.

[123] DING L F, WU P, CHENG J, et al. Electrochemical oscillations during electro-oxidation of copper anode in phosphoric acid solution [J]. Electrochemistry, 2018, 87 (1): 14-19.

[124] DING L F, SONG Z W, WU P, et al. Electrochemical oscillations during copper electrodissolution in hydrochloric acid solution [J]. International Journal of Electrochemical Science, 2019, 14: 585-597.

[125] 胡旭日，王海振. 锂离子电池用超薄电解铜箔一体机生产技术及防氧化工艺 [J]. 电镀与涂饰，2019，38 (4)：153-156.

[126] ZHENG J Y, SONG G, CHANG W K, et al. Facile preparation of p-CuO and p-CuO/n-$CuWO_4$ junction thin films and their photoelectrochemical properties [J]. Electrochim Acta, 2012, 69 : 340-344.

[127] 彭楚峰，何蔼平，刘爱琴. 添加剂对阴极铜结晶的影响研究[J]. 昆明理工大学学报(自然科学版)，2002，27 (6)：36-40.

[128] 卢帅，郭昭，齐海东，等. 硫脲对 Sn-Ni 合金电沉积行为的影响[J]. 电镀与精饰，2019，41 (1)：22-26.

[129] ABD EL REHIM S S, SAYYAH S M, EL-DEEB M M. Electroplating of copper films on steel substrates from acidic gluconate baths [J]. Applied Surface Science, 2000, 165 (4): 249-254.

[130] 辜敏，吴亚珍. 酸性镀铜添加剂对电沉积循环伏安曲线成核环的影响 [J]. 材料保护，2016，49 (9)：19-22,7.

[131] 丰志文. 电镀铜系列添加剂的研究 [J]. 电镀与环保，2002，22 (4)：10-12.

[132] 董云会，许珂敬，刘曙光. 硫脲在铜阴极电沉积中的作用[J]. 中国有色金属学报，1999，9 (2)：370-376.

[133] 丁黎明，董绍俊，汪尔康. 高分子电解质中电活性分子扩散的微电极伏安法研究 [J]. 电化学，1997，3 (3)：233-243.

[134] ZHANG J L, GU C D, TONG Y Y, et al. Electrodeposition of super hydrophobic Cu film on active substrate from deep eutectic solvent [J]. Journal of The Electrochemical Society, 2015, 162 (8): D313-D319.

[135] 王文祥，刘志宏，章诚. 影响电解铜质量因素分析 [J]. 有色矿冶，2001，17 (5)：

25-28.

[136] 任忠文. 对电解铜箔生产明胶加入方法的讨论 [J]. 印制电路信息, 2002 (10): 24-25.

[137] 王晓莉. 交直流叠加电解铜添加剂对阴极铜的影响 [J]. 表面工程与再制造, 2016, 16 (4): 23-24.

[138] 刘俊峰, 彭良富, 刘源, 等. 酸性镀铜有机添加剂的研究 [J]. 材料保护, 2008, 41 (7): 40-41, 88.

[139] 张源, 李国才. 明胶作为铜电解添加剂的研究与实践 [J]. 稀有金属, 2000, 24 (1): 66-69.

[140] 辜敏, 杨防祖, 黄令, 等. 高择优取向 Cu 电沉积层的 XRD 研究 [J]. 电化学, 2002, 8(3): 282-287.

[141] WEI Q F, REN X L, DU J, et al. Study of the electrodeposition conditions of metallic manganese in an electrolytic membrane reactor [J]. Minerals Engineering. 2010, 23 (7): 578-586.

[142] CERRO-LOPEZ M, MEAS-VONG Y, MÉNDEZ-ROJAS M A, et al. Formation and growth of PbO_2 inside TiO_2 nanotubes for environmental applications [J]. Applied Catalysis B: Environmental, 2014, 144: 174-181.

[143] RAMÍREZ C, CALDERÓN J A. Study of the effect of Triethanolamine as a chelating agent in the simultaneous electrodeposition of copper and zinc from non-cyanide electrolytes [J]. Journal of Electroanalytical Chemistry, 2016, 765: 132-139.

[144] VARVARA S, MURESAN L, POPESCU I C, et al. Copper electrodeposition from sulfate electrolytes in the presence of hydroxyethylated 2-butyne-1, 4-diol [J]. Hydrometallurgy, 2004, 75(1-4): 147-156.

[145] Guo Y L, Zhang L L, Liu X Y, et al. Synthesis of magnetic core-shell carbon dots@ MFe_2O_4 (M = Mn, Zn and Cu) hybrid materials and their catalytic properties [J]. Journal of Materials Chemistry A, 2016, 4(11): 4044-4055.

[146] KIM D Y, KIM C W, SOHN J H, et al. Ferromagnetism of single crystalline Cu_2O induced through the PVP interaction triggering d-orbital alteration [J]. Journal of Physical Chemistry C, 2015, 119(23): 13350-13356.

[147] HAN S,CHEN H Y, KUO L T,et al. Characterization of cuprous oxide films prepared by post-annealing of cupric oxide using an atmospheric nitrogen pressure plasma torch [J]. Thin Solid Films, 2008, 517 (3) :1195-1199.

[148] ABBOTT A P, FRISCH G, RYDER K S. Electroplating using ionic liquids [J]. Annual Review of Materials Research. 2013, 43: 335-358.

[149] CHU Q W, LIANG J, HAO J C. Electrodeposition of zinc-cobalt alloys from choline chloride-urea ionic liquid [J]. Electrochimica Acta, 2014, 115: 499-503.

[150] DE VREESE P, SKOCZYLAS A, MATTHIJS E,et al. Electrodeposition of copper zinc alloys from an ionic liquid-like choline acetate electrolyte [J]. Electrochimica Acta, 2013, 108: 788-794.

[151] HRUSSANOVA A, KRASTEV I, BECK G, et al. Properties of silver-tin alloys obtained from pyrophosphate-cyanide electrolytes containing EDTA salts [J]. Journal of Applied Electrochemistry, 2010, 40(12): 2145-2151.

[152] QIAO X P, LI H, ZHAO W Z, et al. Effects of deposition temperature on electrodeposition of zinc-nickel alloy coatings [J]. Electrochimica Acta, 2013, 89: 771-777.

[153] JOI A, AKOLKAR R, LANDAU U. Additives for bottom-up copper plating from an alkaline complexed electrolyte [J]. Journal of The Electrochemical Society, 2013, 160 (12): D3001-D3003.

[154] PARY P, BENGOA L N, EGLI W A. Electrochemical characterization of a Cu(Ⅱ)-glutamate alkaline solution for copper electrodeposition [J]. Journal of The Electrochemical Society, 2015, 162(7): D275-D282.

[155] DE ALMEIDA M R H, BARBANO E P, DE CARVALHO M F, et al. Electrodeposition of copper-zinc from an alkaline bath based on EDTA [J]. Surface and Coatings Technology, 2011, 206: 95-102.

[156] UBALE A U, SAKHARE Y S, BOMBATKAR S M. Influence of the complexing agent (Na_2-EDTA) on the structural, morphological, electrical and optical properties of chemically deposited FeSe thin films [J]. Materials Research Bulletin, 2013, 48(9): 3564-3571.

[157] HE Y F, GAO X P, ZHANG Y Y, et al. Electrodeposition of Sn-Ag-Cu ternary alloy

from HEDTA electrolytes [J]. Surface and Coatings Technology, 2012, 206(19-20): 4310-4315.

[158] BANICA R, NYARI T, SASCA V. $Zn_{2x}(CuIn)_{1-x}S_2$ photocatalysts synthesis by a hydrothermal process using H_4EDTA as complexing agent [J]. International Journal of Hydrogen Energy, 2012, 37(21): 16489-16497.

[159] YIN K B, XIA Y D, CHAN C Y, et al. The kinetics and mechanism of room-temperature microstructural evolution in electroplated copper foils [J]. Scripta Materialia, 2008, 58 (1): 65-68.

[160] JUŠKĖNAS R, MOCKUS Z, KANAPECKAITĖ S, et al. XRD studies of the phase composition of the electrodeposited copper-rich Cu-Sn alloys [J]. Electrochimica Acta, 2006, 52(3): 928-935.

[161] DE CARVALHO M F, BARBANO E P, CARLOS I A. Influence of disodium ethylenediaminetetraacetate on zinc electrodeposition process and on the morphology chemical composition and structure of the electrodeposits [J]. Electrochimica Acta, 2013, 109: 798-808.

[162] DE CARVALHO M F, BARBANO E P, CARLOS I A. Electrodeposition of copper-tin-zinc ternary alloys from disodium ethylenediaminetetraacetate bath [J]. Surface and Coatings Technology, 2015, 262: 111-122.

[163] ZHAO X, ZHANG J J, QU J H. Photoelectrocatalytic oxidation of Cu-cyanides and Cu-EDTA at TiO_2 nanotube electrode [J]. Electrochimica Acta, 2015, 180: 129-137.

[164] SCHAH-MOHAMMEDI P, SHENDEROVICH I G, DETERING C, et al. Hydrogen/deuterium-isotope effects on NMR chemical shifts and symmetry of homoconjugated hydrogen-bonded ions in polar solution [J]. Journal of The American Chemical Society, 2000, 122(51): 12878-12879.

[165] JIANG L M, HUANG J, WANG Y L, et al. Eliminating the dication-induced intersample chemical-shift variations for NMR-based biofluid metabonomic analysis [J]. Analyst, 2012, 137(18): 4209-4219.

[166] HE H P, WU D L, ZHAO L H, et al. Sequestration of chelated copper by structural Fe (Ⅱ): reductive decomplexation and transformation of Cu^{II}-EDTA [J]. Journal of

Hazardous Materials, 2016, 309: 116-125.

[167] GUAN X H, JIANG X, QIAO J L, et al. Decomplexation and subsequent reductive removal of EDTA-chelated Cu^{II} by zero-valent iron coupled with a weak magnetic field: performances and mechanisms [J]. Journal of Hazardous Materials, 2015, 300: 688-694.

[168] CUI L M, WANG Y G, GAO L H, et al. EDTA functionalized magnetic graphene oxide for removal of Pb(Ⅱ), Hg(Ⅱ) and Cu(Ⅱ) in water treatment: adsorption mechanism and separation property [J]. Chemical Engineering Journal, 2015, 281: 1-10.

[169] ZHAO M, YU L, AKOLKAR R, et al. Mechanism of electroless copper deposition from $Cu^{II}EDTA^{2-}$ complexes using aldehyde-based reductants [J]. Journal of Physical Chemistry C, 2016, 120(43): 24789-24793.

[170] ZHANG Z A, FU Y, ZHOU C K, et al. EDTA-Na_2-assisted hydrothermal synthesis of Cu_2SnS_3 hollow microspheres and their lithium ion storage performances [J]. Solid State Ionics, 2015, 269: 62-66.

[171] KRŽIŠNIK N, MLADENOVIČ A, SKAPIN A S, et al. Nanoscale zero-valent iron for the removal of Zn^{2+}, Zn(Ⅱ)-EDTA and Zn(Ⅱ)-citrate from aqueous solutions [J]. Science of The Total Environment, 2014, 476-477: 20-28.

[172] GARAPATI S, BURNS C S, RODRIGUEZ A A. Field- and temperature-dependent C-13 NMR studies of the EDTA-Zn^{2+} complex: insight into structure and dynamics via relaxation measurements [J]. Journal of Physical Chemistry B, 2014, 118: 12960-12964.

[173] LIU F, SHAN C, ZHANG X L, et al. Enhanced removal of EDTA-chelated Cu(Ⅱ) by polymeric anion-exchanger supported nanoscale zero-valent iron [J]. Journal of Hazardous Materials, 2017, 321: 290-298.

[174] PICCININI N, RUGGIERO G N, BALDI G, et al. Risk of hydrocyanic acid release in the electroplating industry [J]. Journal of hazardous materials, 2000, 71(1-3): 395-407.

[175] ORHAN G, GEZGIN G G. Response surface modeling and evaluation of the influence of deposition parameters on the electrolytic Cu-Sn alloy powders production [J].

Metallurgical and Materials Transactions B, 2011, 42: 771-782.

[176] SURVILA A, MOCKUS Z, KANAPECKAITĖ S, et al. Codeposition of copper and tin from acid sulphate solutions containing gluconic acid [J]. Journal of Electroanalytical Chemistry, 2010, 647(2): 123-127.

[177] BARBOSA L L, FINAZZI G A, TULIO P C, et al. Electrodeposition of zinc-iron alloy from an alkaline bath in the presence of sorbitol [J]. Journal of Applied Electrochemistry, 2008, 38: 115-125.

[178] ÖZDEMIR R, KARAHANİ H, KARABULUT O. A study on the electrodeposited Cu-Zn alloy thin films [J]. Metallurgical and Materials Transactions A-physical Metallurgy and Materials Science A, 2016, 47 : 5609-5617.

[179] VOLOV I, SUN X X, GADIKOTA G, et al. West. Electrodeposition of copper-tin film alloys for interconnect applications [J]. Electrochimica Acta, 2013, 89: 792-797.

[180] SAEKI I, SEGUCHI T, KOURAKATA Y, et al. Ni electroplating on AZ91D Mg alloy using alkaline citric acid bath [J]. Electrochimica Acta, 2013, 114: 827-831.

[181] WALSH F C, LOW C T J. A review of developments in the electrodeposition of tin [J]. Surface and Coatings Technology, 2016, 288: 79-94.

[182] Ashworth M A, Wilcox G D, Higginson R L, et al. An investigation into zinc diffusion and tin whisker growth for electroplated tin deposits on brass [J]. Journal of Electronic Materials, 2014, 43(4): 1005-1016.

[183] MEUDRE C, RICQ L, HIHN J Y, et al. Adsorption of gelatin during electrodeposition of copper and tin-copper alloys from acid sulfate electrolyte [J]. Surface and Coatings Technology, 2014, 252: 93-101.

[184] SHIN S, PARK C, KIM C, et al. Cyclic voltammetry studies of copper, tin and zinc electrodeposition in a citrate complex system for CZTS solar cell application [J]. Current Applied Physics, 2016, 16(2): 207-210.

[185] KULYK N, CHEREVKO S, CHUNG C-H. Copper electroless plating in weakly alkaline electrolytes using DMAB as a reducing agent for metallization on polymer films [J]. Electrochimica Acta, 2012, 59: 179-185.

[186] JUNG M, LEE G, CHOI J. Electrochemical plating of Cu-Sn alloy in non-cyanide

solution to substitute for Ni undercoating layer [J]. Electrochimica Acta, 2017, 241: 229-236.

[187] XUE L G, FU Z H, YAO Y, et al. Three-dimensional porous Sn-Cu alloy anode for lithiumion batteries [J]. Electrochimica Acta, 2010, 55: 7310-7314.

[188] ILCZYSZYN M M, RATAJCZAK H. Polarized vibrational spectra of a bet.H_3AsO_4 single crystal. Part I. Ferroelastic phase [J]. Journal of Molecular Structure, 1996, 375: 23-35.

[189] YANG G Y, HU Q F, YANG J H, et al. Spectrophotometric determination of silver with 2-(2-quinolylazo)-5-diethylaminophenol as chromogenic reagent [J]. Analytical and bioanalytical chemistry, 2002, 374: 1325-1329.

[190] WONG W S, NG C F, KUCK D, et al. Auf dem weg vom fenestrindan zu sattelförmigen nanographenen mit einem tetrakoordinierten kohlenstoff-atom [J]. Angewandte Chemie, 2017, 129(40): 12528-12532.

[191] PALANKI M S S, AKIYAMA H, CAMPOCHIARO P, et al. Development of prodrug 4-chloro-3-(5-methyl-3-{[4-(2-pyrrolidin-1-ylethoxy) phenyl] amino}-1, 2, 4-benzotriazin-7-yl) phenyl benzoate (TG100801): a topically administered therapeutic candidate in clinical trials for the treatment of age-related macular degeneration [J]. Journal of Medicinal Chemistry, 2008, 51:1546-1559.

[192] RODE S, HENNINOT C, VALLIÉRES C, et al. Complexation chemistry in copper plating from citrate baths [J]. Journal of The Electrochemical Society, 2004, 151(6): C405-C411.

[193] OAKI Y, NAKAMURA K, IMAI H. Homogeneous and disordered assembly of densely packed titanium oxide nanocrystals: an approach to coupled synthesis and assembly in aqueous solution [J]. Chemistry-a European Journal, 2012, 18(10): 2825-2831.

[194] LIZAMA-TZEC F I, CANCHÉ-CANUL L, OSKAM G. Electrodeposition of copper into trenches from a citrate plating bath [J]. Electrochimica Acta, 2011, 56: 9391-9396.

[195] ZHANG J, LIU A M, REN X F, et al. Electrodeposit copper from alkaline cyanide-free baths containing 5,5'-dimethylhydantoin and citrate as complexing agents [J]. RSC Advances, 2014, 4: 38012-38026.

[196] ZANELLA C, XING S, DEFLORIAN F. Effect of electrodeposition parameters on chemical and morphological characteristics of Cu-Sn coatings from a methanesulfonic acid electrolyte [J]. Surface and Coatings Technology, 2013, 236: 394-399.

[197] WALSH F C, LOW C T J. A review of developments in the electrodeposition of copper-tin (bronze) alloys [J]. Surface and Coatings Technology, 2016, 304: 246-262.

[198] SZPYRKOWICZ L, ZILIO-GRANDI F, KAUL S N. Copper electrodeposition and oxidation of complex cyanide from wastewater in an electrochemical reactor with a Ti/Pt anode [J]. Industrial and Engineering Chemistry Research, 2000, 39(7): 2132-2139.

[199] MELO L C, LIMA-NETO P D , CORREIA A N. The influence of citrate and tartrate on the electrodeposition and surface morphology of Cu-Ni layers [J]. Journal of Applied Electrochemistry, 2011, 41: 415-422.

[200] PECEQUILO C V, PANOSSIAN Z. Study of copper electrodeposition mechanism from a strike alkaline bath prepared with 1-hydroxyethane-1,1-diphosphonic acid through cyclic voltammetry technique [J]. Electrochimica Acta, 2010, 55(12): 3870-3875.

[201] KAMYSHEVA K A, SHEKHANOV R F, GRIDCHIN S N, et al. Electroplating of zinc and tin alloys with nickel and cobalt from ammonium oxalate electrolytes [J]. Russian Chemical Bulletin, 2020, 69(7): 1272-1278.

[202] HE X C, SHEN H L, WANG W, et al. Synthesis of Cu_2ZnSnS_4 films from co-electrodeposited Cu-Zn-Sn precursors and their microstructural and optical properties [J]. Applied Surface Science, 2013, 282: 765-769.

[203] AI Q, YANG Z J, ZENG X Q, ZHENG Y L, et al. Study on the FTIR spectra of OH in olivines from mengyin kimberlite [J]. Spectroscopy and Spectral Analysis, 2013, 33(9): 2374-2378.

[204] YAN J J, CHANG L C, LU C W, et al. Effects of organic acids on through-hole filling by copper electroplating [J]. Electrochimica Acta, 2013, 109: 1-12.

[205] MCEWEN I. Broadening of ^1H NMR signals in the spectra of heparin and OSCS by paramagnetic transition metal ions. The use of EDTA to sharpen the signals [J]. Journal of Pharmaceutical and Biomedical Analysis, 2010, 51(3): 733-735.

[206] POTVIN P G, FIELDHOUSE B G. An NMR study of mixed, tartrate-containing TiIV

complexes [J]. Canadian Journal of Chemistry, 1995, 73(3): 401-413.

[207] LEE J E, KIM K S, SUGANUMA K, et al. Interfacial properties of Zn-Sn alloys as high temperature lead-free solder on Cu substrate [J]. Materials Transactions, 2005, 46 (11): 2413-2418.

[208] DATE M, TU K N, SHOJI T, et al. Interfacial reactions and impact reliability of Sn-Zn solder joints on Cu or electroless Au/Ni (P) bond-pads [J]. Journal of Materials Research, 2004, 19(10): 2887-2896.

[209] KIM Y J, JIN E J, KAMBLE A S, et al. Improving the solar cell performance of electrodeposited $Cu_2ZnSn(S, Se)_4$ by varying the Cu/(Zn + Sn) ratio [J]. Solar Energy, 2017, 145: 13-19.

[210] DOMÍNGUEZ-RÍOS C, MORENO M V, TORRES-SÁNCHEZ R, et al. Effect of tartrate salt concentration on the morphological characteristics and composition of Cu-Zn electroless plating on zamak 5 zinc alloy [J]. Surface and Coatings Technology, 2008, 202(19): 4848-4854.

[211] Ibrahim M A M, Bakdash R S. New non-cyanide acidic copper electroplating bath based on glutamate complexing agent [J]. Surface and Coatings Technology, 2015, 282: 139-148.

[212] BROGGI R L, OLIVEIRA G M D, BARBOSA L L, et al. Study of an alkaline bath for tin deposition in the presence of sorbitol and physical and morphological characterization of tin film [J]. Journal of Applied Electrochemistry, 2006, 36: 403-409.

[213] EI-CHIEKH F, EI-HATY M T, MINOURA H, et al. Electrodeposition and characterization of Cu-Ni-Zn and Cu-Ni-Cd alloys [J]. Electrochimica Acta, 2005, 50 (14): 2857-2864.

[214] LONG J M, ZHANG X, PEI H Z. Effect of triethanolamine addition in alkaline bath on the electroplating behavior, composition and corrosion resistance of Zn-Ni alloy coatings [J]. Advanced Materials Research, 2013, 738: 87-91.

[215] SENNA L F, DÍAZ S L, SATHLER L. Electrodeposition of Copper-Zinc alloys in pyrophosphate-based electrolytes [J]. Journal of Applied Electrochemistry, 2003, 33: 1155-1161.

[216] BARBANO E P, DE CARVALHO M F, CARLOS I A. Electrodeposition and characterization of binary Fe-Mo Alloys from trisodium nitrilotriacetate bath [J]. Journal of Electroanalytical Chemistry, 2016, 775: 146-156.

[217] DE CARVALHO M F, DE BRITO M M, CARLOS I A. Study of the influence of the trisodium nitrilotriacetic as a complexing agent on the copper, tin and zinc Co-deposition, morphology, chemical composition and structure of electrodeposits [J]. Journal of Electroanalytical Chemistry, 2016, 763: 81-89.

[218] LI Q Y, GE W, YANG P X, et al. Insight into the role and its mechanism of polyacrylamide as an additive in sulfate electrolytes for nanocrystalline zinc electrodeposition [J]. Journal of The Electrochemical Society, 2016, 163 (5): D127-D132.

[219] BALLESTEROS J C, DÍAZ-ARISTA P, MEAS Y, et al. Zinc electrodeposition in the presence of polyethylene glycol 20000 [J]. Electrochimica Acta, 2007, 52: 3686-3696.

[220] KHELLADI M R, MENTAR L, AZIZI A, et al. Growth and properties of Co nanostructures electrodeposited on n-Si (111) [J]. Applied Surface Science, 2012, 258 (8): 3907-3912.

[221] RIBEAUCOURT L, SAVIDAND G, LINCOT D, et al. Electrochemical study of one-step electrodeposition of copper-indium-gallium alloys in acidic conditions as precursor layers for Cu(In, Ga)Se_2 thin film solar cells [J]. Electrochimica Acta, 2011, 56(19): 6628-6637.

[222] WIBOWO R A, HAMID R, MAIER T, et al. Galvanostatically-electrodeposited Cu-Zn-Sn multilayers as precursors for crystallising kesterite Cu_2ZnSnS_4 thin films [J]. Thin Solid Films, 2015, 582: 239-244.

[223] WANG H, HREID T, LI J J, et al. Effects of metal ion concentration on electrodeposited CuZnSn film and its application in kesterite Cu_2ZnSnS_4 solar cells [J]. RSC Advances, 2015, 5(80): 65114-65122.

[224] HREID T, MULLANE A P O, SPRATT H J, et al. Investigation of the electrochemical growth of a Cu-Zn-Sn film on a molybdenum substrate using a citrate solution [J]. Journal of Applied Electrochemistry, 2016, 46: 769-778.

[225] ZHANG Y Z, LIAO C, ZONG K, et al. $Cu_2ZnSnSe_4$ thin film solar cells prepared by rapid thermal annealing of Co-electroplated Cu-Zn-Sn precursors [J]. Solar Energy, 2013, 94: 1-7.

[226] ELBEYLI İ Y. Production of crystalline boric acid and sodium citrate from borax decahydrate [J]. Hydrometallurgy, 2015, 158: 19-26.

[227] ALEXANDRATOS S D. The modification of hydroxyapatite with ion-selective complexants: 1-hydroxyethane-1, 1-diphosphonic acid [J]. Industrial and Engineering Chemistry Research, 2015, 54(2): 585-596.

[228] LI J, MA T T, WEI M, et al. The $Cu_2ZnSnSe_4$ thin films solar cells synthesized by electrodeposition route [J]. Applied Surface Science, 2012, 258(17): 6261-6265.

[229] LEON P F J D, ALBANO E V, SALVAREZZA R C. Interface dynamics for copper electrodeposition: the role of organic additives in the growth mode [J]. Physical Review E, 2002, 66: 042601.

[230] HSIEH Y T, TSAI R W, SU C J, et al. Electrodeposition of CuZn from chlorozincate ionic liquid: from hollow tubes to segmented nanowires [J]. The Journal of Physical Chemistry C, 2014, 118(38): 22347-22355.

[231] GANCARZ T, PSTRUŚ J, BERENT K. Interfacial reactions of Zn-Al alloys with Na addition on Cu substrate during spreading test and after aging treatments [J]. Journal of Materials Engineering and Performance, 2016, 25: 3366-3374.

[232] EL-ASHRAM T, SHALABY R M. Effect of rapid solidification and small additions of Zn and Bi on the structure and properties of Sn-Cu eutectic alloy [J]. Journal of Electronic Materials, 2005, 34(2): 212-215.

[233] SHERIF E-S M. Effects of exposure time on the anodic dissolution of monel-400 in aerated stagnant sodium chloride solutions [J]. Journal of Solid State Electrochemistry, 2012, 16: 891-899.

[234] COMISSO N, CATTARIN S, GUERRIERO P, et al. Study of Cu, Cu-Ni and Rh-modified Cu porous layers as electrode materials for the electroanalysis of nitrate and nitrite ions [J]. Journal of Solid State Electrochemistry, 2016, 20(4): 1139-1148.

[235] WANG Z L, YANG Y X, ZHANG J B, et al. A study on electroplating of zinc nickel

alloy with HEDP plating bath [J]. Russian Journal of Electrochemistry, 2006, 42: 22-26.

[236] BONOU L, EYRAUD M, DENOYEL R, et al. Influence of additives on Cu electrodeposition mechanisms in acid solution: direct current study supported by non-electrochemical measurements [J]. Electrochimica Acta, 2002, 47(26): 4139-4148.

[237] DIANAT A, YANG H L, BOBETH M, et al. DFT study of interaction of additives with Cu (111) surface relevant to Cu electrodeposition [J]. Journal of Applied Electrochemistry, 2018, 48: 211-219.

[238] SERGIENKO V S. Specific structural features of 1-hydroxyethane-1,1-siphosphonic acid (HEDP) and its salts with organic and alkali-metal cations [J]. Crystallography Reports, 2000, 45(1): 64-70.

附　录

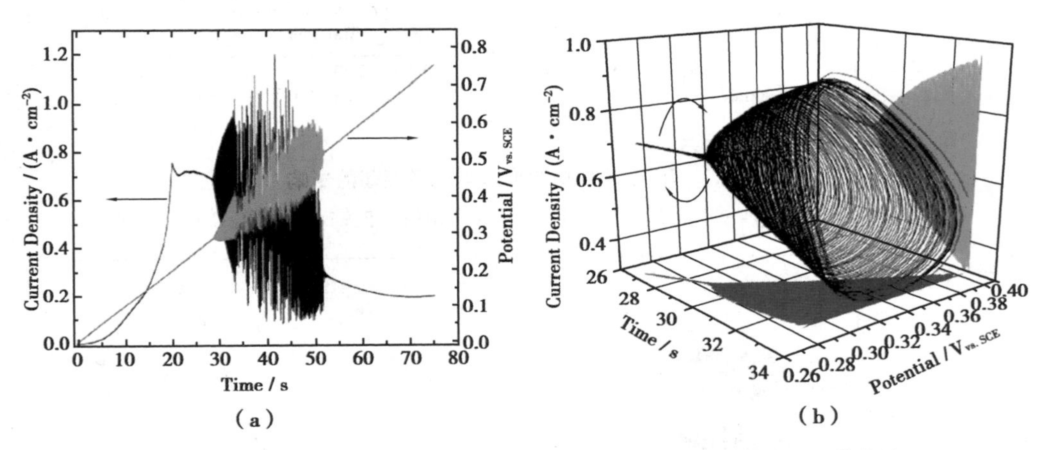

图 1.2　铜电解溶解中 *I-t* 振荡行为(a)和外加电压引起的 *I-E* 的 3D 振荡曲线(b)

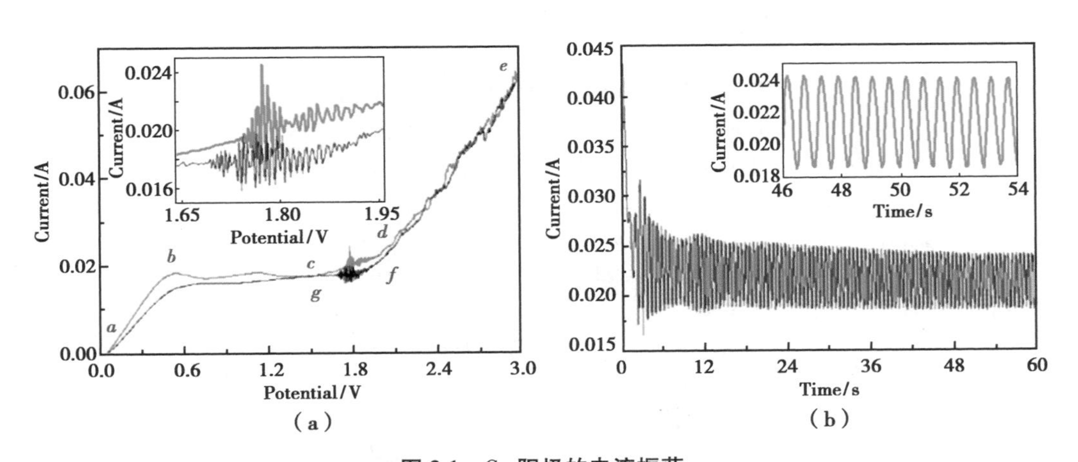

图 2.1　Cu 阳极的电流振荡

(a):Cu 阳极在 1 mol/L H_3PO_4 中的循环伏安曲线(插图为部分放大图);

(b):1.74 V 恒电位电解时的 *I-t* 曲线(插图为部分放大图)

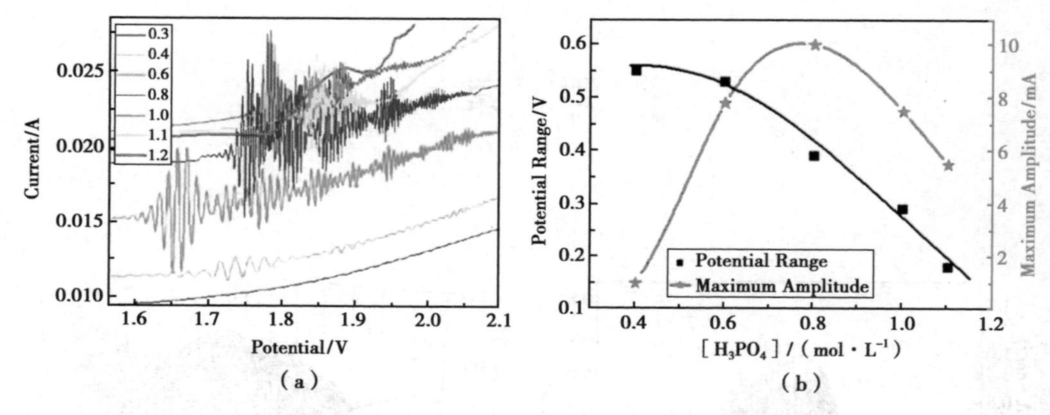

图 2.5　不同 H_3PO_4 浓度对电化学振荡的影响

(a):H_3PO_4 浓度对 CV 曲线的影响;(b):电位范围和最大振幅对 H_3PO_4 浓度的依赖性

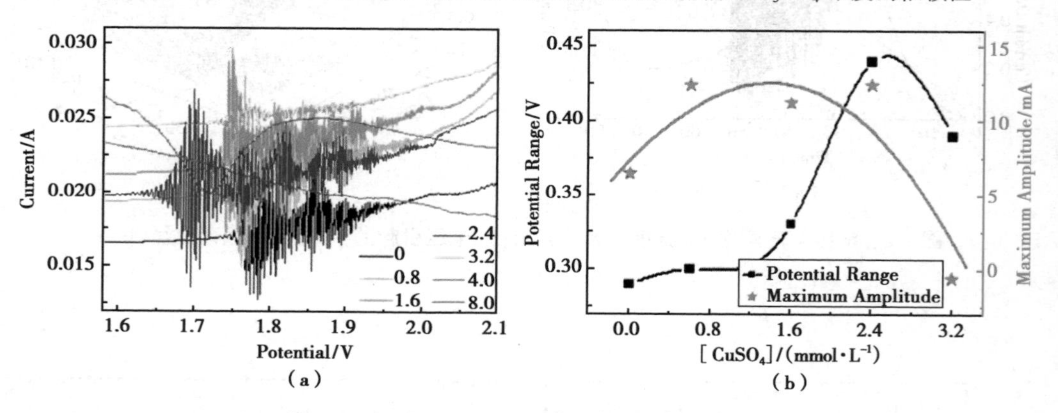

图 2.6　不同 $CuSO_4$ 浓度对电化学振荡的影响

(a):1 mol/L H_3PO_4 下 $CuSO_4$ 浓度对 CV 曲线的影响;

(b):1 mol/L H_3PO_4 电位范围和最大振幅对 $CuSO_4$ 浓度的依赖性

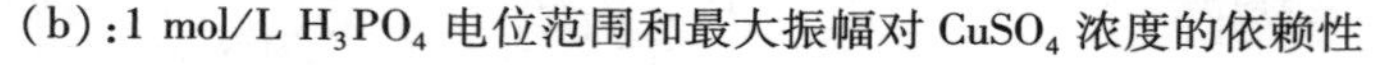

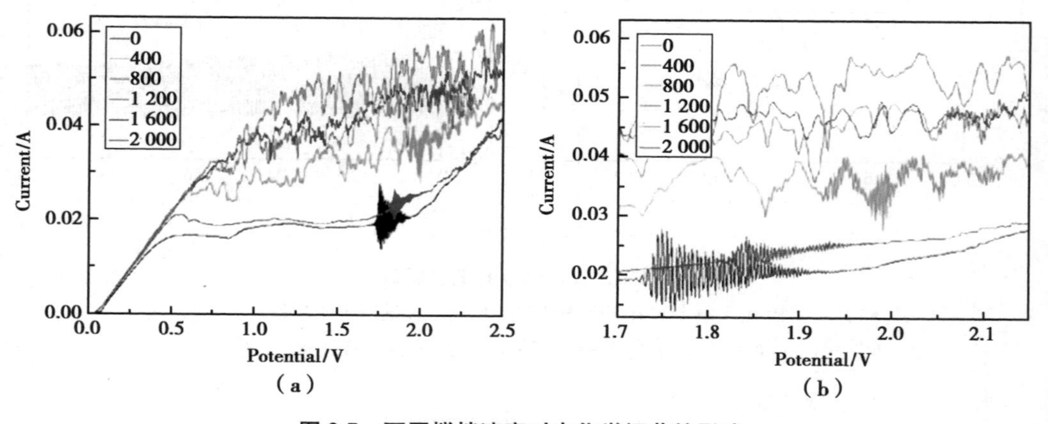

图 2.7　不同搅拌速率对电化学振荡的影响

(a):搅拌速率对 CV 曲线的影响;(b):部分放大图像

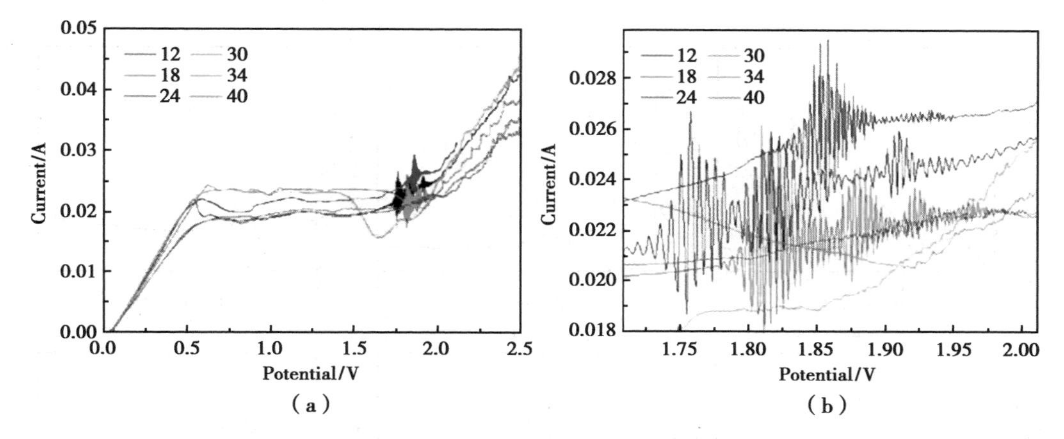

图 2.8　温度对电化学振荡的影响

(a):温度对 CV 曲线的影响;(b):部分放大图像

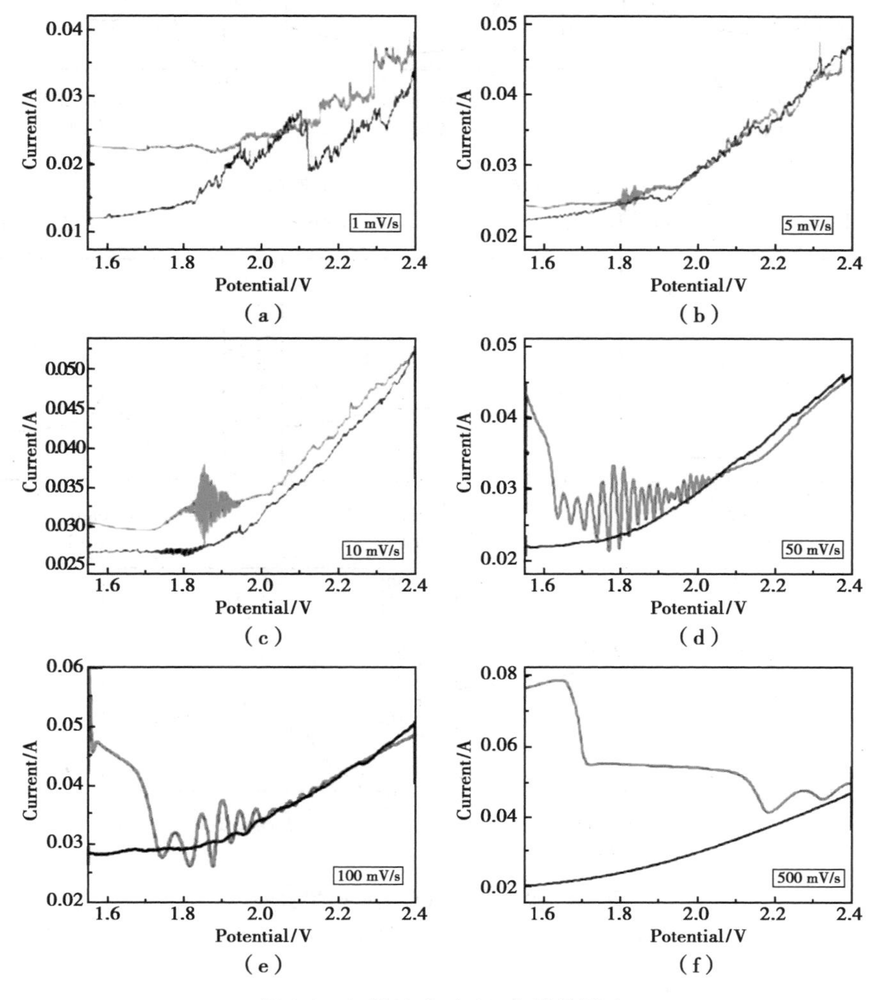

图 2.9　扫描速度对 CV 曲线的影响

(a):1 mV/s;(b):5 mV/s;(c):10 mV/s;(d):50 mV/s;(e):100 mV/s;(f):500 mV/s

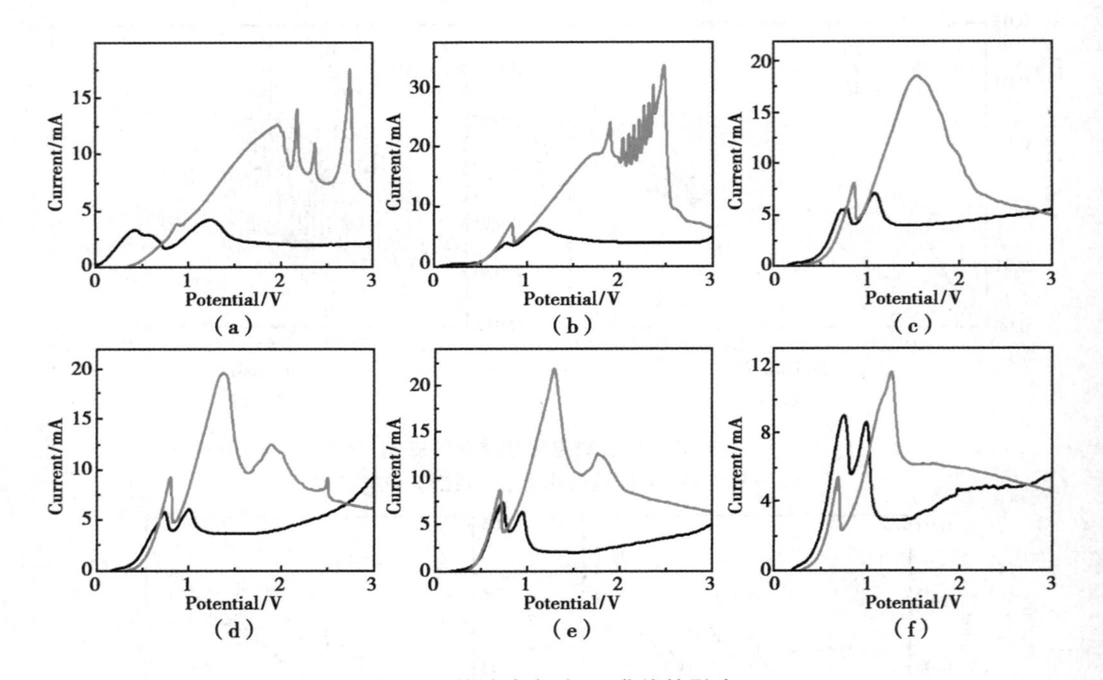

图 3.2 盐酸浓度对 CV 曲线的影响

(a):0.1 mol/L;(b):0.2 mol/L;(c):0.3 mol/L;(d):0.4 mol/L;(e):0.5 mol/L;(f):0.6 mol/L

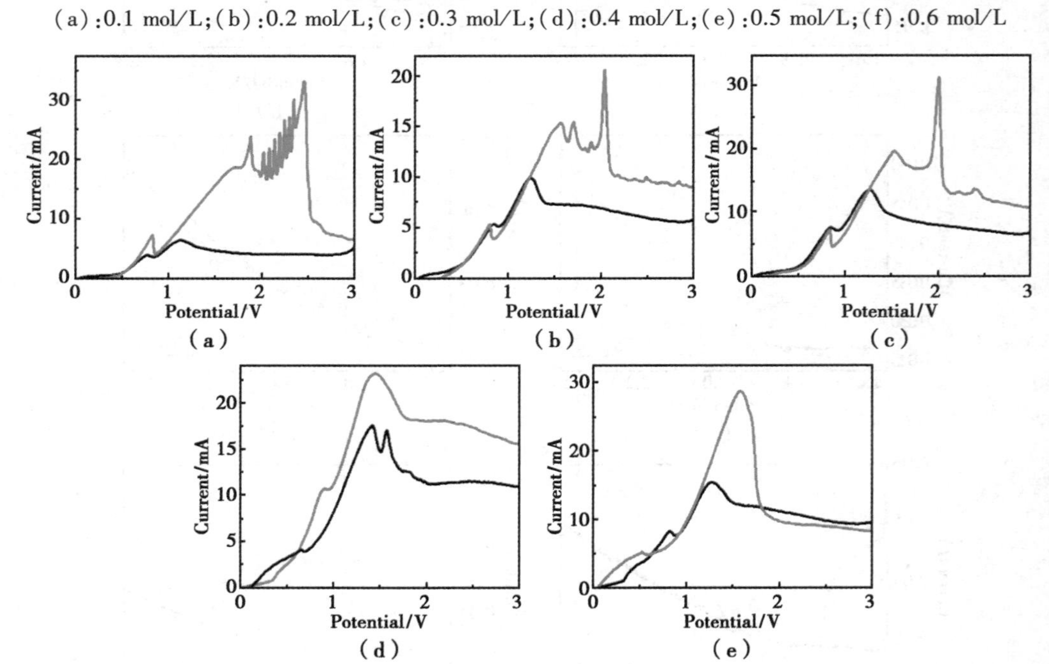

图 3.3 搅拌速度对 CV 曲线的影响

(a):0 r/s;(b):10 r/s;(c):20 r/s;(d):30 r/s;(e):40 r/s

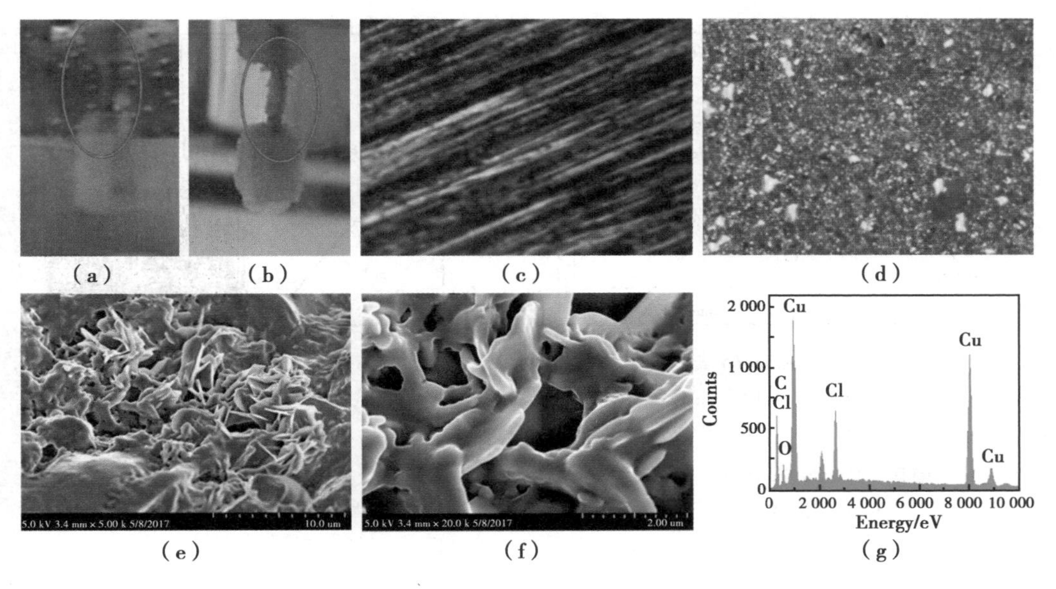

(a)　(b)　(c)　(d)

(e)　(f)　(g)

图 3.4　产生振荡前后电极表面形貌

(a):振荡前铜电极的照片;(b):铜电极振荡后的光;(c):不锈钢电极振荡前的微观表面形貌;(d):不锈钢电极振荡后的微观表面形貌;(e)、(f):振荡后 Cu 电极上析出物的 SEM;(g):振荡后析出物在铜电极上的 EDS

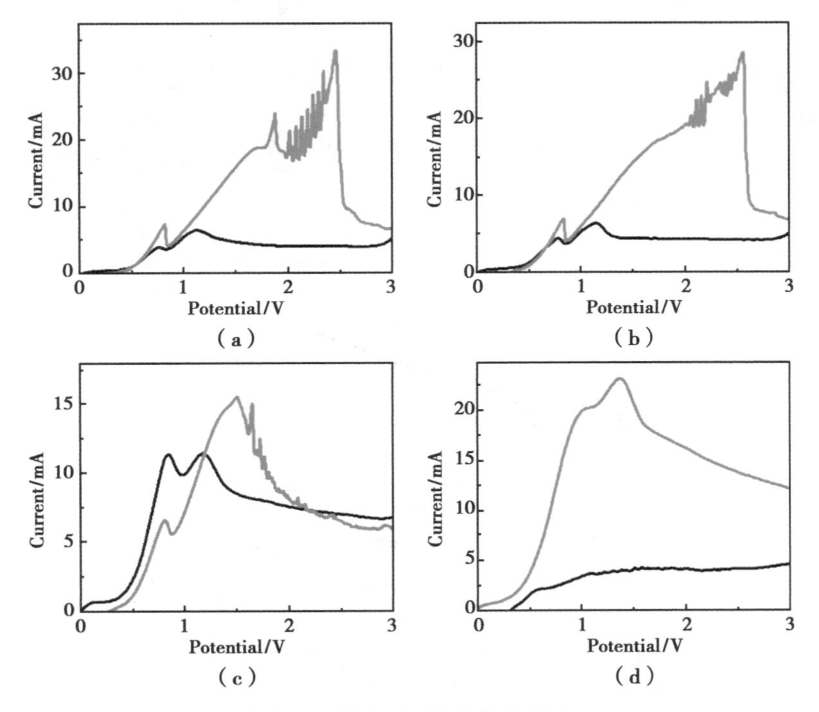

(a)　(b)

(c)　(d)

图 3.5　温度对 CV 曲线的影响

(a):10 ℃;(b):25 ℃;(c):35 ℃;(d):45 ℃

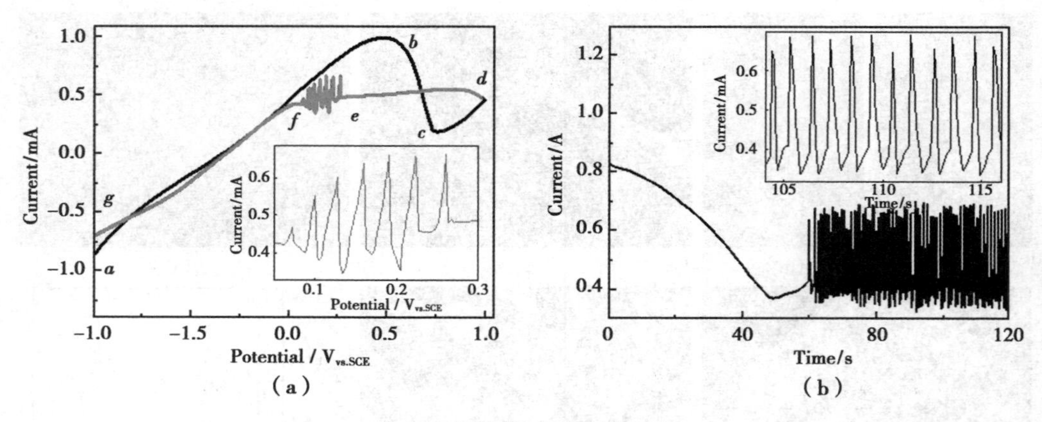

图 4.1　铜阳极上的电流振荡

(a):铜阳极在 2.05 mol/L H_2SO_4 和 7.00 mol/L $CuSO_4$ 中的循环伏安曲线(插图为部分放大图像);(b):0.20 $V_{vs.SEC}$ 电解恒定电位下的 *I-t* 曲线(插图为部分放大的图像)

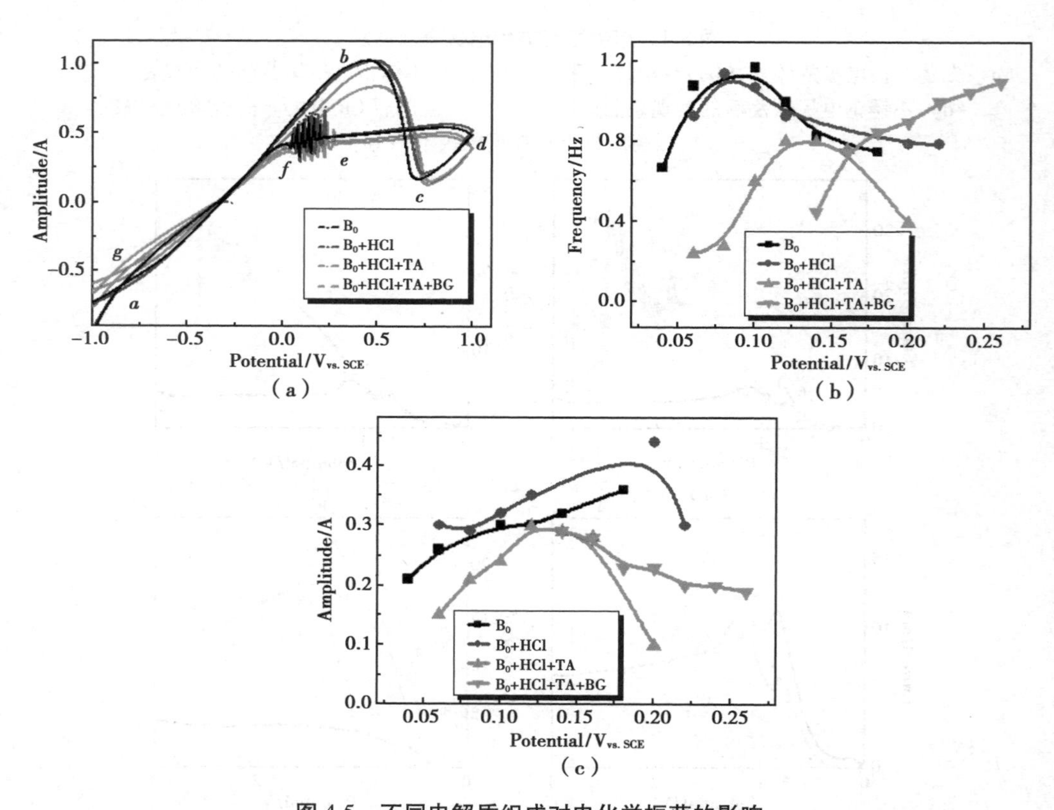

图 4.5　不同电解质组成对电化学振荡的影响

(a):CV 曲线;(b):频率对电位的依赖性;(c):振幅对电位的依赖性

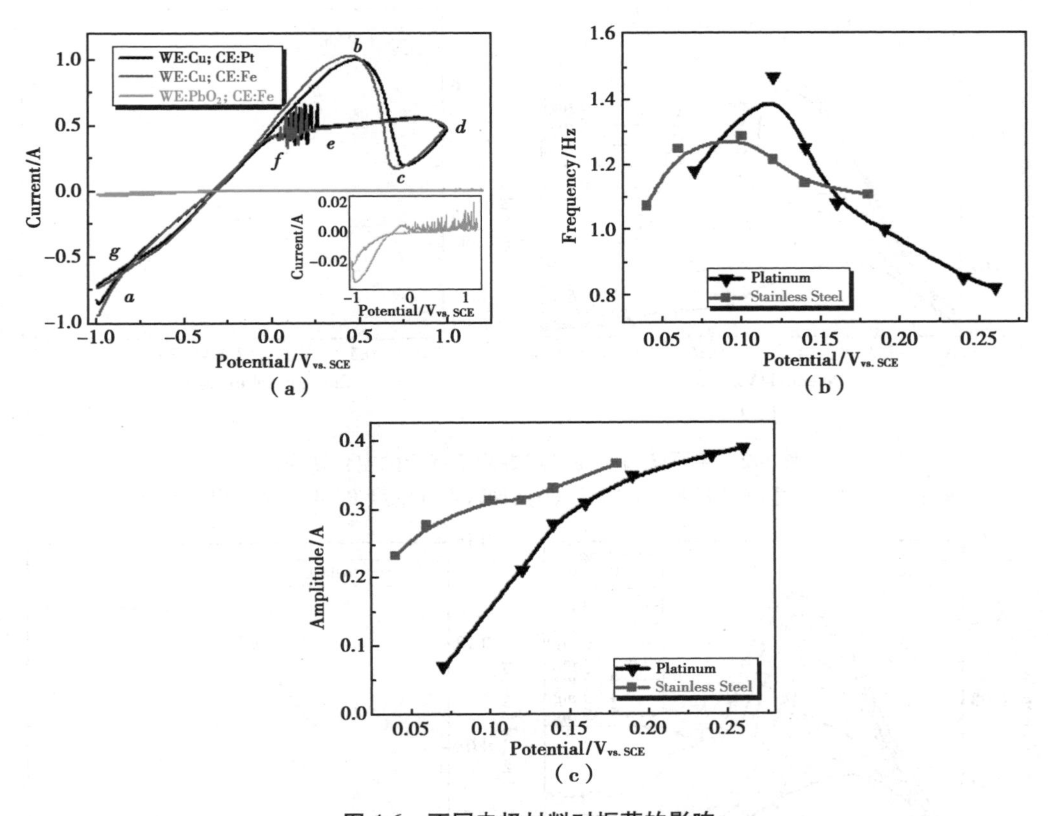

图 4.6 不同电极材料对振荡的影响

(a):CV 曲线(插图为不锈钢作为对电极,二氧化铅作为工作电极的 CV 曲线放大图像);
(b):频率对电位的依赖性;(c):振幅对电位的依赖性

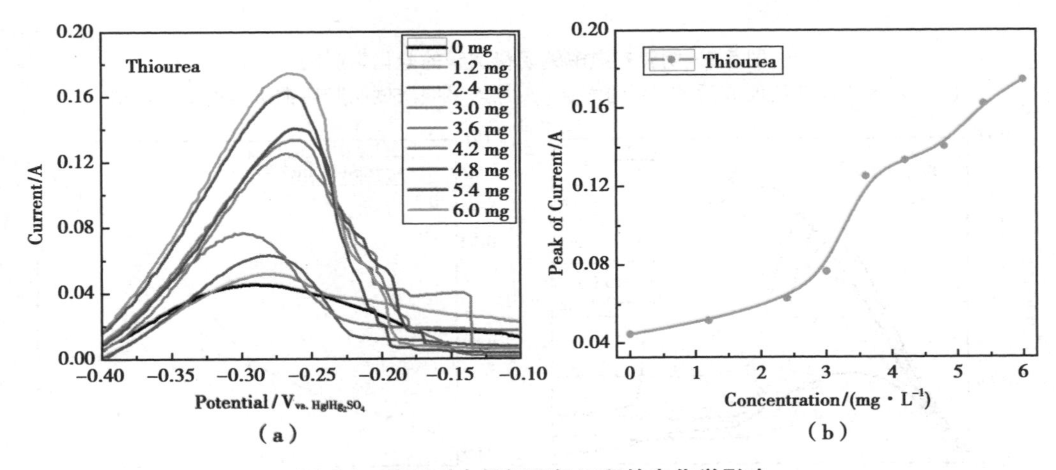

图 5.1 硫脲对电解铜阴极沉积的电化学影响

(a):加入不同浓度硫脲后的 CV 曲线;(b):加入不同浓度硫脲后铜沉积的电流峰值

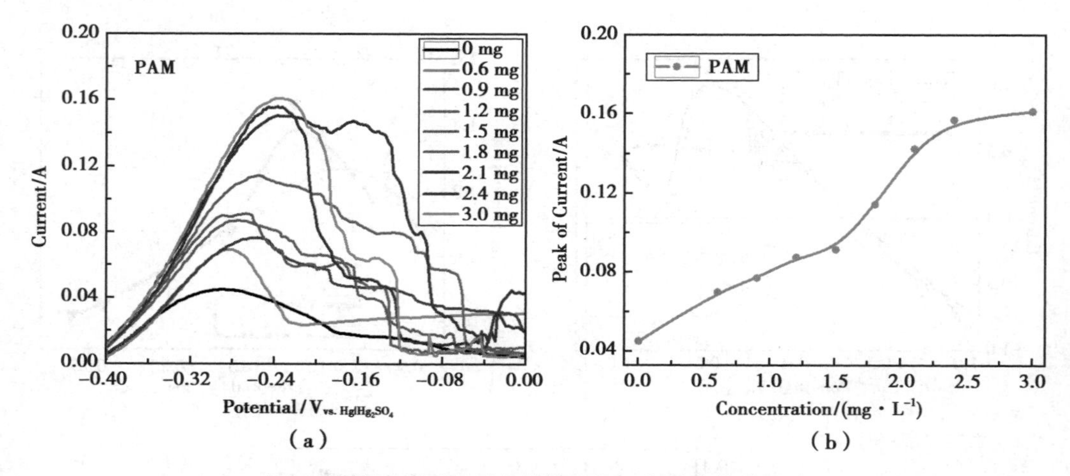

图 5.2　聚丙烯酰胺对电解铜阴极沉积的电化学影响

(a):加入不同浓度 PAM 后的 CV 曲线;(b):加入不同浓度 PAM 后铜沉积的电流峰值

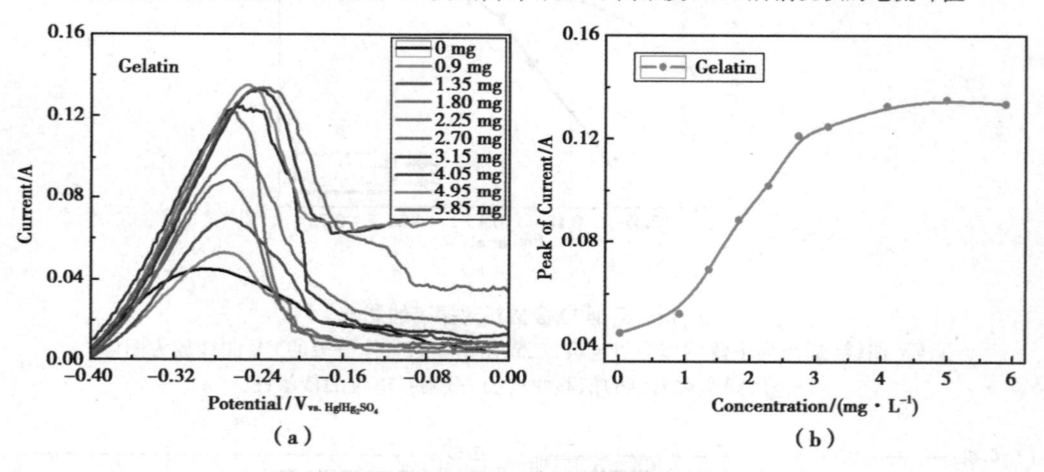

图 5.3　明胶对电解铜阴极沉积的电化学影响

(a):加入不同浓度明胶后的 CV 曲线;(b):加入不同浓度明胶后铜沉积的电流峰值

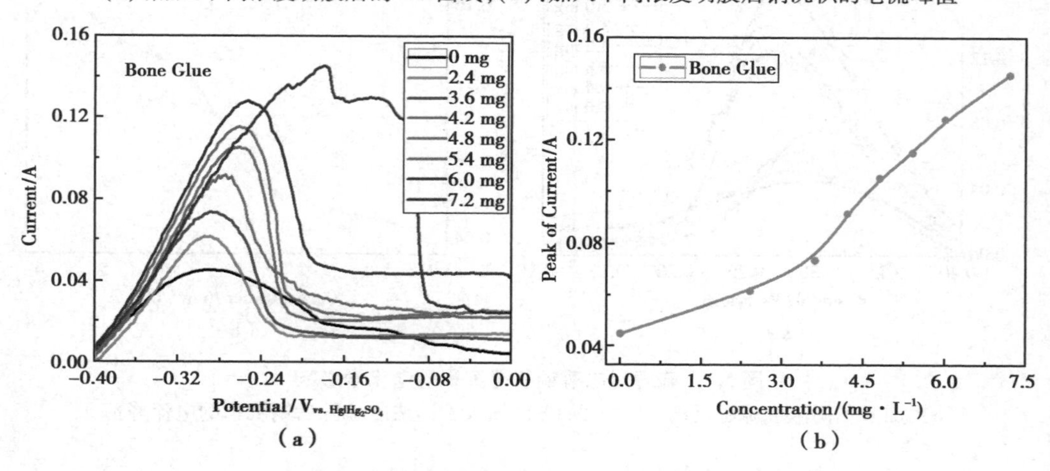

图 5.4　骨胶对电解铜阴极沉积的电化学影响

(a):加入不同浓度骨胶后的 CV 曲线;(b):加入不同浓度骨胶后铜沉积的电流峰值

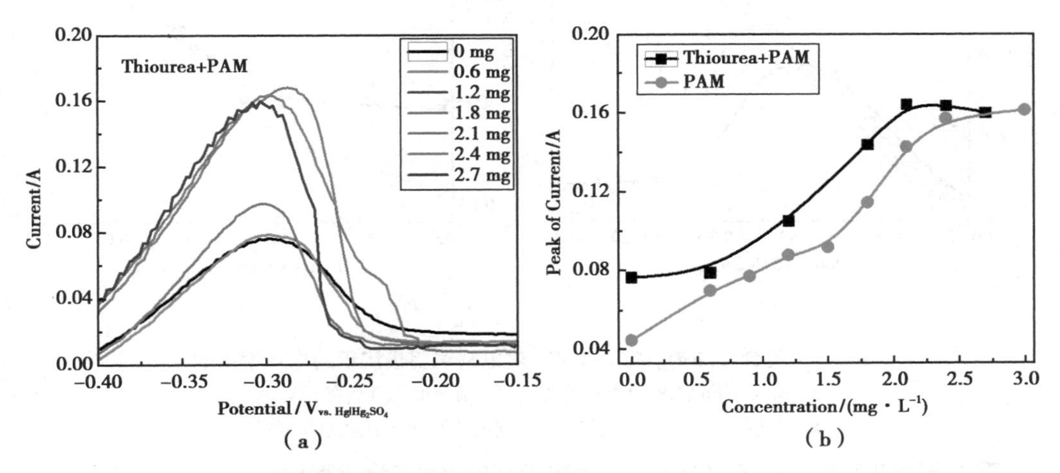

图 5.5　复合添加剂(硫脲+PAM)对电解铜阴极沉积的电化学影响

(a):加入不同浓度的复合添加剂(硫脲+PAM)后的 CV 曲线;

(b):加入单一 PAM 与复合添加剂的铜沉积的电流峰值对比

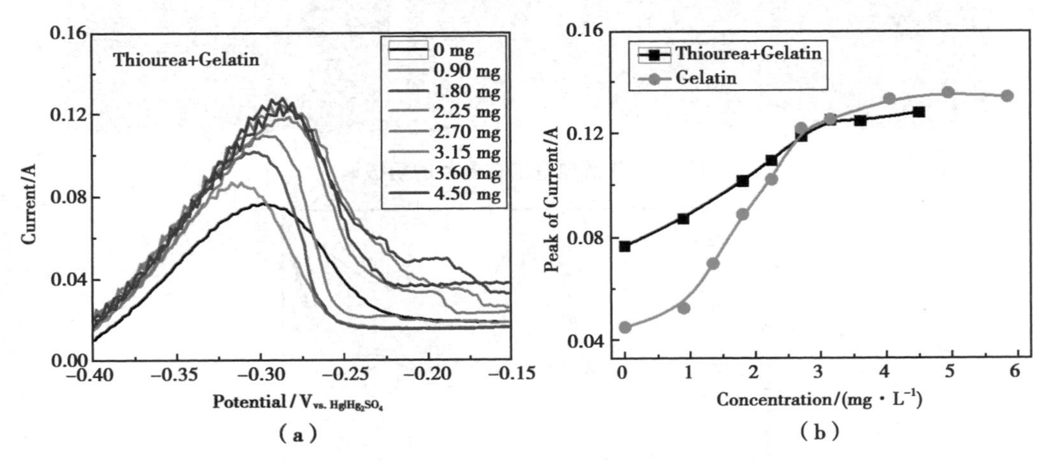

图 5.6　复合添加剂(硫脲+明胶)对电解铜阴极沉积的电化学影响

(a):加入不同浓度的复合添加剂(硫脲+明胶)后的 CV 曲线;

(b):加入单一明胶与复合添加剂的铜沉积的电流峰值对比

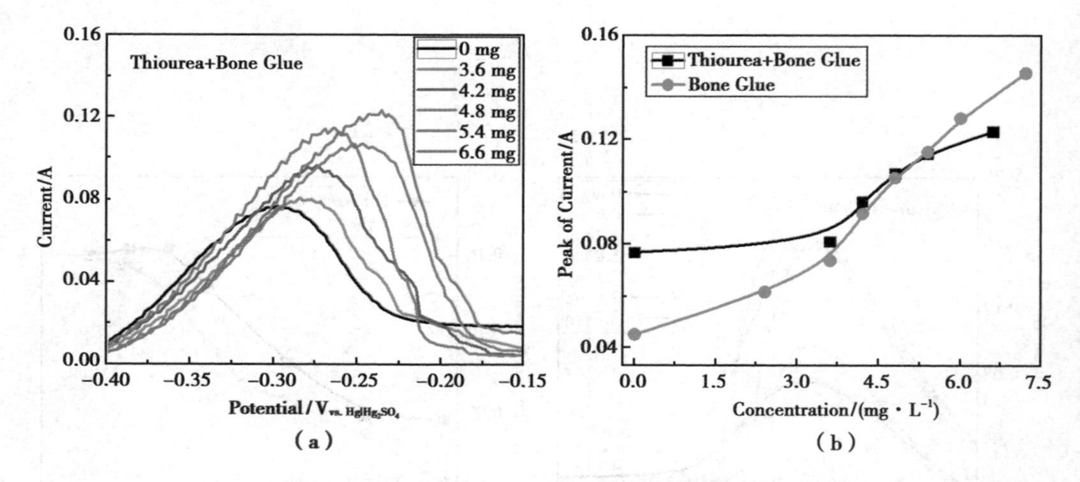

图 5.7　复合添加剂(硫脲+骨胶)对电解铜阴极沉积的电化学影响

(a):加入不同浓度的复合添加剂(硫脲+骨胶)后的 CV 曲线;

(b):加入单一骨胶与复合添加剂的铜沉积的电流峰值对比

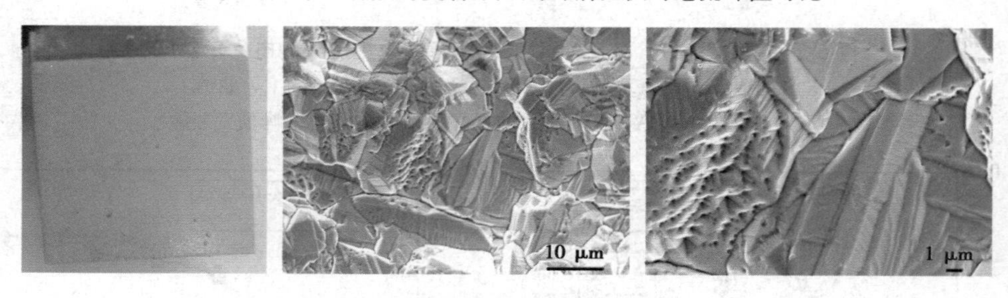

图 6.2　传统电解工艺制备的阴极铜

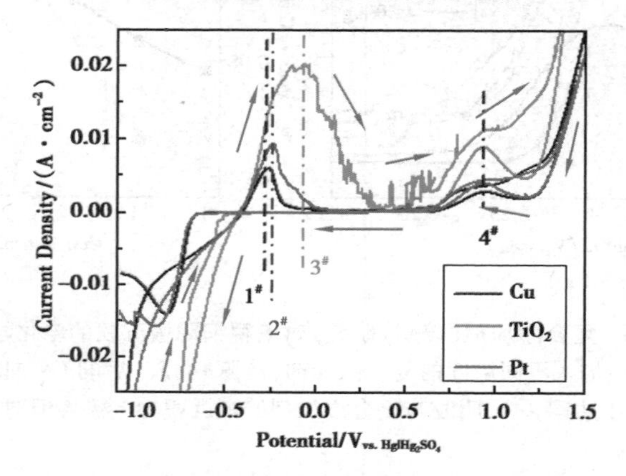

图 6.3　电化学分析不同阳极对电解的影响

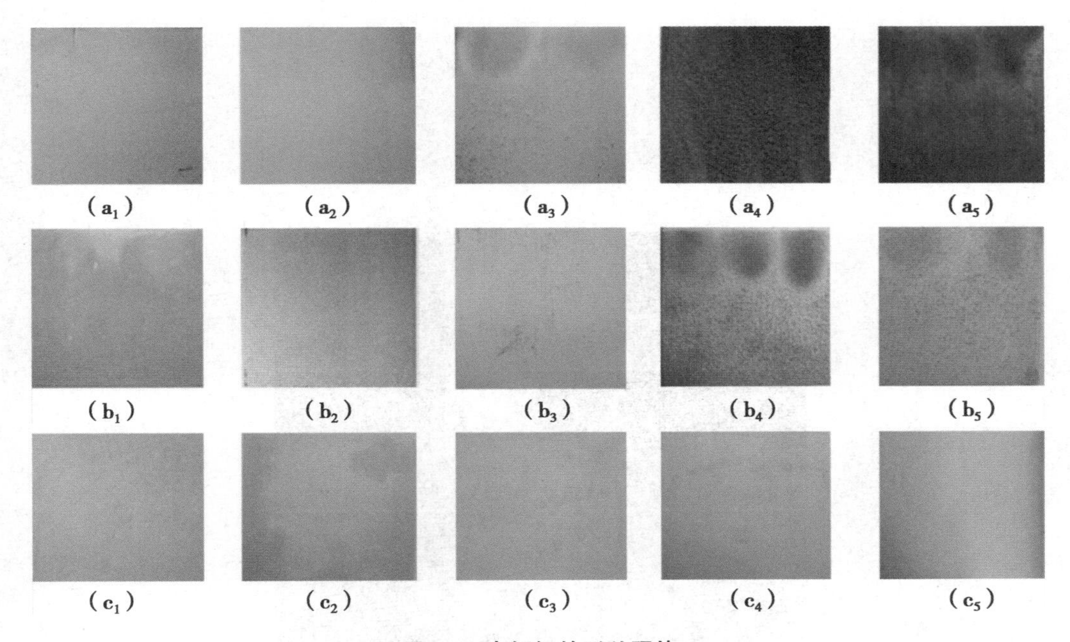

图 6.4　电解铜的形貌照片

(a_1)—(a_4):电解液 A 在 0—2 h、2—4 h、4—6 h、6—8 h 的时间段获得的阴极铜;

(a_5):电解液 A 连续电解 8 h 获得的阴极铜;

(b_1)—(b_4):电解液 B 在 0—2 h、2—4 h、4—6 h、6—8 h 的时间段获得的阴极铜;

(b_5):电解液 B 连续电解 8 h 获得的阴极铜;

(c_1)—(c_4):电解液 C 在 0—2 h、2—4 h、4—6 h、6—8 h 的时间段获得的阴极铜;

(c_5):电解液 C 连续电解 8 h 获得的阴极铜

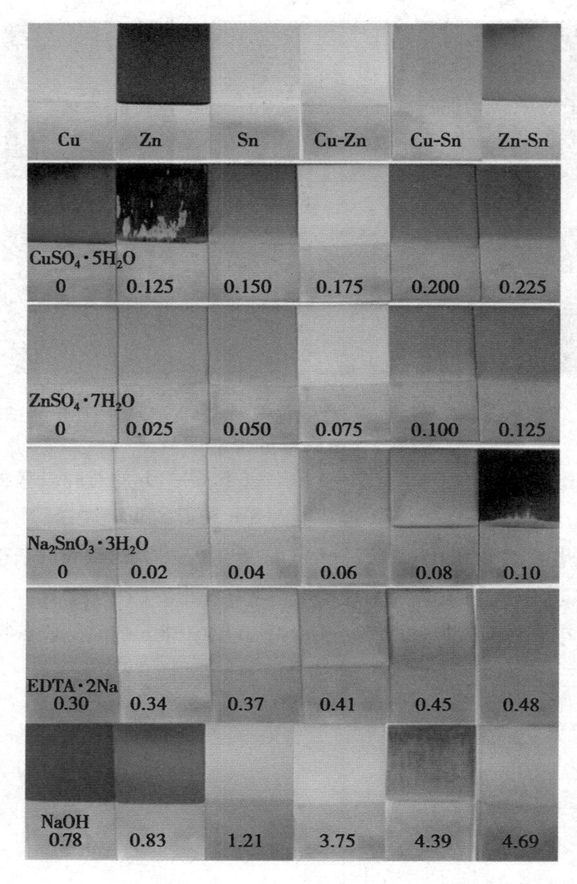

图 7.1　乙二胺四乙酸二钠体系电镀液对电镀层颜色的影响

注:不锈钢板的宽度为 30.0 mm。

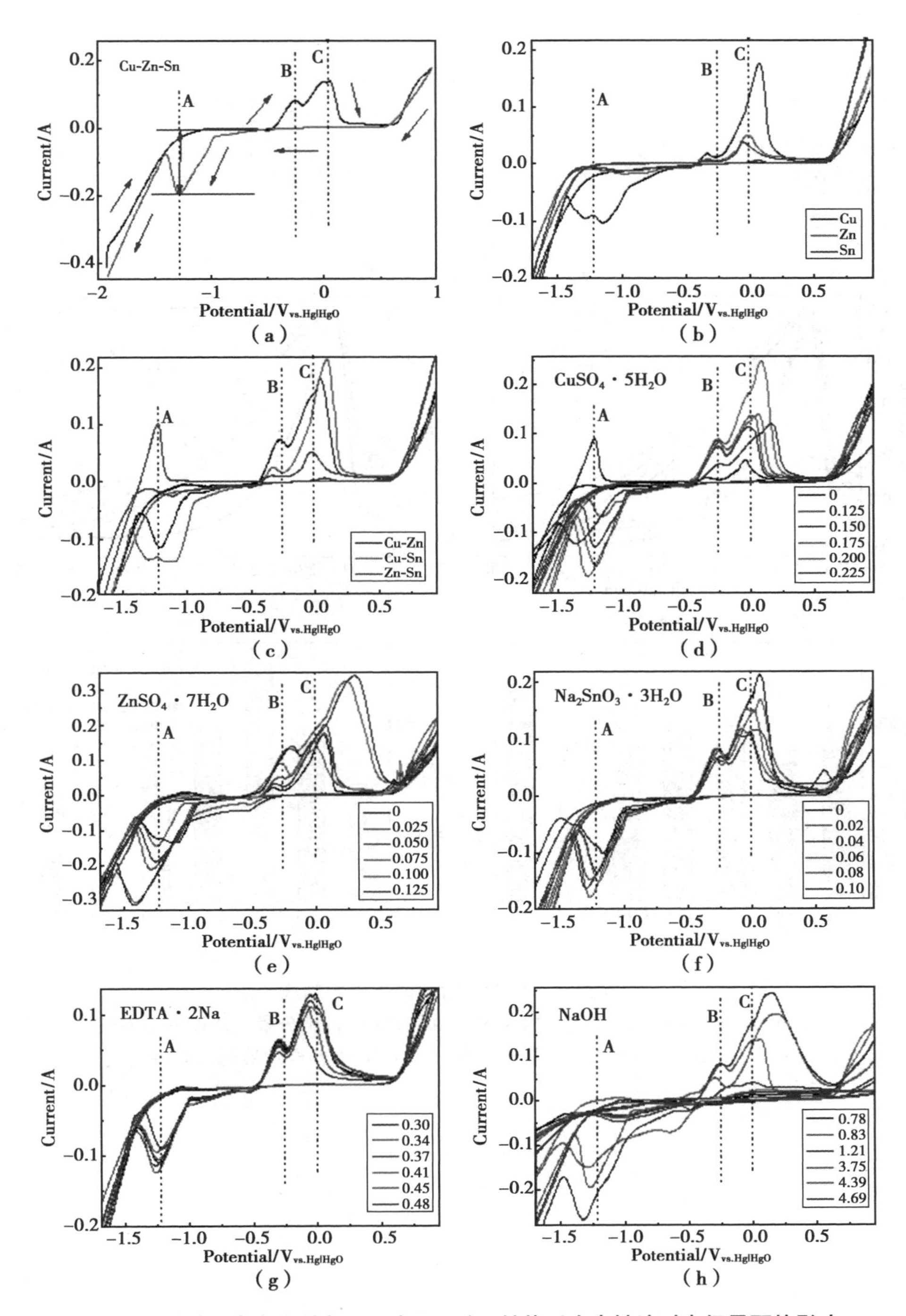

图 7.4　用循环伏安法测定乙二胺四乙酸二钠体系中电镀液对电极界面的影响

(a):BR;(b):溶液只有 1 种主盐;(c):溶液有 2 种主盐;(d):BR 和 $CuSO_4 \cdot 5H_2O$($CuSO_4 \cdot 5H_2O$ 分别为 0,0.125,0.150,0.175,0.200,0.225 mol/L);(e):BR 和 $ZnSO_4 \cdot 7H_2O$($ZnSO_4 \cdot 7H_2O$ 分别为 0,0.025,0.050,0.075,0.100,0.125 mol/L);(f):BR 和 $Na_2SnO_3 \cdot 3H_2O$($Na_2SnO_3 \cdot 3H_2O$ 分别为 0,0.02,0.04,0.06,0.08,0.10 mol/L);(g):BR 和 EDTA · 2Na(EDTA · 2Na 分别为 0.30,0.34,0.37,0.41,0.45,0.48 mol/L);(h):BR 和 NaOH(NaOH 分别为 0.78,0.83,0.37,1.21,3.75,4.39,4.69 mol/L)

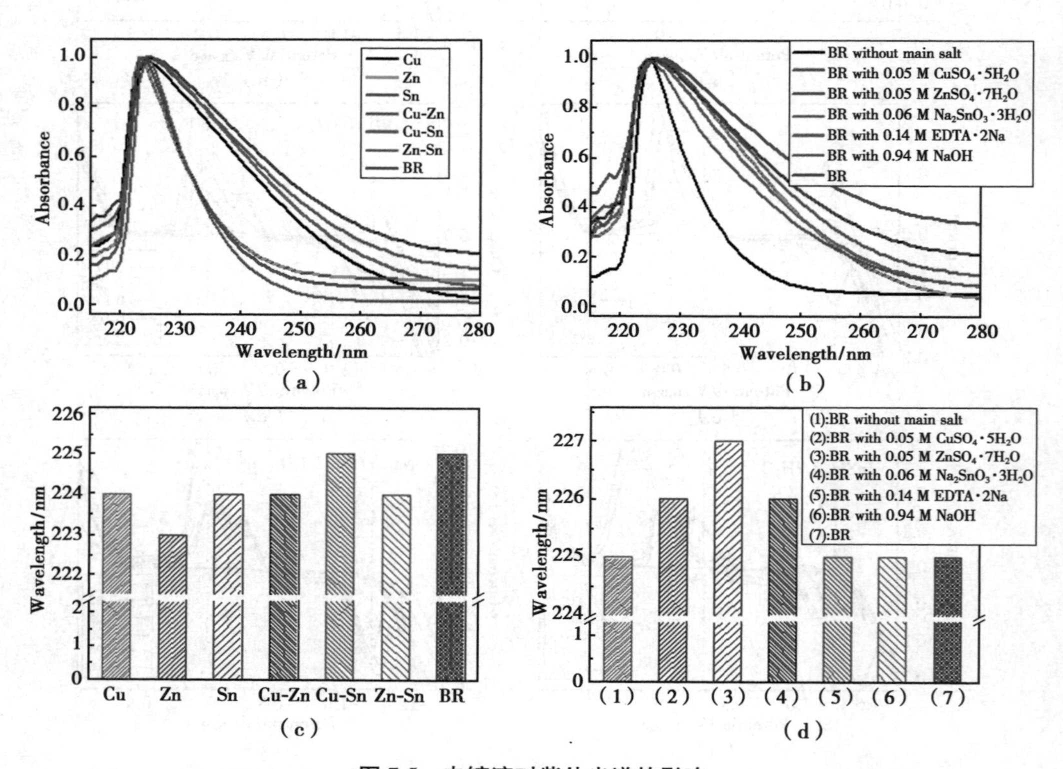

图 7.5　电镀液对紫外光谱的影响

(a):含不同主盐的电镀液的 UV-Vis;(b):BR 中各组分最大浓度的 UV-Vis;
(c):(a)中各电镀液的吸收峰的波长汇总;(d):(b)中各电镀液的吸收峰的波长汇总

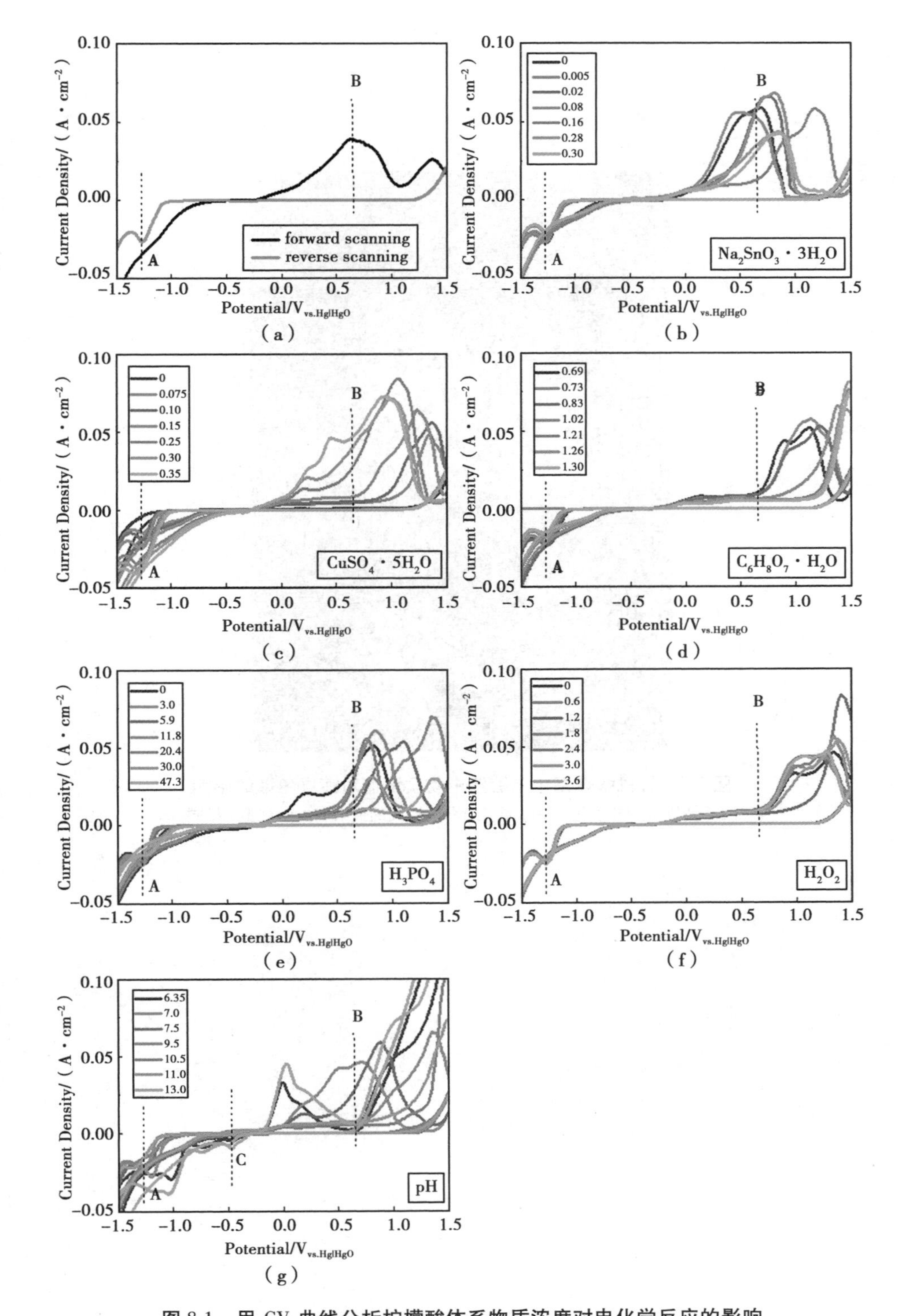

图 8.1　用 CV 曲线分析柠檬酸体系物质浓度对电化学反应的影响

(a):BR; (b):$Na_2SnO_3 \cdot 3H_2O$;(c):$CuSO_4 \cdot 5H_2O$;(d):$C_6H_8O_7 \cdot H_2O$;(e):H_3PO_4; (f):H_2O_2;(g):pH

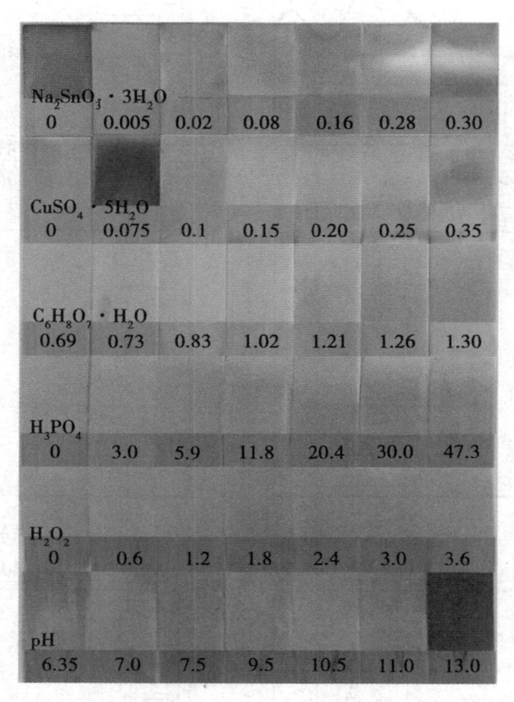

图 8.4　柠檬酸体系中电镀液中物质浓度对镀层色泽的影响

注:不锈钢板的宽度为 30.0 mm。未专门提及的镀液与电解液 BR 相同。

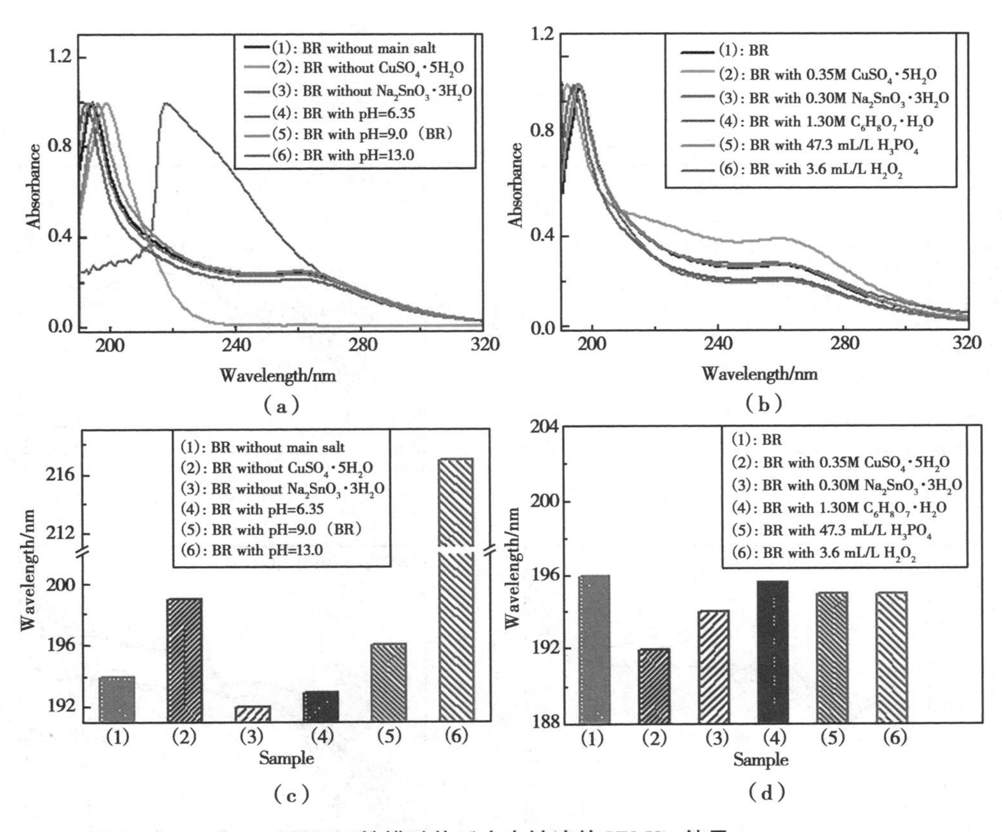

图 8.5 柠檬酸体系中电镀液的 UV-Vis 结果

(a)、(b):电镀液的 UV 光谱;(c)、(d):(a)、(b)的峰的波长偏移

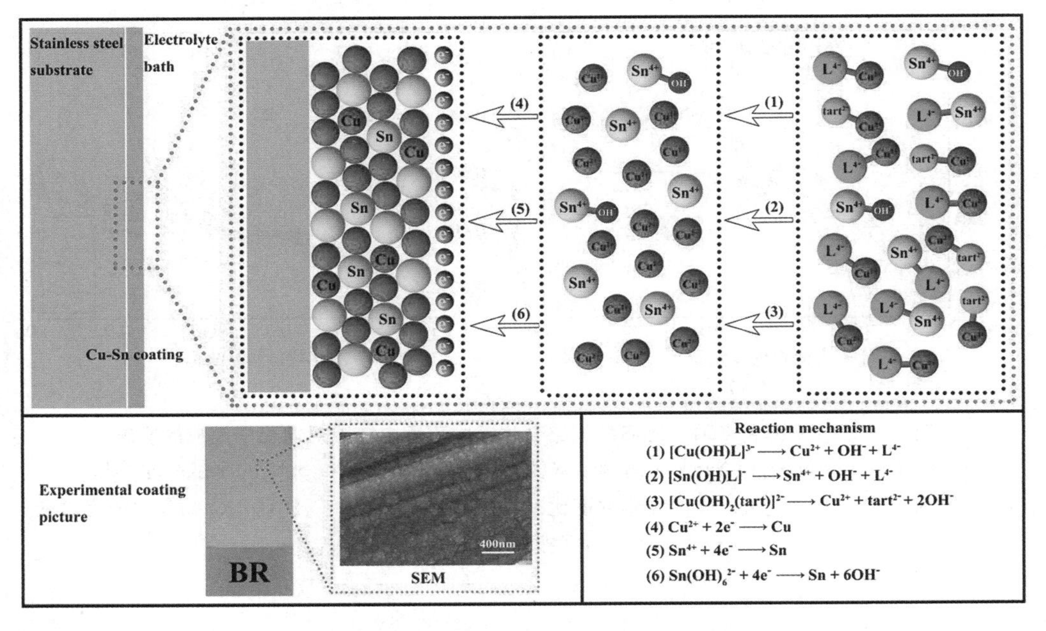

图 9.1 EDTA-酒酸双络合体系电镀合金络合机理示意图

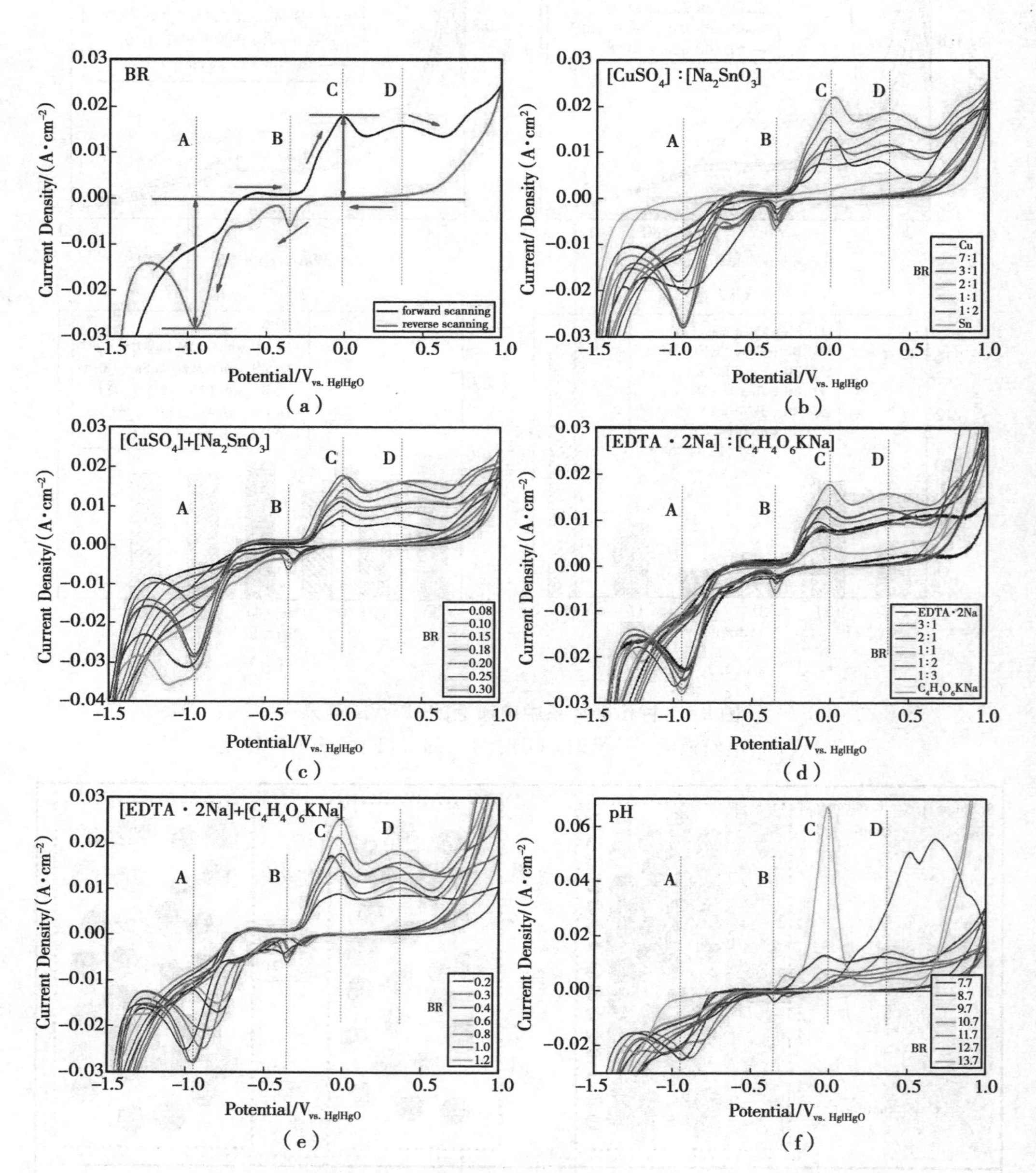

图 9.2　用 CV 分析 EDTA-酒石酸双络合体系中不同电镀液对电化学反应的影响

(a)：BR；(b)：$CuSO_4$ 和 Na_2SnO_3 的摩尔浓度比；(c)：$CuSO_4$ 和 Na_2SnO_3 的摩尔浓度总和；(d)：EDTA · 2Na 和 $C_4H_4O_6KNa$ 的摩尔浓度比；(e)：EDTA · 2Na 和 $C_4H_4O_6KNa$ 的摩尔浓度总和；(f)：电镀液的 pH 值

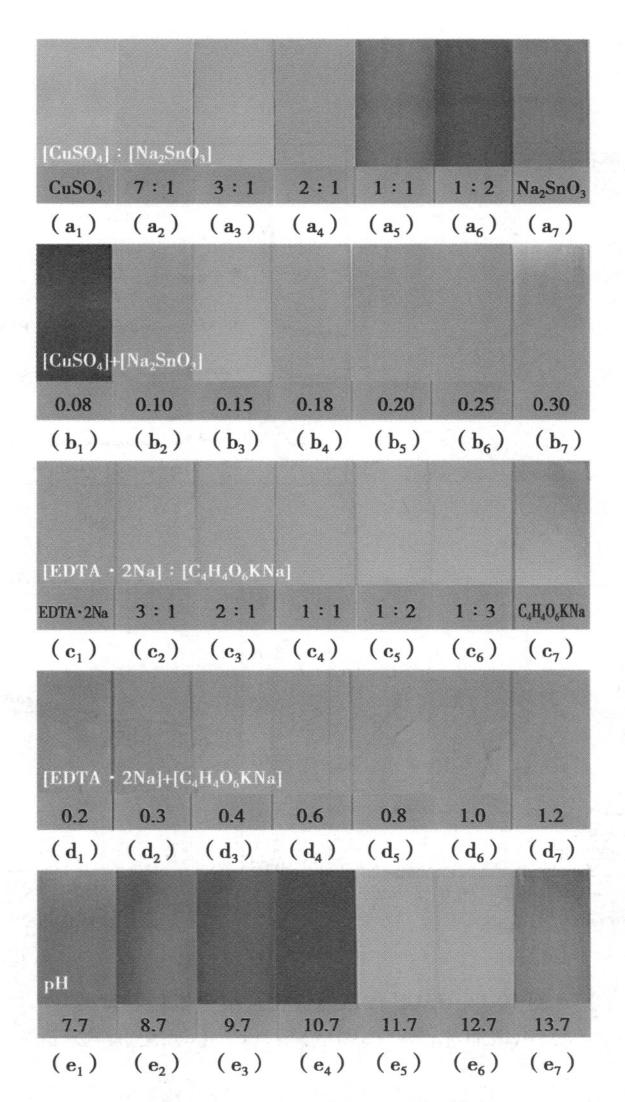

图 9.5　EDTA-酒石酸双络合体系中不同电镀液对镀层色泽的影响

(a_1)—(a_7):$CuSO_4$和 Na_2SnO_3的摩尔浓度比，仅含 $CuSO_4$,7∶1,3∶1,2∶1,1∶1,1∶2,仅含 Na_2SnO_3;

(b_1)—(b_7) :$CuSO_4$和 Na_2SnO_3的摩尔总浓度,0.08,0.10,0.15,0.18,0.20,0.25,0.30 mol/L;

(c_1)—(c_7):EDTA · 2Na 和 $C_4H_4O_6KNa$ 的摩尔浓度比,仅含 EDTA · 2Na,3∶1,2∶1,1∶1,1∶2,1∶3,仅含 $C_4H_4O_6KNa$;

(d_1)—(d_7):EDTA · 2Na 和 $C_4H_4O_6KNa$ 的摩尔总浓度,0.2,0.3,0.4,0.6,0.8,1.0,1.2 mol/L;

(e_1)—(e_7):电镀液的 pH 值,7.7,8.7, 9.7,10.7,11.7,12.7,13.7

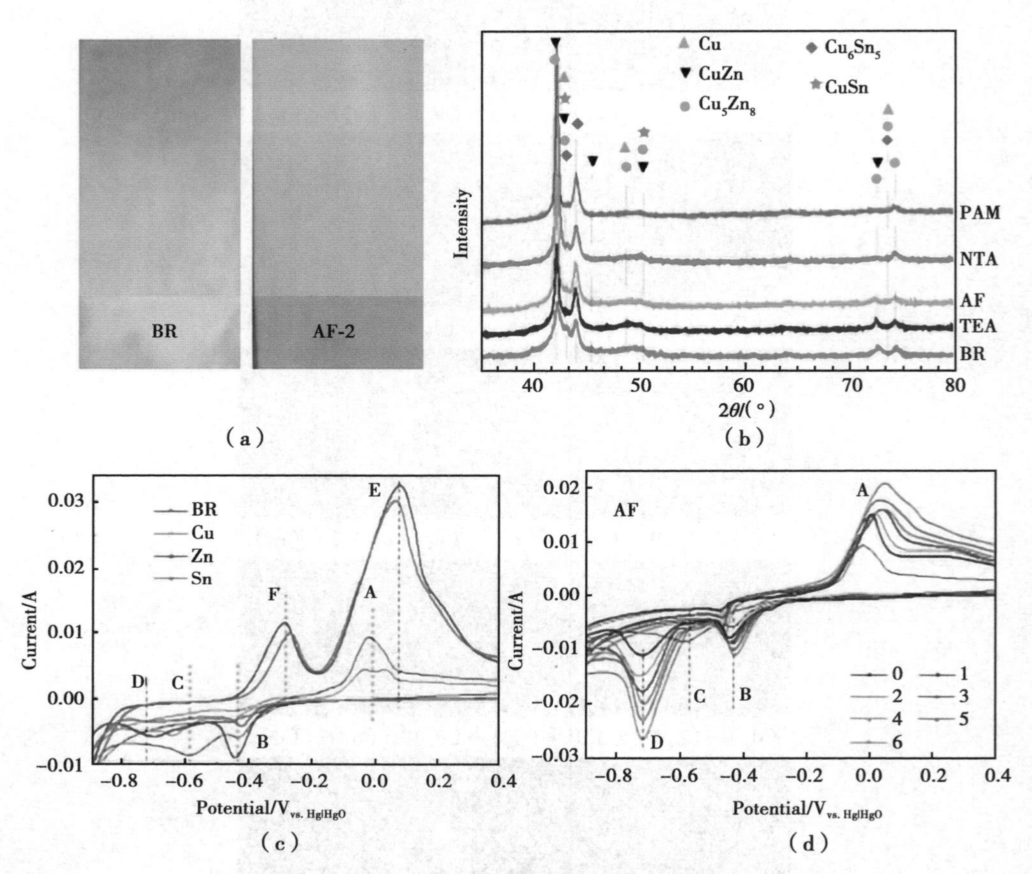

图 10.1 HEDP 体系电镀合金络合机理示意图

(a):电镀照片;(b):XRD 分析;(c)、(d):电化学分析

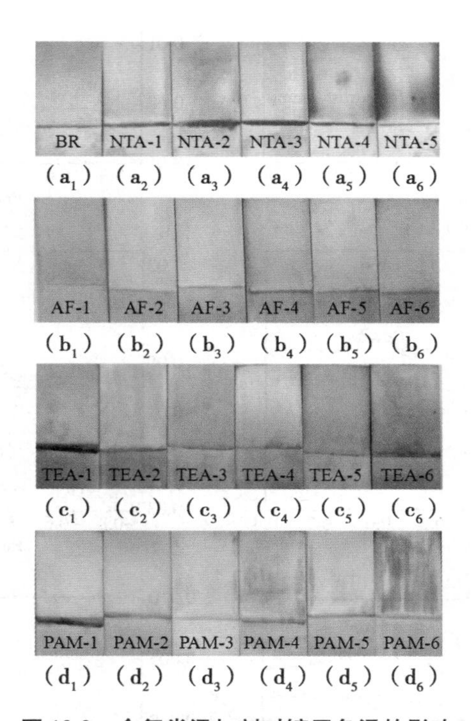

图 10.2　含氮类添加剂对镀层色泽的影响

(a):BR 0.0 g/L,NTA 5.0,10.0,15.0,20.0,25.0 g/L;(b):AF 1.0,2.0,3.0,4.0,5.0,6.0 g/L;
(c):TEA 2.0,5.0,10.0,15.0,20.0,25.0 mL/L;(d):PAM 3.0,4.0,5.0,6.0,7.0,8.0 mL/L

注:每一个不锈钢片的宽度都是 30.0 mm。

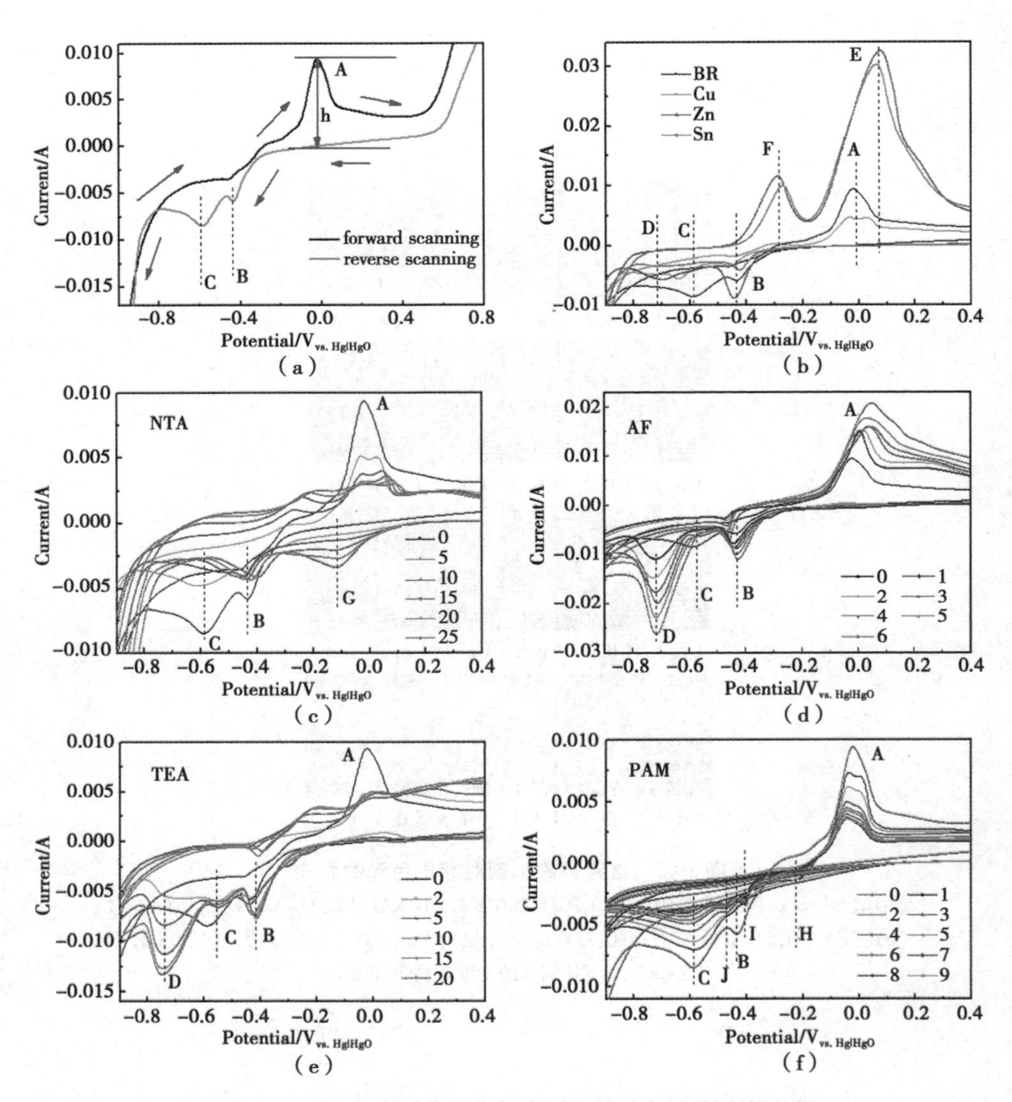

图 10.3　用 CV 曲线分析含氮类添加剂对电极界面的影响

(a):BR;(b):BR 和仅含主盐的溶液;(c):含 NTA 的 BR(NTA 0,5,10,15,20,25 g/L);(d):含 AF 的 BR(AF 0,1,2,3,4,5,6 g/L);(e):含 TEA 的 BR(TEA 0,2,5,10,15,20 mL/L);(f):含 PAM 的 BR(PAM 0,1,2,3,4,5,6,7,8,9 mg/L)

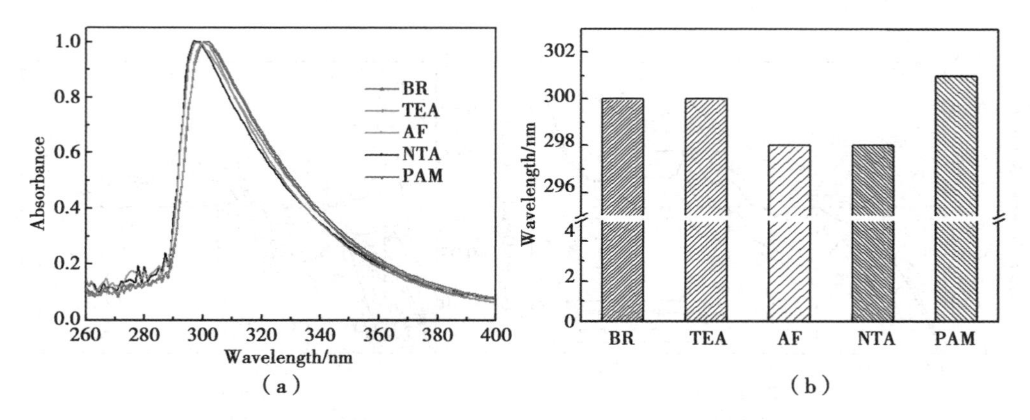

图 10.6　含氮类添加剂对电解质紫外吸收光谱的影响

(a):电解质的 UV 光谱;(b):不同的添加剂对峰 A 的波长偏移影响

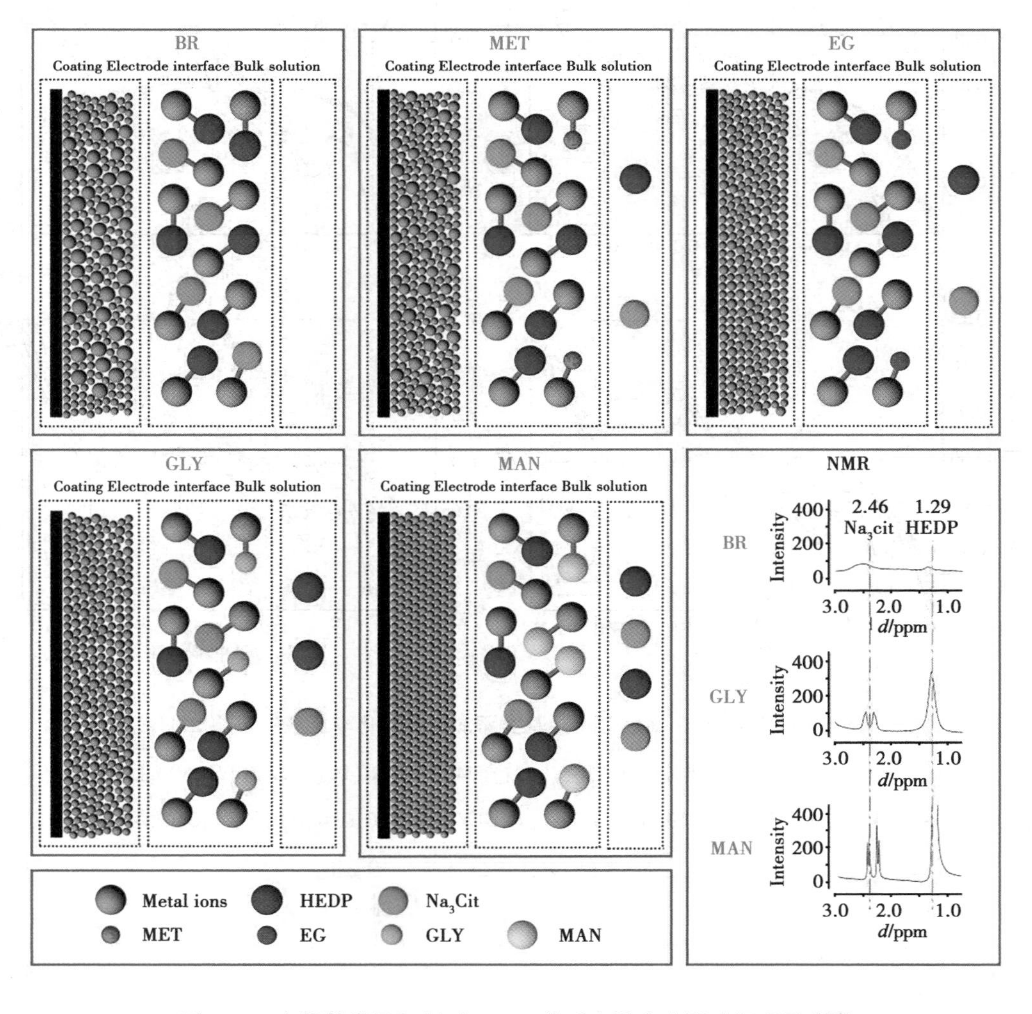

图 11.1　含羟基类添加剂对 HEDP 体系电镀合金影响机理示意图

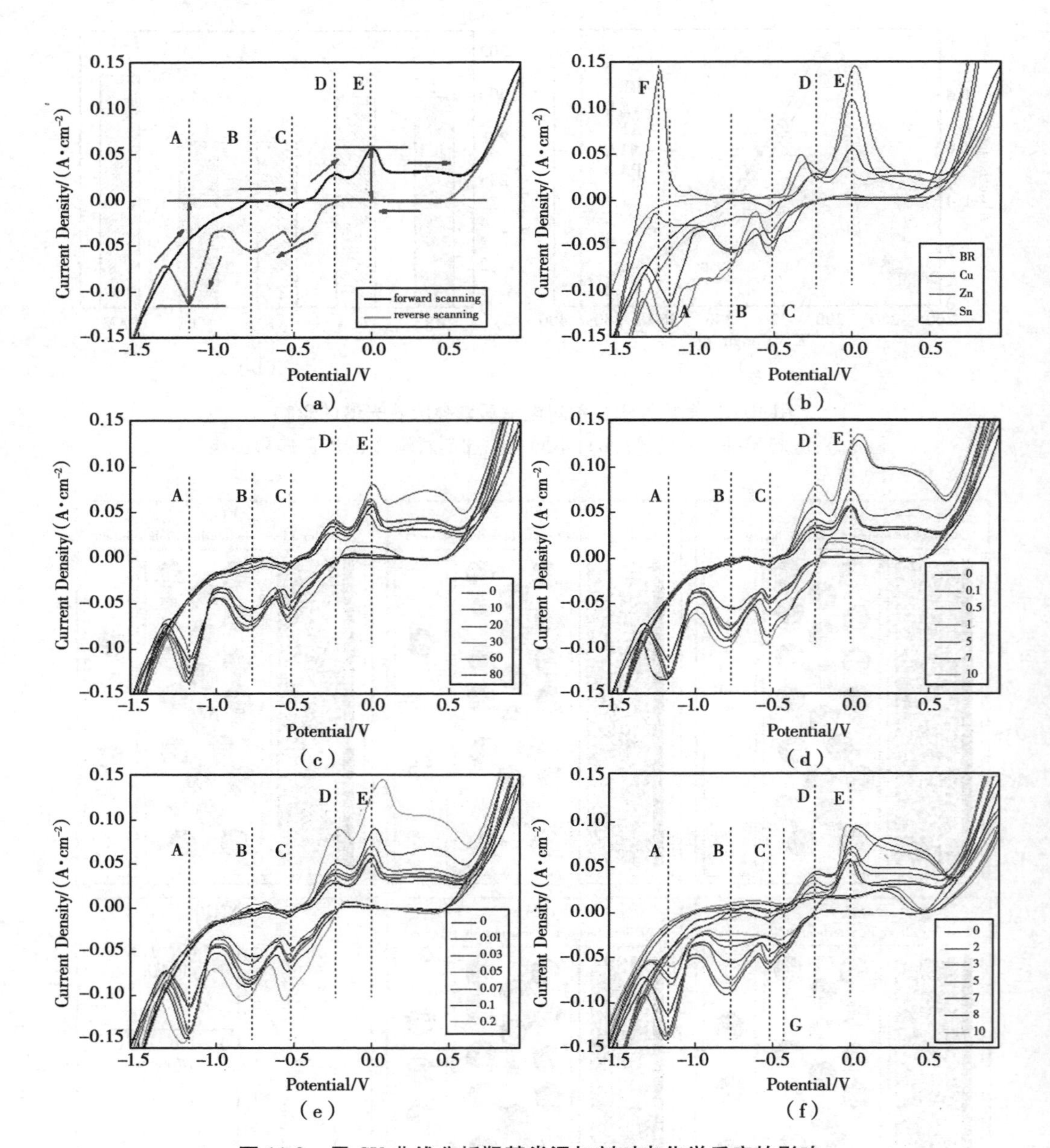

图 11.2　用 CV 曲线分析羟基类添加剂对电化学反应的影响

(a):BR;(b):BR,仅含一种主盐的溶液;(c):含 MET 的 BR(0,10,20,30,60,80 mL/L);

(d):含 EG 的 BR(0,0.1,0.5,1,5,7,10 mL/L);(e):含 GLY 的 BR(0,0.01,0.03,0.05,0.07,0.1,0.2 mL/L);

(f):含 MAN 的 BR(0,2,3,5,7,8,10 g/L)

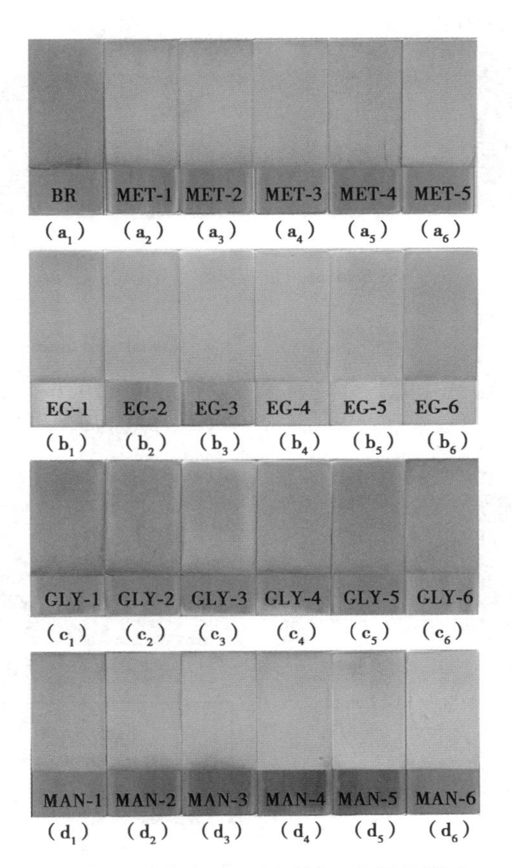

图 11.5　羟基类添加剂对镀层色泽的影响

(a_1)—(a_6):BR,含 MET 的 BR (10,20,30,60,80 mL/L);

(b_1)—(b_6):含 EG 的 BR (0.1,0.5,1,5,7,10 mL/L);

(c_1)—(c_6):含 GLY 的 BR (0.01,0.03,0.05,0.07,0.1,0.2 mL/L);

(d_1)—(d_6):含 MAN 的 BR (2,3,5,7,8,10 g/L)

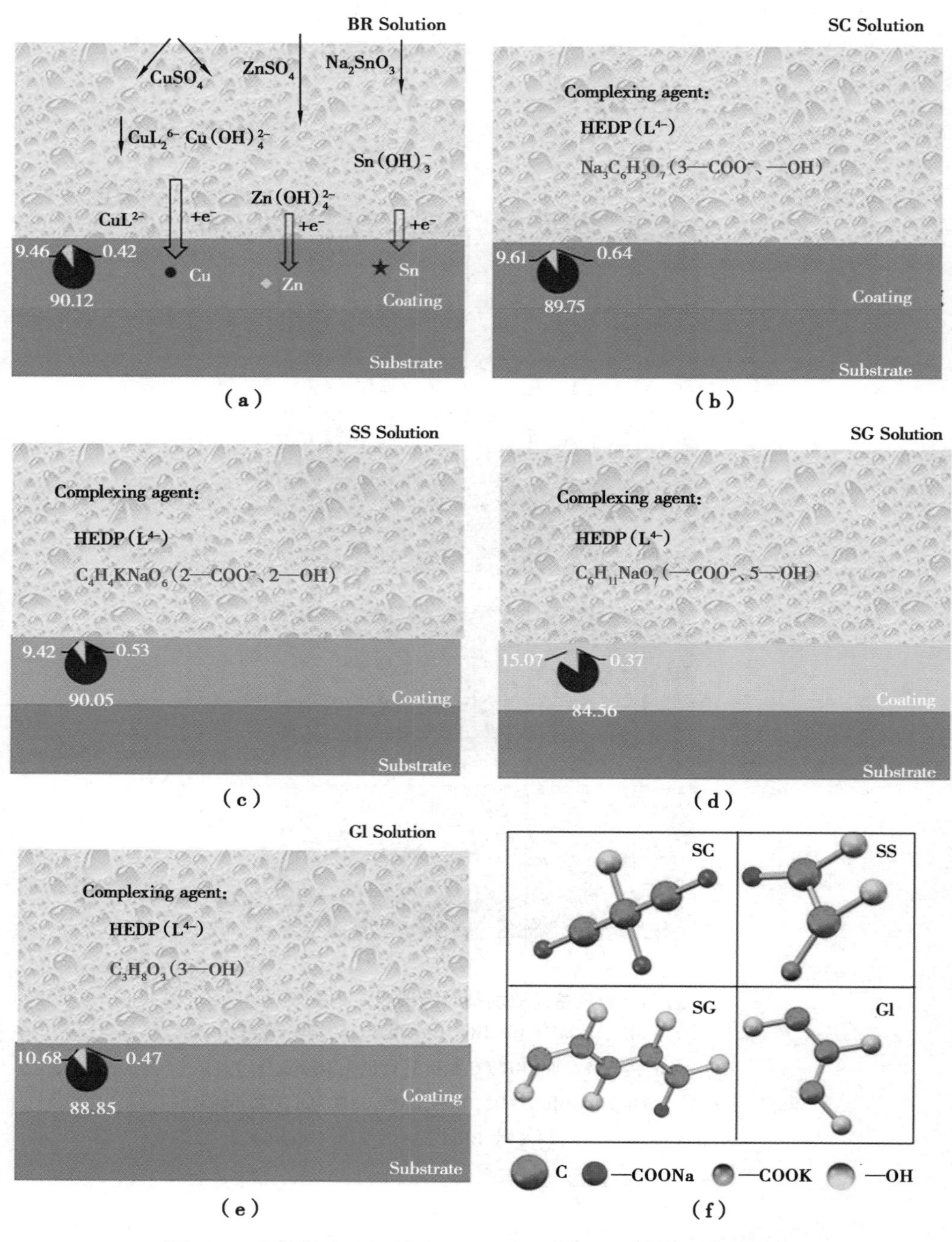

图 12.1　含羧基类添加剂对 HEDP 体系电镀合金影响机理示意图

(a):不含添加剂时主盐反应机理及镀层组分结构;(b):含添加剂 SC 时络合剂形态及组分结构;(c):含添加剂 SS 时络合剂形态及组分结构;(d):含添加剂 SG 时络合剂形态及组分结构;(e):含添加剂 GL 时络合剂形态及组分结构;(f):4 种添加剂分子结构图

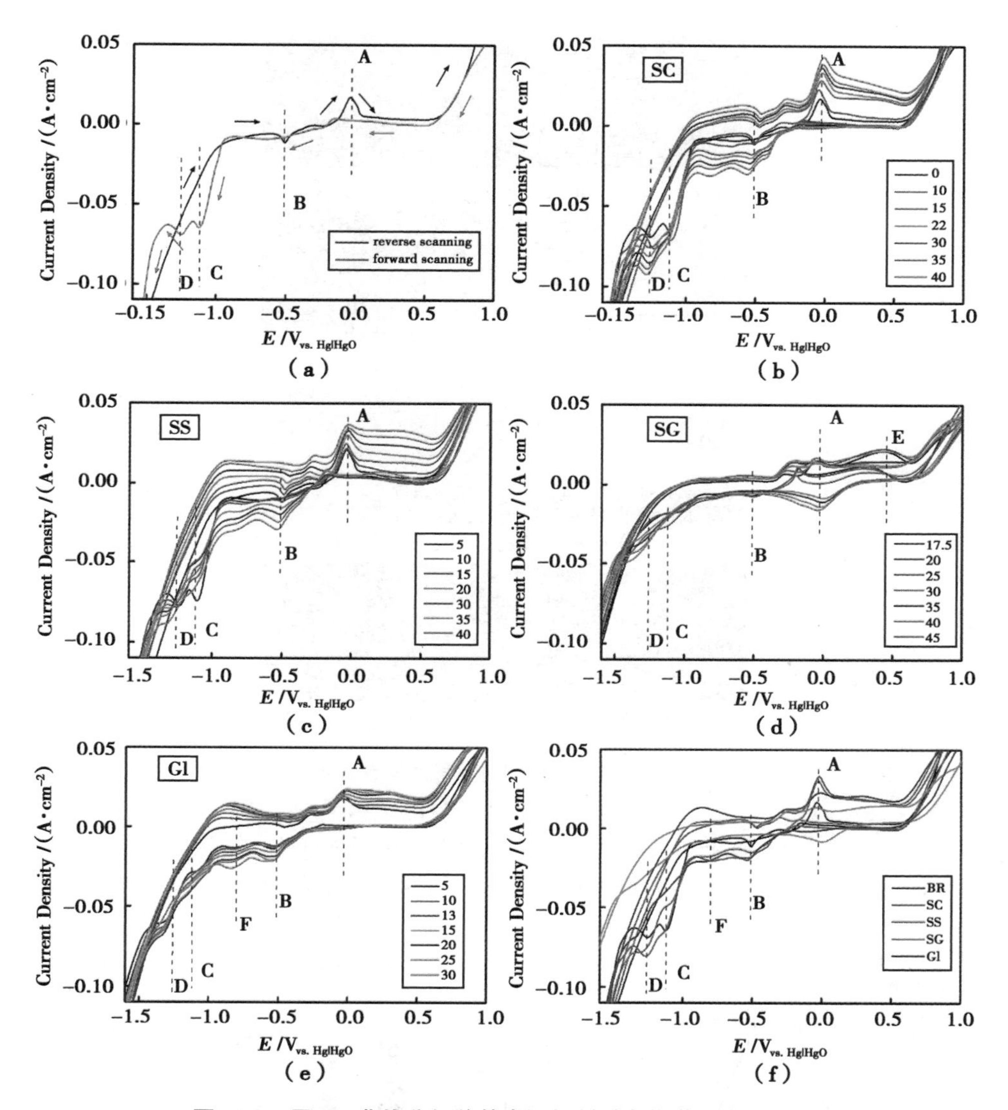

图 12.2　用 CV 曲线分析羧基类添加剂对电化学反应的影响

(a):BR;(b):BR、BR+SC(10,15,22,30,35,40 g/L);(c):BR+SS(5,10,15,20,30,35,40 g/L);(d):BR+SG(17.5,20,25,30,35,40,45 g/L);(e):BR+Gl(5,10,13,15,20,25,30 mL/L);(f):BR、BR+22 g/L SC、BR+20 g/L SS、BR+30 g/L SG、BR+20 mL/L Gl

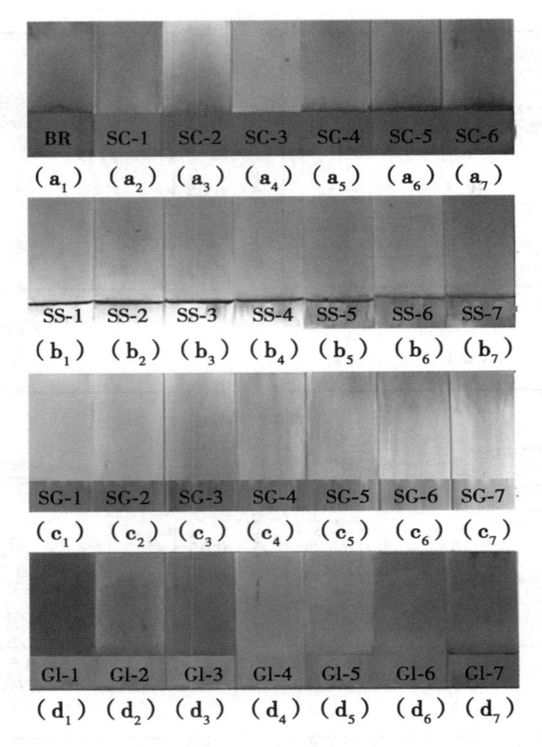

图 12.5　羧基类添加剂对镀层表面色泽的影响

(a_1)—(a_7):BR(0),BR+SC(10,15,22,30,35,40 g/L);

(b_1)—(b_7):BR+SS(5,10,15,20,30,35,40 g/L);

(c_1)—(c_7):BR+SG(17.5,20,25,30,35,40,45 g/L);

(d_1)—(d_7):BR+Gl(5,10,13,15,20,25,30 mL/L)

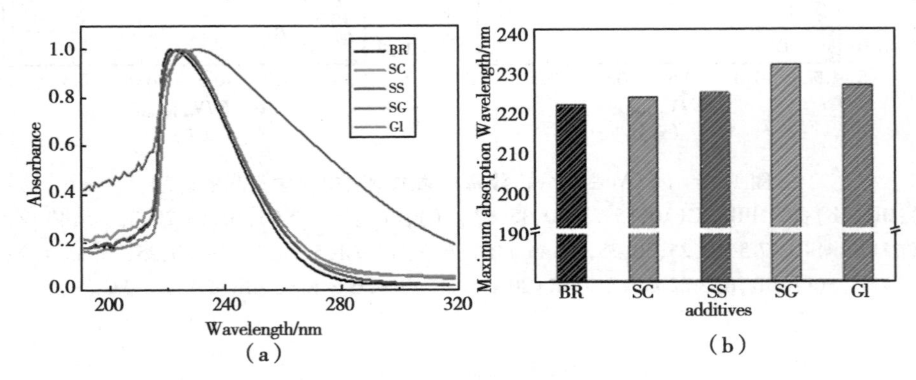

图 12.6　羧基类添加剂对电镀液的 UV-Vis 光谱的影响

BR、BR+22 g/L SC、BR+20 g/L SS、BR+30 g/L SG、BR+20 mL/L Gl